本成果受到中国人民大学 2017 年度"中央高校建设世界一流大学（学科）和特色发展引导专项资金"支持

生态史研究

| 第二辑 |

"废新世"专号

吴羚靖 夏明方 主编

〔意〕马可·阿米埃罗 等 著

商务印书馆
The Commercial Press
创于1897

Marco Armiero

WASTEOCENE

Stories From the Global Dump

《生态史研究》编辑委员会

编 者 絮 语

不容废弃的 "废新世"：
对于 "人新世" 的另类思考

夏明方

中国人民大学生态史研究中心

这一辑专号名为 "废新世"（wasteocene），意在借用著名欧洲环境史家马可·阿米埃罗（Marco Armiero）教授新近提出的这一概念，与新世纪以来海内外骤然流行且得到越来越广泛关注的 "人新世" 话语进行批判性的对话，虽然后者作为取代全新世之后新的地质纪元的提案已在 2024 年 3 月初被国际地层委员会断然搁置，但其业已驱动的新一轮知识生产进程势必难以遏制，甚至有可能在这样的遏制之下取得更大的扩展，因此，继续开展这样的对话，不仅不会显得无的放矢，反而会更好地推动对 "人新世"（Anthropocene）① 概念及其学术体系、理论体系和话语体系的反思，更清晰地认识过去、现在和未来人与非人类自然之间错综复杂的交互关系。

此事缘于两年前，我的同事，现在的北京大学侯深教授向我推荐了阿米埃罗撰写的新著《废新世》。我读完之后，对这一富有挑战性的概念及其蕴含的对全球资本主义的批判性思考印象深刻。我觉得这一概念，或许并不能替代上述被国际地层委员会暂时搁置的 "人新世" 概念，但就像此前业已出现的其他同类概念一样，如 "资新世"（或译 "资本世"）等，无疑也是一把锋利的思想之刃，可以穿透 "人新世" 含混不清的理论迷雾，直面其背后被遮蔽、被掩盖的残酷现实，即以 "废弃化" 为核心的社会-生态不平等关系的制造过程，从而为我们更深刻地理解当前全球规模的生态危机之根源以及相应的可能自救路径提供极具竞争力的新叙事模式。我们很希望借助于翻译，将这本书的思想带到中文

---

① 此处的 "人新世"，对应英文 "Anthropocene"，中文学界一般将其译为 "人类世"。但从词源上来考虑，其英文后缀词根 "-cene" 为 "新世" 之意，与此前通行的地质学名词 "更新世" "全新世" 可相互匹配，故译成 "人新世" 更为恰当（参见：唐纳德·沃斯特著，侯深译：《欲望行星：人类时代的地球》，贵州人民出版社 2024 年版）。鉴于 "人类世" 的译法目前已广为流行，本刊编者尊重各位中文作者的行文习惯，在不同文章中保留了 "人新世" 和 "人类世" 两种译法。

世界，更希望聆听国内外杰出学者围绕这一概念可能生发出来的诸多批判性思考或建设性的响应，而借助这样一种学术争鸣，或许可以引起更加广泛的关注。幸运的是，此一建议得到阿米埃罗的赞同，也得到海内外各位朋友的鼎力相助，更重要的是有了中国人民大学生态史研究中心吴羚靖博士和瑞典皇家理工学院环境人文实验室阿雅博士的精心筹备，我们终于克服了新冠疫情给全球学术交流造成的诸种困难，于 2022 年 11 月 30 日至 12 月 1 日在线上联合主办了题为"'废新世'与全球生态危机的多元反思"（Wasteocene and the Diverse Reflection on the Global Ecological Crisis）的国际学术研讨会。

参加此次线上讨论的，包括约翰·麦克尼尔（John McNeill，美国乔治城大学）、马丁·梅洛西（Martin Melosi，美国休斯敦大学）、杰森·摩尔（Jason Moore，美国宾汉姆顿大学）、朱莉·苏（Julie Sze，美国加州大学戴维斯分校）、桑德拉·斯沃特（Sandra Swart，南非史德兰波希大学）、萨尔瓦·托勒（Salvo Torre，意大利卡塔尼亚大学）、茱利亚·阿里格蒂（Giulia Arrighetti，意大利都灵大学）、张玉林（南京大学）、田松（南方科技大学）、荀丽丽（中国社会科学院）、黄瑜（中央民族大学）、毛达（深圳市零废弃环保公益事业发展中心）等。其中，约翰·麦克尼尔作为当代美国环境史研究的领军人物之一，曾与克鲁岑（Crutzen）一起推进了"人新世"概念的问世与流传，杰森·摩尔则是以"资新世"这一替代性概念而与前者进行论战的重量级学者，两者从各自相反的立场对"废新世"之说提出相应的质疑或修正。其他学者也各抒己见。具体内容，可参见本辑"圆桌论坛"，兹不赘述。需要特别说明的是，美国环境史研究的奠基人之一，中国人民大学生态史研究中心名誉主任唐纳德·沃斯特（Donald Worster）教授，对"人新世"概念一向持否定态度，对其他替代性表述也有自己的批判性思考，他虽然由于时差的关系未能线上与会，但还是以录像的方式简明扼要地阐述了自己的看法。他认为"人新世"概念存在的问题是把复杂和不可预测的星球简单地归结于人类控制下的一种状态，而作为"人新世"的替代性概念，"废新世"则将"废弃化"（wasting）归为阶级差异所造成的不平等关系，实际上也失之偏颇，因此有必要提倡以更为综合、多层次而非二元对立的视角，重新审视生态系统及人类的健康问题。沃斯特的讨论有助于将"废新世"的讨论引向深入，在此特抄录全文如下：

　　此次会议的主题是"废新世"。马可·阿米埃罗教授，一位非常睿智的历史学者提出了这一概念，为我们此次相聚提供了契机。感谢阿米埃罗，为我们过去30 年的友谊和阿米埃罗所做出的杰出贡献。

　　"废新世"作为替代"人新世"这一概念的术语，成为此次会议讨论的中心。"人新世"这一术语，我同意其存在许多缺点，包括模糊性、人类中心主义、政治的中立性、在科学家群体中的低接受度等等。作为对比，"废新世"的概念在期望中本应具备更少的缺陷。但是对我而言，这一概念仍然是模糊的，甚至看起来更为黑暗，似乎带着末世般的灾难性色彩。我并不像阿米埃罗一样，如此悲观地看待世界，这并非由于我相信人性中的善，而是我并不认为人类拥有他们自认为的强大力量。

阿米埃罗将"废新世"理解为一个类似地质世的新纪元，用他的话来说，这一新纪元是由社会—生态关系（socio-ecological relationships）所塑造的，"旨在制造排斥和不平等"。我对这一表述的理解是，似乎富裕的群体产生了许多废弃物，有意地制造不公正。事情真的是这样吗？事实上，确实有许多不幸的人在处理其他人产生的废弃物时受到了恶劣的对待。然而，这些废弃物有些是有害的，但不是所有的都是有害的。同时，不是所有的废弃物都是由富裕阶层所产生的，有些废弃物来自无产者。如果说废弃物普遍都是为了制造排斥和不平等而被制造出来，这听起来有些阴谋论。我相信废弃物在大多数情况下造成的是一种非预期的后果。废弃物时常会带来伤害，但并非总是如此。

生活中存在许多的废弃物，例如污水、旧的报刊、花园修剪的残余物、人体排泄物、排气管污染和有毒有害的化学排放物等等。据上周的统计数据，地球上现在共有80亿人口，这些人口势必会生产出许多的废弃物。制造商们，不论他们身处何地，这一群体确实在很多情况下制造了排斥和不平等。许多天前，朝鲜领导人金正恩宣布了将建造世界上最大的核武器库的计划。他可能不会成功，但这项计划无疑会产生大量的放射性污染物。所有的国家，无论是资本主义或是共产主义，都会制造废弃物，这一过程并非有意地制造社会不平等，然而这一过程会将数百万公顷的农业用地转变为废弃物填埋场（荒地），造成土地的荒漠化。土地荒漠化可以归咎于人类生育力对旱地生态系统的压力，而非总是由资本主义的机构产生的各种废弃物所造成。我想表达的是，废弃物可以与许多不同的社会关系发生关联，不是仅仅由一种关系（资本主义制度）所造成。

"人新世"概念的缺陷在于它将复杂的、不可预测的星球简单地归结于人类主导下的一种情境。"废新世"则是将废弃物简化为阶级关系和二元对立的情境。我认为我们需要一种更为综合的、多层次的而非二元对立的方法，一种可以将生态系统及其健康、我们普遍的人类欲望、我们的文化认知、政治及多层级社会关系包容其间的视角。

非常遗憾由于太平洋两岸的时差，我不能参与此次的讨论。地球上的时区不是为了"Google 世"而存在的。我们可以提出各种不同的"世"，正如我提出

"Google 世"这一概念，一个互联网主导的新纪元，这些"世"会产生许多非预期效益，它们可能不会带来伤害，但无疑会对我们的生活产生影响。

针对以上学者的书面意见以及沃斯特的评论，时为瑞典皇家理工学院环境人文实验室主任的马可·阿米埃罗，从"废新世"、"有毒叙事"（toxic narratives）及"共同化实践"（commoning practices）三个方面，对其同名新著中的主要观点做了简要的介绍。

阿米埃罗认为，"人新世"叙事存在诸多争议之点：其一是对当前生态危机负有责任的"我们"（we）的强调，这在很大程度上是将人类描绘成一个无差别的群体，把存在于社会和种族之间的诸多不平等现象扁平化了；其二是它的物化、实体化（reification）倾向，以二氧化碳的排放为例，此种叙事关注的焦点是排放这一具体现象本身，并由此寻求解决方法，而对最初产生这一现象的社会-生态关系则忽焉不论；其三是这一叙事基本上是一种抽象的、普遍的全球叙事，它将地球系统视作一个整体，却脱离了具体的地方性和多样化的主体。

鉴于"人新世"叙事存在的这种扁平化、实体化和普遍化的缺陷，阿米埃罗提出"废新世"的概念予以替代，指出这一新的提法并不把废弃物简单地视为某种特定的实体，而是将其理解为一种废弃性的关系，即创造被废弃之人和被废弃之地的社会-生态关系。它没有局限于一个普遍意义上的"我们"，也不会沉浸在对废弃问题的物化认识之中，而是聚焦于关系本身。也就是说，它的关注点不是"废弃物"，而是"废弃化过程"。当然，和"人新世"一样，"废新世"毫无疑问也是一种全球化的叙事，但它同时也是地方性的，带有浓厚的地方色彩，关乎地方、个体、社群的生活或身体经验。

在阿米埃罗看来，"废新世"既关乎清洁与净化，也关乎肮脏与有毒，因为就其本质而言，"废新世"是一个划分有价值之人与可抛弃之人的世界。在书中，阿米埃罗以 1963 年意大利瓦伊昂之灾（Vajont Dam Disaster）、那不勒斯霍乱、巴西马里亚纳大坝灾难为例，对"废新世"逻辑进行了阐述，指出这一逻辑的矛盾之处在于，虽然废弃物在我们的世界中随处可见，但废弃关系在大多数情况下对我们来说却是无形的。其内在逻辑往往借助于"有毒叙事"而不断再生产，由此建立了讲述故事的基础，也因之阻碍了揭露社会不公正的可能性，并将这种不公正自然化、无形化和正常化，从而抹去任何替代性叙事，驯服记忆。这也是"废新世"对于我们而言不可见的原因所在。在此，阿米埃罗希望更多的学者参与进来，共同思考应该如何面对这些有毒叙事。

据阿米埃罗分析，有毒叙事通常将责任归咎于受害者。例如在霍乱暴发时，这种叙事将贫民区民众的患病归咎于他们没有建立正确的生活方式。同时，有毒叙事不仅仅将人与人之间的不公正正常化，更是掩盖了其他有可能揭示废弃关系的替代性叙事。后一叙事的重要原料,就是将身处废弃关系中的每个个体视作原子的话语。玛格丽特·撒切尔(Margaret Thatcher)曾说过:"没有所谓的'社会',只存在个体的男人和女人,还有家庭。"阿米埃罗认为,这位前英国首相的观点并不正确,实际上共同体不仅确实存在,还会在最困难的时候整体动员起来。其中,废弃关系的引擎基于消费和他者化,而共同化实践则指向资源再生和共同体。

因此,阿米埃罗强调,废弃化的对立面并非所谓的回收(recycling),而是人类关系的"共同化"(commoning),这种"共同化"以共有关系代替了他者化的废弃关系,强化共同体的建设,为从根本上削弱"废新世"逻辑提供了某种可能性。

此类共同化实践的例子可见于阿米埃罗新著的最后一部分。其中之一是在波斯尼亚和黑塞哥维那北部城市图兹拉(Tuzla),那里的工人阶层社区(公民大会)与当地大学积极协商,创建了工人大学,其目标在于改造此前工厂的毒性遗产,通过恢复和保护过去的集体记忆,构想社区未来的不同可能性。在加泰罗尼亚,一个底层社区则通过争取更好的生活条件(剧院、电影节、诗会等)来重塑自身。在巴西里约热内卢郊区贾尔迪姆格拉玛乔(Jardim Gramacho)的大型垃圾填埋场,艺术家维克·穆尼斯(Vik Muniz)与当地拾荒者协会进行合作,利用垃圾共同创作出一系列艺术作品。在意大利罗马有一个废弃工业区,附近工人社区在阻止某项购物中心建设的过程中,其中心湖泊的水位也在不断上涨,两者形成的"多物种联盟"最终成功阻止了当地的开发项目,并在有毒废墟之上建立了一个自然公园,这一公园成为保留过去记忆的某种特殊的档案。在新冠疫情期间,不少国家的社区纷纷建立自发互助的网络,以帮助共同体中最脆弱的群体。可见"废新世"是通过强化有毒叙事和抹去抵抗记忆来维系自身的,而要打破"废新世"逻辑,就需要建立替代性的档案;争取更加公平的社会–生态关系的斗争,也意味着需要争取一个更为公正的故事和记忆的叙述生态。

至于与会学者对其著作提出的批评,阿米埃罗以可视化的方式予以呈现,认为这些批评涉及位于其示意图中心的两个重要议题,即:"这是否是一本反对'人新世'的著作?""'废新世'是否是资本主义特有的现象?"对此,阿米埃罗回应道,他并没有指责所有地球系统科学家都忽视了社会、环境和历史中的不平等现象,他也看到了在人文和社会科学的相关讨论中不乏对种族、性别、阶级不平等问题的关注,但总体而言,这一现象并非"人新世"叙事的优先关注点。相反,是杰森·摩尔提出的"资新世"及其他关联的概念,将"人新世"中没有清晰呈现的权力关系和不平等问题放到了学术讨论的中心位置。也正是受到"资新世"概念的启发,阿米埃罗优先考虑的是不平等的社会–生态关系,而使用"世"之后缀("-cenes"),与其说是为了书写一个新的地质时期的故事,不如说是为了从"人新世"框架的内部对此叙事模式提出批判性的反思。

阿米埃罗特别强调"废新世"话语与资本主义的关系，表明自己的目的是将"废新世"话语与对资本主义的激烈批判重新联系起来，重新思考作为认识资本主义的理论工具集合体的马克思主义（Marxism）理论及其相关问题。尽管正如沃斯特所言，资本主义并不是产生废弃物、废弃关系的唯一系统，但资本主义无疑是这种废弃关系及其生产最彻底、最普遍、最重要的动力。

阿米埃罗最后向大家提出了一个问题，即生活在"废新世"时代的人类是否还存在某种希望？在《废新世》一书中，他是以某种"表演式希望"（performative hope）作为终章的，在他看来，其魅力就在于"共同化"，在于它在实践的同时也在改变我们的生活，就如加泰罗尼亚坎圣胡安（Can Sant Joan）地区发生的故事一样，工厂仍在那里，工人社区的争取可能以失败告终，但这并不意味着"废新世"逻辑最终获得了胜利。

沃斯特的锐评，阿米埃罗的回应，其他各位学者从不同角度提交的书面意见以及现场的热烈讨论，大大地拓展了《废新世》一书引发的话题。在讨论过程中，每位学者均结合自己的学术研究和实践经验，深入探讨了"废新世"与"人新世"的概念差异、资本主义造就的全球废弃关系、全球气候变化背景下废弃物与当代消费主义的关系、全球生态危机背后的不平等关系等重要议题，并就资本主义与环境变迁的历史关系、"废新世"概念的特定社会语境、共同化实践是否足以替代废弃化过程、消费者在"废新世"中的作用等议题展开对话。各位学者讨论的议题还包括"废新世"中团体互助和科学机构的重要性、全球维度的生态危机叙事与不同尺度下社会关系和责任认定的对立共存、"废新世"叙事与环境人文学研究文本、生态治理过程中尊重地方知识的必要性等。其中有不少学者结合自己多年研究的课题和丰富的田野调查经验，以一个个鲜明的个案，分享了亚马逊跨国物流资本公司、中国煤矿产业的灾害治理、全球垃圾转移、劳工职业病、环境保护运动、中国农业现代化等案例，并进一步反思了"废新世"理论的有效性与局限性。

纵观此次围绕"废新世"概念而展开的学术讨论，借用著名武侠小说家金庸笔下的"江湖"话语，实可视为国际环境史领域的一场"学术江湖"。其中，被挑战的"武林盟主"是"人新世"概念主要倡导者之一麦克尼尔，"挑战方"当然是阿米埃罗，他的"武功绝学"是"废新世"，这一概念与其"战友方"摩尔提出的"资新世"联盟，共同对"人新世"进行口诛笔伐，而老资格的环境史大家沃斯特更像是作为"裁判"的"武林元老"。与会学者对上述理论或赞同，或补充，抑或结合实证研究提出自己的思考，也都共同参与了这一场全球环境史领域值得关注的"华山论剑"。

不同于"人新世"叙事的创建者及其拥趸一直在寻找人类主导的时代于地质层面留下的物理性痕迹，即寻找所谓标志性的"金钉子"，阿米埃罗的讨论回归到人体、生命的维度，并对这一思路进行了系统性的理论阐述。巧合的是，这样一种思考，亦即发掘

"人新世"与人体演化之间的关系，实际上有一位来自中国的前驱。早在《废新世》出版十余年前的 2011 年，中国山东的小说家赵德发受国际上流行的"人类世"概念（亦即"人新世"）的启发，结合自己的生活体验，创作了小说《人类世》。其中讲述了这样一个故事：地质学家焦石前往老姆山中寻找地质分层的金钉子，在这一过程中他遇到当地的一位商人孙参，但是为了房地产开发，这位商人炸毁了这座山。受此冲击，焦石顿悟，虽然他原先想要找寻的"金钉子"消失了，但他找到了新的"金钉子"，这一"金钉子"就是人，假若突发一场灾难，人变成化石，在未来科学家眼中，人就成了地质变化的标志。小说还设计了这样一种戏剧化的情节，这种情节在现实生活中并非空穴来风，就是商人破坏了山，但他自身也没有得到好运，因为孙参是从捡垃圾发家的，但由于长期跟垃圾打交道以及受环境污染的影响，他最终失去了生育的能力。赵德发在小说中也把人体的变化作为"人类世"的标志，这一点和阿米埃罗的思路非常接近。

赵德发的小说及其思索的问题，表明阿米埃罗的"废新世"概念完全可以超越以欧美为中心的狭窄的"学术江湖"而成为打破民族国家界限的全人类共同思索的大问题，此次会议规模虽然不大，也恰恰体现了环境史领域的全球学术共同体对人类命运共同体的共同关注和共同思考。就阿米埃罗的"废新世"概念而言，将其与"人新世"或其他替代性概念作比较，可以从以下三个关键词进行概括，进而结合会议的讨论与我们的体验，从这三个方面向阿米埃罗提出新的问题，也希望感兴趣的读者就此展开更深入、更全面的对话和争鸣。

第一个关键词自然是"废新世"。与此相关的是，何为"废新世"？它与"人新世"之间有何不同？虽然这一问题在会议中已经得到充分的讨论，但还需要在以下方面作进一步探讨："废新世"与"资新世"的关系如何？两者有何异同？"废新世"究竟是"人新世"的替代品，抑或只是"人新世"的 2.0 版？正如麦克尼尔的评论所言，社会-生态的不平等关系在过去也存在，这种不平等关系是否也会产生废弃化过程？其与近代"废新世"之间有何连续性或者差异？

第二个关键词是"共同化"。与会学者的讨论已揭示这个概念的意义所在，其有效性不容置疑。但这一概念立基于清洁/污染、废弃/共容、施害/受害的二元对立，这一逻辑是否反过来限制了"共同化"的有效范围，使其成为新的排他性叙事？有无可能超越废弃者同盟趋向更加多元的对话和协商？废弃化固然基于两者，即阿米埃罗所说的"两个世界"的排斥性关系，但同样基于两者的依赖性关系，这种对立依存的关系，也是某种意义上的"共存"。设想去除了这种关系，将会面临什么样的社会-生态体系？此外，阿米埃罗在著作中提及的危急时刻的"灾难共产主义"是否真的可持续？中国有一句谚语"夫妻本是同林鸟，大难临头各自飞"，因此，该如何理解和处理灾难之下的共识性分裂与共同化之间的关系？

第三个关键词则是"我们"。"废新世"中的"我们"是以他者化为核心的不平等关系的构建以及相应的废弃化进程，导致人类或社会总体的分裂和对抗，但即使把这些被排斥的"他者"考虑进来，也不过是"我们人类"而已。这里的"我们"是以非人类多物种的他者化为前提的，与"社会"联结的"生态"不过是背景而已，多物种的主体性何在？如果从多物种共存的生态中心主义出发，废弃性关系可否理解为以人为中心的生态差序格局？假如人本身也只是自然界的一部分，而且是其中并不重要的一部分，人的力量还不足以改变自然界的秩序，那么，所谓的"人新世"还会存在吗？这方面的探索，既有沃斯特眼中宏大的"星球"，也有其他学者提出的"微生物世"。如果非人类自然发挥的作用如此之大，我们是否要对过去、现在、未来的社会-生态关系进行新的理解？此外，人类行为过程的非预期环境效应，是否也是一个自然化的过程？我们是否需要对自然的概念进行更新，从实体的自然转向过程的自然？或者干脆像拉图尔（Latour）所说的那样，把自然的概念给解构了？

最后还有一个关键词，这就是"谢谢"。我们必须回到这一次的"学术江湖"，感谢阿米埃罗为学界贡献的"废新世"概念，感谢各位学者的热诚参与。本次会议中国内外环境人文学者围绕此一概念展开的批判性思考和实证性研究，应该是国际环境史领域在相关议题上的重要探索，有助于国内外学术界进一步加深对全球生态危机的认识，增强对人类与非人类之间生态关系的理解。

本辑成果得以出版，是与吴羚靖博士及其领导的会务和翻译团队认真、艰苦的努力分不开的，在此亦一并表达衷心的谢忱。这些年轻的学者，包括高冠楠、蔡雯娟、葛蔚蓝、肖苋、徐冉、姚宇舟、孙一洋、李彦铭、秦子怡、何千禧、杨钦麟、崔童、罗靖曦等同学。他们见证了此次"学术江湖"事件的全过程，也可能是未来环境史"学术江湖"的生力军。本辑所有翻译校对由吴羚靖博士负责。

2024 年 8 月 3 日于中国人民大学人文楼

目　　录

主 题 论 文

废新世：全球垃圾场的故事[*]

马可·阿米埃罗[①]

巴塞罗那自治大学科学史研究所、加泰罗尼亚研究与高级研究所

摘　要　人类或许生活在"人新世"，但并不以相同的方式受到影响。如果研究者不在地球圈中，而是在有机圈、在人类与环境相纠葛的生态系统中寻找"人新世"的痕迹，那么"人新世"会是什么样子？观察这种权力与毒性的具体层理，我们发现的将不只是"人新世"，而是"废新世"。将废弃关系强加于底层人类和非人类群体，意味着构建由污染物质和叙事构成的有毒生态系统。尽管官方记录系统性地抹去了这些废弃关系的痕迹，但另一种叙事已在血肉和细胞中被书写。本书将穿行于意大利的那不勒斯和加纳的阿博格布洛西之间，在科幻小说和疫情暴发之间，带领读者进入"废新世"的内部，但也会指出正在瓦解它的共同实践。

关键词　人新世；资本主义；共同性；毒性；废弃

一、导言

我成长于 20 世纪 70 年代意大利那不勒斯，我的一个小学同学上课常常睡着，因为他熬夜"生产硬纸板"（那不勒斯方言为 facendo i cartoni）。但是"生产"其实并不是一个恰当的词语。和当时许多那不勒斯孩子一起，塞尔瓦托（Salvatore）并非在工厂"生产"硬纸板，而是在晚上骑着意大利特色货运三轮车在城市中穿行，从城市垃圾堆中收集硬纸板。当时此类活动在城市里极为常见，以至于那不勒斯民谣歌手皮诺·达尼埃莱（Pino Daniele）在诗意描写城市夜晚时也将拾荒者（cartonaio）视为标志性符号。确实，这些人在大都市这种另类的工厂里劳作，在那里，生产和消费之间的区隔比人们预期得要小；人

---

　*　Armiero, M., *Wasteocene: Stories from the Global Dump*, Cambridge University Press, 2021.
　①　马可·阿米埃罗是巴塞罗那自治大学科学史研究所教授，也是加泰罗尼亚研究与高级研究所的 ICREA 研究教授。他 2019—2023 年担任欧洲环境史学会主席，目前是国际环境历史组织联盟主席团成员。自 2023 年起，他担任《抵抗：激进环境人文杂志》（*Resistance: A Journal of Radical Environmental Humanities*）杂志主编。研究重点包括自然化议题、移民环境以及环境正义。他试图通过研究连接环境人文和政治生态学。

们只需从城市这座露天矿场中就可以恢复并"生产"物品。

这段自传记录包含了一些近期废弃物研究的主要议题，包括废弃物的定义（什么是废弃物和对谁而言）、劳作和废弃物之间的新陈代谢关系、废弃物的城市面向以及关于废物所有权的争议。从某天起，塞尔瓦托从课堂上消失，永远地离开了学校，而我却成为一名教授。这些事实说明废弃物在这里不仅是一种东西，而是一系列旨在（再）生产排斥性和不平等的社会-生态关系。

讽刺的是，关于废弃物的书写本身简直一片混乱。该主题下既有学术成果的数量及其在学科和方法上的多样性几乎令人难以置信。从人类学到历史学，从生态批评到社会学，以及经济学、法学、政治学、地理学、考古学、设计学、哲学和其他我已忘记的学科（我为此惭愧），废弃物都是一个极为热门的主题。本书并非关于废弃物的长篇学术史，因为它不完整，几乎很快过时，而且我也另有打算。本书试图提出"废新世"，这是一种联结废弃物、正义和我们当今世界形成的叙事。显然，"废新世"对话的是与"人新世"（Anthropocene）相关的学术大爆炸、艺术争鸣和事件。"废新世"可以是"人新世"的一种新替代。环境人文学者拥护"人新世"，因为他们认为"人类的时代"[1]所包含的意味过于中性。"资新世"（Capitalocene）直接指向了应为当下社会-生态危机负责的经济与社会体系[2]。"废新世"假定废弃物可被视为我们新时代的行星标志。然而，这不仅是因为废弃物无所不在（毕竟即使二氧化碳排放也基本上是大气废弃物），更是因为整个行星尺度的废弃关系塑造了"废新世"，废弃关系制造了被废弃的人与地方[3]。

如果废弃物不是一种被置于某地的物品，而是一系列产生被废弃之人与非人类生物、被废弃之地和被废弃故事的废弃关系，那么特定社区与污染设施的邻近或重叠并非距离或者区域邮编的问题。废弃作为一种关系（废弃化），它不仅选择了一个放置多余装置的场所，还创造了一个目标社区。在此意义上，我们可以采纳迪佩什·查克拉巴蒂（Dipesh Chakrabarty）曾经关于废弃物议题的看法："无论我们讨论的是从工业化国家来的放射性废弃物，还是印度家庭或村庄的废弃物，这些'脏物'只会流向一个被设定为'外部'的地方。"[4] 殖民计划中所固有的"他者化"（othering）实践是任何废弃关系的内核。废弃物的产生与制造他者、外部和"我们"的过程相连。盖伊·霍金斯（Gay Hawkins）曾

---

[1] Malm, A., Hornborg, A., "The Geology of Mankind? A Critique of the Anthropocene Narrative", *The Anthropocene Review*, Vol. 1, No. 1, 2014, pp. 62-69.

[2] Moore, J., ed., *Anthropocene or Capitalocene? Nature, History, and the Crisis of Capitalism*, Oakland (CA): PM Press, 2016.

[3] 此处基于鲍曼和他提出的"被废弃之人"的观点。

[4] Chakrabarty, D., "Of Garbage, Modernity and the Citizen's Gaze", *Economic and Political Weekly*, Vol. 27, No. 10/11, 1992, p. 542.

言，废弃行为不仅定义了谁是他者，也同时定义了"我们是谁"①。"废新世"之于殖民性，就像"人新世"之于物种话语，如今已被查克拉巴蒂所重视②。我们或许可以说，"他者化"（他者的殖民产物）和"同质化"（"我们"的修辞虚构）是一个硬币的两面③。废弃所产生的他者化远比建造牺牲区（sacrifice zones）更为普遍。他者化意味着改变他者"本性"，同时也利用其保留某种特权。

在本书中，我将展示"废新世"如何或在哪里显现。首先，我将追溯"人新世"话语的历史［"回到库埃纳瓦卡"（Cuernavaca）］，并提出"废新世"可以作为社会-生态危机的替代性框架（"'废新世'的案例"），讨论与"废新世"相关的科幻故事以及这些想象如何重塑我们对垃圾末日的看法（"废弃未来"）。其次，我将揭露，毒物故事的废弃化通过抹杀和驯化记忆，强加一种责怪受害者或淡化不公的主流叙事（"驯化记忆、有毒叙事以及被废弃的故事""'废新世'丛林中游击式叙事"）。"废新世"既是整个行星范围的，也是基于具体地点的，我会在这些尺度之间跳跃，通过一系列简短的片段，展示美国、巴西和加纳地区废弃关系的多元形式（"'废新世'，全球与地方"）。再次，在第四部分，我将以意大利那不勒斯为例，从微观角度深入考察"废新世"。我将回顾霍乱流行、20世纪70年代"黑暗疾病"（dark disease）和1990—2000年垃圾危机等这座城市历史中的"顿悟"（epiphanies）时刻，考察它们如何在"废新世"之墙打开缺口，区分出有价值之人与"他者"。最后，第五部分关注"废新世"中对抗废弃关系和试验新社会-生态关系的力量。我认为，共同化实践（commoning practices）是产生共同性的集体行为④，它们是反对废弃关系的最有力的战略。废弃关系从剥削和他者化之中获利，而共同关系将通过关怀和包容来创造幸福。新冠疫情期间几个团结旅（Solidarity Brigades），巴西拾荒者联盟，加泰罗尼亚、波斯尼亚和黑塞哥维那、意大利工人阶级社区等案例将为此赋予鲜活的生命和希望。

剑桥大学出版社基本原理系列（Elements）的初衷是出版一些能够明确传递信息并激发讨论和深层研究的简短成果。当我重读书稿时，意识到遗漏了许多东西，然而我别无他法。尽管我假定了废弃关系对人类和非人类都会产生影响，但我的写作仍停留于人类中心主义视角。即便如此，我也明确指出，由于"废新世"逻辑产生了被废弃的人和生态系

① Hawkins, G., *The Ethics of Waste: How We Relate to Rubbish*, Oxford (UK): Rowman & Littlefield, 2006, p. 2.
② Chakrabarty, D., "The Climate of History: Four Theses", *Critical Inquiry*, Vol. 35, No. 2, 2009, pp. 197-222.
③ "他者化"术语的学术谱系丰富且富有争议，它是生产被殖民的他者和安全的"我们"的殖民项目的核心支柱，该术语通常可追溯到后殖民理论家加亚特里·斯皮瓦克（Gayatri Spivak）的研究中。
④ De Angelis, M., *Omnia Sunt Communia: On the Commons and the Transformation to Postcapitalism*, London: Zed Books, 2017; Bollier, D., Helfrich, S., *The Wealth of the Commons: A World Beyond Market and State*, Amherst (MA): Levellers Press, 2012.

统，所以任何替代方案都必须是一种多物种的解放同盟。我最大的希望是这本书可以启发其他学者创造更好的、更具包容性的"废新世"概念，并超越我的方法局限性。

二、从"人新世"到"废新世"

1. 回到库埃纳瓦卡

也许是因为我的社交/职业圈，"人新世"对于我而言是无处不在的——在与朋友吃饭时，在社交媒体上，在会议上，在随意走进的一家书店的书架上。至少在我的生活中，每天都有人提到"人新世"。很少有一个科学概念能如此流行。2020年1月23日我在谷歌上搜索"人新世"，42秒内出现500多万个结果。这个概念的日益流行与日渐扩散的气候变化焦虑密不可分。鉴于它如此流行，我在此便无须长篇累牍地解释它；然而，我仍觉得我们需要从"人新世"开始"废新世"之旅，因为它孕育了各种支持或反对它的"世"（"-cenes"）。

"人新世"如同每种基础叙事那样很难往回追溯。也许最简单的出发点是一个离墨西哥城不远的小镇——库埃纳瓦卡。但这次不是征服者的故事，而是科学家的故事。2000年，一次在库埃纳瓦卡召开的会议上，诺贝尔奖得主保罗·克鲁岑感到亟须宣告"全新世"（Holocene）结束，一个新纪元已开始。地球系统科学家威尔·斯蒂芬（Will Steffen）很快成为"人新世"辩论中的关键人物，他经常讲述克鲁岑在提出"人新世"一词之前停顿片刻的故事。有人可能会说这几乎是一个天启。当时克鲁岑的概念还只是一种直觉，但其所传递的信息十分清晰：人类应被视为一种能够影响整个地球的地质力量。没有人比他更能理解人类活动对地球产生的系统性影响。实际上，1995年，克鲁岑与马里奥·莫利纳（Mario Molina）、舍伍德·罗兰（Sherwood Rowland）一起凭借研究人为排放造成的臭氧层损耗而获得诺贝尔化学奖。毫无疑问，发现和修复臭氧层空洞为克鲁岑（重新）发明"人新世"奠定了基础。之所以称之为"重新发明"，是因为库埃纳瓦卡会议的故事和克鲁岑启迪性的发言只是"人新世"众多起源故事之一。克鲁岑承认，"人新世"这个词早在20世纪80年代就被瑞典生态学家尤金·斯托默（Eugene Stoermer）所使用。因此，2000年，克鲁岑和斯托默在《全球变化通讯公报》上共同署名发表了那篇关于"人新世"的奠基性文章。

确切地说，这篇文章使"人新世"的起源故事更加复杂。通过邀请斯托默，克鲁岑不仅承认在他于库埃纳瓦卡临时起意前就有其他人使用过该词，而且还承认"人新世"概念有着更悠久的历史。在那篇文章中，克鲁岑和斯托默列出了"人新世"的权威谱系。1864年，美国外交官、折中主义者乔治·珀金斯·马什（George Perkins Marsh）出版了

《人与自然》一书，他通常被认为是最早揭示人类行为会持续破坏环境的人。我读过很多19世纪意大利语著作，这些书也指出了森林砍伐、洪水、山体滑坡和气候变化的系统性联系，我始终怀疑马什的首倡地位是否为英语帝国主义的产物[①]。然而，《人与自然》及其作者经常被列为"人新世"叙事的先驱者之一。它的开篇词大同小异："本书旨在表明人类行为改造我们所栖息的地球物理环境的特征和大致程度。"[②]

马什曾担任美国驻奥斯曼帝国和意大利的外交官。尽管《人与自然》深深扎根于地中海世界的自然之中，但该书生动的开篇也展现了非凡的全球野心。意大利地质学家安东尼奥·斯托帕尼（Antonio Stoppani）的著作也有类似的关于人类影响环境的全球视角。斯托帕尼在1873年出版的地质学手册中指出"人类时代"（Anthropozoic）已出现，这是一个以人类活动的"地球"之力为标志的新地质时代。在20世纪头几十年里，法国哲学家、耶稣会教士皮埃尔·泰尔哈德·夏尔丹（Pierre Teilhard de Chardin）和俄罗斯科学家弗拉基米尔·弗纳德斯基（Vladimir Vernadsky）提出"智能圈"（noosphere）概念，借此标志一个由科学知识和技术主导的新时代的开始。环境史学家格雷格·米特曼（Gregg Mitman）将美国地质学家托马斯·张伯伦（Thomas Chamberlin）纳入了他的"人新世"谱系汇编之中。张伯伦曾在1883年提出了"灵生代"（Psychozoic Era），认为人类在地球地层中留下了痕迹[③]。然而，米特曼再次提醒我们，"人新世"的长谱系也受到一些学者的批评，这些人希望强调"人新世"的断裂性，而不是它与过去概念和解释的连续性。澳大利亚学者克莱夫·汉密尔顿（Clive Hamilton）在气候变化辩论中极为活跃，据其所言，"人新世"的创新性在于以地球系统为前提，地球系统是物理、化学和生物过程相互联系的组合，而生命是其中不可分割的一部分。在汉密尔顿看来，在常规单一学科中思考"人新世"是错误的，因为这似乎仅仅将"人新世"视为人类改造生态系统的另一种说法。相反，从地球系统科学来看"人新世"，它便是星球周期中的一次断裂[④]。

虽然汉密尔顿批评部分关于"人新世"的叙事是为了强调此概念本身的创新性力量，但这个新概念的出现在社科、人文学者和艺术家之间引发了激烈辩论。或许值得一提的是，"人新世"已在国际地层委员会官方审议之外的思想界独立流行开来。对"人新世"的批评主要集中于此概念所声称的中立性，其去政治化的影响，以及无视社会、历史、性

---

①　例如：Afan de Rivera, 1825；Gautieri, 1815；Melograni, 1810. 关于这一点的论述见：Vecchio, B., *Il bosco negli scrittori italiani del Settecento e dell'età napoleonica*, Torino：Einaudi, 1974.

②　Marsh, G. P., *Man and Nature*, edited by D. Lowenthal, Cambridge（MA）：Belknap Pr. of Harvard University Press, 1965, p. 3.

③　Mitman, G., "Hubris or Humility. Genealogies of the Anthropocene", In Mitman, G., Armiero, M., Emmett, R. S., eds. *Future Remains. A Cabinet of Curiosities for the Anthropocene*, Chicago：Chicago University Press, 2019, pp. 61-64.

④　Hamilton, C., *Defiant Earth：The Fate of Humans in the Anthropocene*, Cambridge（UK）：Polity, 2017, p. 17.

别和种族差异。"人新世"是"人类的时代",也就是"我们"影响地球生物-地质-化学圈的时代。大部分进步主义学者立即表达了对这种普遍叙事的不满。对他们来说——也许应该说对我们来说——身处"人新世"中的"我们"有可能将人类描绘成一个无差别的群体。2019 年 4 月 15 日,世界各地气候活动人士利用巴黎圣母院着火的图像来表达他们的想法:我们共同的家园着火了,"我们"必须一起努力来拯救它。这个比喻完美地体现了"我们"一词的争议性用途,或者至少体现了"人新世"普遍主义的局限性。顺着这个比喻,有人可能会说,当火灾发生时房子就成了"我们的",每个人都被召集来参与灭火,但是没有火灾时,那些拥有或认为自己拥有房子的人就不太愿意欢迎每个人进入房子。有游泳池和直饮水的漂亮房子一般都配有栅栏及保安,这样的话就不算是"共同的家"。环境人文学者罗布·尼克松(Rob Nixon)恰当地阐述了这种普遍主义和不公之间的张力,他写道:"我们可能都身处'人新世',但我们并非以同样的方式存在于其中。"[1]同样,我用泰坦尼克号灾难为例,讨论"人新世"中集体的"我们"与海难给不同人群带来极端不平等影响之间存在张力,即便人们确实都处于同一条船和同一个地球之上[2]。1912 年 4 月 14 日,当一座冰山与泰坦尼克号相撞时,你乘坐的是头等舱还是三等舱决定了你的生死。泰坦尼克号的比喻清楚地说明:阶级在"人新世"很重要。可能我所有的读者都已经很了解迪佩什·查克拉巴蒂的四个命题以及他所论证的同一物种的历史[3]。就那场内涵丰富的辩论而言,尽管它认识到了人类和非人类之间在生态危机的发展中存在巨大鸿沟,但我仍然坚持批判"人新世"中普遍意义上的"我们"。

　　我并不打算指责所有地球系统科学家对社会、环境和历史上的不平等现象视而不见或借此树立假想敌。伊恩·安格斯(Ian Angus)已表明,他们中许多人确实意识到了"人新世"所包含的社会不平等现象[4]。全球最具影响力之一的地球系统科学家威尔·斯蒂芬经常提到,需要颠覆结构性权力不平等才能创造一个可持续的未来。他还同意与印度社会学家阿米塔·巴维斯卡(Amita Baviskar)及我共同合作,2015 年我们在柏林"人新世校园"项目中完成了一个教学单元。这并非在中立地和非政治地解释"人新世"这个概念。我也不认为所有使用"人新世"一词的人文和社会科学学者会不了解确定我们在新时代中地位的权力关系。尽管如此,我认为我们谈论"人新世"的方式确实反映了我们的优

---

　　① Nixon, R., "The Anthropocene. The Promise and Pitfalls of an Epochal Idea", In Mitman, G., Armiero, M., Emmett, R. S., eds., *Future Remains. A Cabinet of Curiosities for the Anthropocene*, Chicago: Chicago University Press, 2019, p. 8.

　　② Armiero, M., "Sabotaging the Anthropocene. Or, in Praise of Mutiny", In Mitman, G., Armiero, M., Emmett, R. S., eds., *Future Remains. A Cabinet of Curiosities for the Anthropocene*, Chicago: Chicago University Press, 2019, pp. 129-139.

　　③ Chakrabarty, D, "The Climate of History: Four Theses", *Critical Inquiry*, Vol. 35, No. 2, 2009, pp. 197-222.

　　④ Angus, I., *Facing the Anthropocene. Fossil Capitalism and the Crisis of the Earth System*, New York: Monthly Review Press, 2016, pp. 224-232.

先关注点，而我想优先考虑或者放在中心位置的是不公正的社会-生态关系，它使"人新世"叙事中普遍意义的"我们"成为一个极其抽象的概念。坦白说，我不认为"人新世"这个称谓能改变不公正的关系，但无论我们使用什么词语，我们都需要改变它们所表达的叙事。如果我们同意作为一个整体的人类并不对"人新世"负责，那么我们也可以重新评估它的起源和可能的退出机制。在那些支持物种叙事的人当中，新石器时代革命（约12 000年前）及农业和动物驯化的发明/发现通常被认为是"人新世"的合理起点之一。然而，此假设与将"人新世"被视为地球历史上一个重大断裂的观点相矛盾，因此，18世纪工业革命和二战后所谓的"大加速"（Great Acceleration）通常被认为是新纪元最合适的起始点。克鲁岑和斯托默指出，工业革命和与之相关的二氧化碳排放量的激增最符合"人新世"的起始点。而其他人则指向二战后与人类活动相关联的事务都经历了异乎寻常的快速增长，从城市化到渔业，包括世界各地的麦当劳餐厅的数量。"大加速"[1]永存于标志性曲棍球棒形的图表中，它显示所有与人类有关的活动几乎都从20世纪50年代起开始飙升。此外，"大加速"提供了一个不可磨灭的地质层标记：1945年以来原子弹爆炸产生的放射性核素沉降物。

我希望读者能明白，确定"人新世"的起点既不是单纯的好奇心作祟，也不是留给地质学家的专业谜题。像环境危机一样，"人新世"的一切甚至其起源问题都饱受争议，而且自带政治性。我可以肯定地说，这场争论已超出地质工作组的事实认定。与环境人文学的通常争论类似，本书将"人新世"视为一种关于当前生态危机的全球叙事，而非等待科学家解决的地质难题。正因为此，我觉得西蒙·刘易斯（Simon Lewis）和马克·马斯林（Mark Maslin）关于"奥比斯假说"（Orbis spike）的争论非常有价值。简而言之，刘易斯和马斯林提出，"人新世"的起点是欧洲人入侵美洲。他们认为，殖民新大陆不仅具有行星地球生物群变化的特征，而且还在地质圈中留下明显印记，即大气中二氧化碳大幅下降（7—10 ppm），这在两个南极冰芯中都有记录[2]。根据刘易斯和马斯林的说法，大气中二氧化碳明显减少的原因在于对原住民的大肆残杀以及此后农业规模的缩减和森林（重新）扩张[3]。虽然支持"奥比斯假说"的人非常重视南极洲冰芯里"金钉子"（golden spike）的物质性，但我想强调另一类他们的叙事与我批判"人新世"的相关性。"人新世"的起源故事（历史）说明了我们认为什么人和什么事应对生态危机负责。刘易斯和

[1] McNeill, J. R., Engelke, P., *The Great Acceleration：An Environmental History of the Anthropocene since 1945*, Cambridge (MA)：Harvard University Press, 2014.

[2] Lewis, S. L., Maslin, M., *The Human Planet：How We Created the Anthropocene*, London：Pelican, 2018.

[3] 克莱夫·汉密尔顿质疑"奥比斯假说"，认为刘易斯和马斯林既不能证明二氧化碳减少的人类起源，也不能证明它改变了地球系统。此外，根据汉密尔顿的说法，百万分之十的变化应该被认为是在大气层正常变化的范围内。Hamilton, C., *Defiant Earth：The Fate of Humans in the Anthropocene*, Cambridge (UK)：Polity, p.23.

马斯林说："'奥比斯假说'提出，殖民主义、全球贸易和煤炭带来了'人新世'。广义而言，这突出了社会问题，特别是不同人群之间不平等的权力关系，经济增长和全球化贸易的影响，以及我们目前对化石燃料的依赖。"[1] 就此而言，我想说"人新世"的殖民起源不仅反映在南极洲两个冰芯中，还同样显著地存在于我们社会种族主义安排和讲述自身故事之中。劳拉·普利多（Laura Pulido）明确指出，"人新世"故事中隐藏的种族主义强势地区分了殖民主义与资本主义，使它们仿佛相互独立[2]。相反，继塞德里克·罗宾逊（Cedric Robinson）之后，劳拉·普利多再次提醒我们，种族主义不是资本主义一个偶然现象，而是资本主义的基础。罗宾·凯利（Robin Kelley）在介绍塞德里克·罗宾逊经典著作《黑人马克思主义》时写道："资本主义和种族主义……并没有脱离旧秩序，而是从旧秩序中演变而来，产生了一种现代世界'种族资本主义'体系，该体系依赖于奴隶制、暴力、帝国主义和大屠杀。"[3] "白人世"（Whitemanocene）将起点设在殖民主义、奴隶制和资本主义的交会处。如简·戴维斯（Janae Davis）及其合著者所言，"种植园世"（Plantationocene）的概念有可能联结种族资本主义暴力和"黑人生态的解放潜力"的叙事[4]。的确，（种族）资本主义是任何批判性评估"人新世"的核心，将其置于历史中意味着批判"人新世"所默认的物种普遍主义，减少其起源叙事的扁平化程度。由此，"资新世"（Capitalocene），即资本主义时代，成为最能成功替代"人新世"的概念[5]。"资新世"最积极的倡导者是杰森·摩尔，他将"资新世"定义为"资本主义作为一种权力、资本和自然的世界生态"的时代[6]。因此，这里资本主义并不仅代表一种经济和社会制度，而是"一种组织自然的方式，一种多物种的、置于环境之中的资本主义世界-生态"[7]。"资新世"体现了对"人新世"叙事的关键性批判，并建立了一个替代性叙事，呼吁将当前社会-生态危机政治化。"资新世"解放了人文和社科学者的创造力，也激发

---

[1] Lewis, S. L., Maslin, M., *The Human Planet: How We Created the Anthropocene*, London: Pelican, 2018, p. 177.

[2] Pulido, L., "Racism and the Anthropocene", In Mitman, G., Armiero, M., Emmett, R. S., eds., *Future Remains. A Cabinet of Curiosities for the Anthropocene*, Chicago: Chicago University Press, 2019, pp. 116-128.

[3] Kelley, D. G. R., "Foreword", In Robinson, C. J., *Black Marxism: The Making of the Black Radical Tradition*, Chapel Hill: The University of North Carolina Press, 2000 (first ed. 1983 Zed Books), p. xiii.

[4] Davis, J., Moulton, A., Van Sant, L., *et al.*, "Anthropocene, Capitalocene,... Plantationocene? A Manifesto for Ecological Justice in An Age of Global Crises", *Geography Compass*, Vol. 13, No. 5, e12438, 2019, p. 4.

[5] 杰森·摩尔在其《人新世还是资新世?》（*Anthropocene or Capitalocene?*）中简要说明"资新世"这个词语的来源，承认了是安德鲁斯·马姆（Andreas Malm）率先使用这个词，但也提及了包括大卫·鲁奇奥（David Ruccio）、唐娜·哈拉维（Donna Haraway）以及他自己与托尼·韦斯（Tony Weis）等学者同步或集体使用了这个词语。Moore, J., ed., *Anthropocene or Capitalocene? Nature, History, and the Crisis of Capitalism*, Oakland (CA): PM Press, 2016, p. 5.

[6] Moore, J., ed., *Anthropocene or Capitalocene? Nature, History, and the Crisis of Capitalism*, Oakland (CA): PM Press, 2016, p. 6.

[7] Ibid.

了创造"人新世"替代称谓的热潮，包括"种植园世"①、"经济世"（Econocene）、"技术世"（Technocene）②、"俗人世"（Anthrobscene）③ 和"男人世"（Manthropocene）④。这些不同的称谓旨在驳斥"人新世"叙事对当代生态危机形成进程中存在的社会、历史、种族和性别各类不平等的忽视或低估。

2. "废新世" 的案例

"废新世"只是激进学者提出的众多（太多）替代性"世"的其中一种，它激发了一场对于"人新世"及其故事（历史）的更具批判性的辩论。每一个"人新世"故事的核心都是某种废弃关系。显然，人类时代由废弃物的技术地层学所标定，如地表下积累的碳沉积物、放射性核素和微塑料等物质。废弃物可以被看作是"人新世"的本质，具体展现了人类影响环境、将环境变成一个巨大垃圾场的能力。由此，我和马西莫·德·安吉利斯（Massimo De Angelis）提议将这个新纪元称为"废新世"⑤。尽管环境中到处累积的废弃物可直白地解释我们这个概念，但"废新世"并不是作为物体的废弃物，相反，它是将废弃物限定在废弃关系，即那种创造被废弃之人和被废弃之地的社会–生态关系。因此，"废新世"并不是废弃物无处不在的时代，也不是一种哀叹我们肮脏城市的花哨学术标签，更不是环保主义者熟悉的怀念某种失乐园的另类表达。事实上，"废新世"关乎清洁和净化环境，也关乎肮脏和污染。因为就其本质而言，废弃意味着要区分什么有价值，什么没有价值。兹苏萨·吉勒（Zsuzsa Gille）曾写道，废弃物体制中存在固有的分类和错置，即决定什么是废弃物以及它应该去哪里的社会组织方式⑥。垃圾场维持着安全和绿色社区的正常运转。正如美国作家丽贝卡·索尔尼特（Rebecca Solnit）精辟的论述，墙造

---

① Haraway, D., "Anthropocene, Capitalocene, Plantationocene, Chthulucene: Making Kin", *Environmental Humanities*, Vol. 6, No. 1, 2015, pp. 159-165; Tsing, A. L., *The Mushroom at the End of the World: On the Possibility of Life in Capitalist Ruins*, Princeton: Princeton University Press, 2015.

② Hornborg, A., "The Political Ecology of the Technocene: Uncovering Ecologically Unequal Exchange in the World-System", In Hamilton, C., Bonneuil, C., Gemenne, F., eds., *The Anthropocene and the Global Environmental Crisis: Rethinking Modernity in a New Epoch*, London: Routledge, 2015, pp. 57-69.

③ Parikka, J., *Anthrobscene*, Minneapolis: University of Minnesota Press, 2015; Ernstson, H., Swyngedouw, E., eds., *Urban Political Ecology in the Anthropo-Obscene*, London: Routledge, 2019.

④ Raworth, K., "Must the Anthropocene be a Manthropocene?" *The Guardian*, Mon 20 Oct 2014. www.theguardian.com/commentisfree/2014/oct/20/anthropocene-working-group-science-gender-bias; Di Chiro, G., "Welcome to the White (M) Anthropocene? A Feminist Environmentalist Critique", In Macgregor, S., ed., *Routledge Handbook of Gender and Environment*, London: Routledge, 2017, pp. 487-505.

⑤ Armiero, M., De Angelis, M., "Anthropocene: Victims, Narrators and Revolutionaries", *South Atlantic Quarterly*, Vol. 116, No. 2, 2017, pp. 345-362.

⑥ Gille, Z., *From the Cult of Waste to the Trash Heap of History: The Politics of Waste in Socialist and Postsocialist Hungary*, Bloomington: Indiana University Press, 2007, pp. 21, 34.

就了天堂，换言之，对某人或某物的他者化创造了一个安全的"我们"①。废弃是一个社会性进程，它让阶级、种族和性别的不公嵌入社会-生态的新陈代谢之中，这种新陈代谢造就了花园和垃圾场，健康和生病的身体，纯净和污染之地。我相信，只有在更广泛的"资新世"概念中才能理解"废新世"，它是造成当代危机的资本主义生态的众多表现形式之一。但是，我打算通过"废新世"来强调资本主义的污染性及其对生命纹理的持久影响。虽然"人新世"的痕迹可以在地质圈中被找到，但"废新世"需要我们探索所谓的"有机圈"（organosphere），也就是生命纹理才能发现。人类和非人类的身体都存在毒性，它们作证了资本主义强加给底层民众的压迫和剥削②。"废新世"本质上是历史性的，因为它意味着废弃物持续存在；它与罗布·尼克松③所称的"慢性暴力"类似，是一种给人类、非人类和生态系统造成环境危害的延迟效应。"资新世"表明了社会-生态危机的起源或起因，而"废新世"则揭示了资本主义对生命的影响。"人新世"不仅对酿成危机的责任者视而不见或者沉默不语，它还使用完全不同的方式解释新纪元如何成为可能。有些人一直在谈论"美好的人新世"，认为人类的时代是一个最后完全控制地球的绝佳机会④。"美好的人新世"的倡导者认为：如果这是人类的时代，那么就不要再纠结，让人类来统治地球。就这点而言，"废新世"并没有质疑新纪元的内在性质，但我们都认为很难提出"美好的废新世"。

　　"废新世"不是关于实体废弃物，而是关于使某人/某物被随意丢弃的社会-生态关系，它是一个质疑"人新世"主流叙事中一些基本推论的概念。首先，"废新世"的核心是社会-生态关系，它揭露并拒绝任何形式的物化，物化似乎是"人新世"叙事的鲜明特征。例如，"废新世"认为造成生态危机的不是二氧化碳排放，而是产生二氧化碳排放的社会-生态关系。就像任何其他类型的废弃物一样，二氧化碳排放经常被视为技术问题，因而需要技术型方案解决，一个专家或科学家将来拯救我们。在后真相叙事时代，科学因狭隘党派争端和伴随民粹主义及排外运动而兴起的反智浪潮而备受质疑。我不认为科学专业知识能解决社会-生态危机，但我的观点很容易被误解。事实上，科学不仅指出了人类所面临的问题，而且也努力寻找解决方案。我的论点是我们不能也不应该绕过复杂且冲突不断的政治空间，因为如果问题是"物"——二氧化碳排放或任何种类的废弃物，那么地质工程、原子能或焚烧炉就可以解决问题，但如果我们希望解决满足少数既得利益者

---

① Solnit, R. , *Storming the Gates of Paradise: Landscapes for Politics*, Berkeley: University of California Press, 2008.

② 类似地，马西莫·德·安吉利斯写道，由于资本主义的生活组织，垃圾是"刻在身体和环境中的废品层"（2007，70-71）。

③ Nixon, R. , *Slow Violence and the Environmentalism of the Poor*, Cambridge (MA): Harvard University Press, 2011.

④ 关于"美好的人新世"，见：Hamilton, C. , "The Theodicy of the 'Good Anthropocene'", *Environmental Humanities*, Vol. 7, No. 1, 2015, pp. 233-238.

和权势之人而损害多数人利益的社会-生态关系，我们可能需要改变这些关系本身。"废新世"还点明和揭示"人新世"话语的另一个特点：在废弃问题上，指责那些因最先引起问题而更加受到影响的人。"人新世"话语即是如此。然而，"废新世"将社会-生态危机重新政治化；废弃是一种关系，而不是一个物或一个需要解决的错误。作为一种讲故事的机制，"废新世"有能力说出真相，不再将不公视为几乎不可见的副作用，而是将其作为一个体系的核心，该体系通过他者化那些必须被驱逐之人来创造财富和安全。

　　从"人新世"转向"废新世"的重要结果之一在于身体的中心性，身体成为一个压迫与解放并存的空间。"人新世"似乎是一个遥远概念，深埋在岩层下或被困在高空中，而"废物世"则无处不在，总是如此接近人们，以至于被感觉到或被闻到。人类和非人类的身体都位于"废新世"的中心。我在本书中提出，身体经常是"废新世"的探测器。挖掘生物性而非地质的星球生命组织能向我们展示一个新纪元的开始。正如史黛西·阿莱莫（Stacy Alaimo）教会我们，身体是一个强大工具，一种多孔空间，它吸收并使一切吞噬地球的毒汤为人所看见[1]。"废新世"植根于身体内部，它由具体的肉体、血液和泥污组成。虽然"人新世"与伊恩·洛克斯特罗姆（Ian Rockström）及其团队[2]划定的行星边界融为一体，但是"废新世"应该将身体性边界置于前端，这种边界为生命存活设计了安全的操作空间。资本主义持续不断地按照自身的边界逻辑向地球生命系统输送毒素。这些边界切断了特权和可弃性、纯洁和污染、生命和死亡的界限。有人可能会说，资本主义的本性迟早会导致这些边界崩溃并废弃万物。我们的确都在同一艘船或同一星球上，但是就像泰坦尼克号一样，武装警卫和封锁大门将尽其所能地守护划分注定要淹死之人和需要被拯救之人的边界。实际上，我主张，当我们越进入"废新世"，这种安全化和排他性就越强。在"废新世"的实体边界内，宜居空间正在缩小，所以需要更高的栅栏和更严格的准入控制。当今地中海是"废新世"的缩影，兼具观念和物质的边界阻拦了成千上万试图冲击区分有价值之人和可抛弃之人的界限的人们。

　　但是，"废新世"里身体的中心性并不只有压迫与牺牲。"废新世"的身体经验也产生了抵抗的主体。由于废弃是一种重构不平等权力的社会关系，所以它本质上是政治的，而非技术的。若加入人类和非人类的身体与生态，废弃使身体和生态政治化。被抛弃的身体变成了一种在暴动中艰难生存的政治性身体，更形象地说，是一种对社会关系的颠覆，这种社会关系强化了"废新世"的身体界限。正如我将在第五部分论证的那样，废弃的

---

① Alaimo, S., *Bodily Natures: Science, Environment, and the Material Self*, Bloomington: Indiana University Press, 2010.

② Rockström, J., Steffen, W., Noone, K., *et al.*, "A Safe Operating Space for Humanity", *Nature*, Vol. 461, No. 7263, 2009, pp. 472-475.

克星不是回收，而是共同化（commoning）。我在这里不是要贬低回收或其他出于个人选择和约定而减少废弃的做法，相反，我认为回收或许包含了某些共同的核心，包括一种思考再生（相对于消费）的态度。事实上，我同意费恩-阿内·约根森（Finn-Arne Jørgensen）的观点，也就是回收可以产生更广泛的积极影响，它能引导我们"重新思考我们与周围物质的关系"①。然而，我的重点是废弃而不是废弃物，所以我坚持认为共同才是解药。我所言的共同是指社会-生态实践的整体效果，它（再）生产了共同性（commons），将一个"实物"转变为一种集体实践和一种关系。与安东尼·内格里（Antonio Negri）和迈克尔·哈特（Michael Hardt）一样，我们可以说共同性既是我们共享之物，也是我们共享之物的社会基础设施②。由于共同和共同化具有通过社会-生态关系网络自我再生的属性③，所以我认为共同化通过共享进行（再）生产，而废弃通过他者化进行榨取。换言之，废弃式关系基于消费和他者化，也就是分清什么是废弃物、何人是废物，而共同则基于再生资源和社区。

3. 废弃未来

"废新世"还未得到科学家十足的重视，但它已成为一个关于我们集体未来的重要叙事修辞。我认为，作家和电影人比科学家更能影响我们对未来的集体想象，而各种各样废弃往往是想象未来的一个关键特征。末日已经成为想象未来的常态，废弃往往是其美学呈现。希瑟·希克斯（Heather Hicks）在探讨科幻文学中的末日时，称此类叙事的破解密码是"全球废墟"④。罗安清（Anna Lowenhaupt Tsing）在探索废墟和废墟景观的可能认识论领域尤具影响力。在其《末日松茸》一书中，罗安清认为"为了理解进步留给我们的世界，我们必须追踪不断变化的废墟"⑤。更广泛地说，罗安清暗示了现代化幻想和毁灭之间的关联⑥；事实上，废墟是极端现代性的最终表现形式。虽然大多数科幻推测将废墟设想为某种突然的天降之物，但不管它具体是什么，罗安清强调的是废墟的常态性，一种几近俗世的废墟世界。我们所认为的宜居环境不知不觉地转向废土世界的过程是连续的，而非断裂的。在著作《生活在受损星球上的艺术》（*Arts of Living on a Damaged Planet*）的导言中，罗安清、伊莱恩·甘（Elaine Gan）、希瑟·安妮·斯旺森（Heather Anne Swan-

---

① Jørgensen, F. A., *Recycling*, Cambridge（MA）：MIT Press, 2019, p. x.

② Hardt, M., Negri, A., *Assembly*, New York：Oxford University Press, 2017, p. 97.

③ De Angelis, M., *Omnia Sunt Communia：On the Commons and the Transformation to Postcapitalism*, London：Zed Books, 2017, pp. 227-229.

④ Hicks, H. J., *The Post-Apocalyptic Novel in the Twenty-First Century*, New York：Palgrave Macmillan, 2016, p. 7.

⑤ Tsing, A. L., *The Mushroom at the End of the World：On the Possibility of Life in Capitalist Ruins*, Princeton：Princeton University Press, 2015, p. 206.

⑥ Ibid, p. 208.

son）和尼尔斯·布班特（Nils Bubandt）非常明确地表达了此观点："当人类重塑景观的时候，我们忘记了它们之前的样貌。生态学家把这种遗忘称为'基线转移综合征'。我们新塑造和破坏的景观成为新的现实。"①

突然转变和缓慢过渡之间的摩擦力相当重要。当然，科幻小说大量采用了末日世界的修辞，更倾向于打破（进入）现代性的可怕断裂。对我而言，突然转变或缓慢过渡并不非常相关，相反，相关的是把毁灭看作现代性断裂的想法，它常常是现代性的副产品。后末日世界总是一个废墟世界。这意味着在科幻叙事中，过去萦绕着未来，未来从过去的废墟中建立。科幻小说里的"废新世"有其废墟的一面，是无法正常运转的现代性的残留；现代性变成了废弃物。当世界变成一个巨大垃圾场时，人类经常被描绘成拾荒者，不断尝试从过去的废墟中搜刮废物。后末日电影对搜刮食物的痴迷也合乎逻辑。例如，在2006年改编自考麦克·麦卡锡（Cormac McCarthy）小说《末日危途》的同名电影中，两位无名主角——父亲及其儿子在美国西部一片完全荒废的土地上，朝着一个想象中的社区前进，路上他们一直在寻找食物。寻找食物在剧情中甚至更为重要，因为大多数幸存者为了养活自己会转向吃人。现代性废墟不仅反映在主人公周围破败的景观上，还进入了他们的身体，从根本上改变了他们作为人类的本质。后末日世界的非人性化是科幻小说叙事的主要内容。后末日世界最成功的电影之一——《疯狂的麦克斯》，将破碎世界的物质废墟与失去人性的幸存者的精神废墟相混合。在《疯狂的麦克斯》中，如许多其他科幻叙事一样，现代性残留被再利用或再表达，这种修补似乎是想象中的"废新世"的本质。

在这个意义上，科幻小说的叙事证实了塞雷内拉·约维诺（Serenella Iovino）曾经所写的："［废弃物］象征着每个社会根基的固有腐败。"② 的确，那些幸存者居住在废墟世界，但他们似乎能够弄懂此前舒适设施混乱的残留物，他们在废弃物中任意穿梭，仿佛那就是他们的自然环境。然而我相信，当科幻叙事传递出"废新世"主要信息时，它会变得更加有力量。也就是说，他者化项目为大多数人制造了全球垃圾场，但同时也为少数人创造了天堂。废墟世界和完美世界之间的鲜明对比是"废新世"的塑像，我始终认为，"废新世"意味着清洁、纯洁与废物、毒性同时存在，而真正重要的是这两个世界的分界线，也就是那种创造两者的社会-生态关系。

巴西电视连续剧《3%》是一部体现"废新世"逻辑的精彩科幻片。在不远的未来，巴西社会将被划分为贫穷破旧的"内陆"和几近乌托邦天堂的"近海城"。技术是划分这

---

① Tsing, A. L., Swanson, H. A., Gan, E., *et al.*, eds., *Arts of Living on a Damaged Planet: Ghosts and Monsters of the Anthropocene*, Minneapolis: University of Minnesota Press, 2017, p. 6.

② Iovino, S., "Naples 2008, or, the Waste Land: Trash, Citizenship, and an Ethic of Narration", *Neohelicon*, Vol. 36, 2009, p. 340.

两个世界最重要的鸿沟：近海城充满了各种未来主义工具，而内陆宛如一个巨大的贫民窟，这里的人们靠残羹剩饭生存。《3%》代表了清洁和现代以及肮脏和陈旧之间的反差。科学是近海城的指导原则，而修补似乎是最适合内陆的知识；对于那些被迫生活在社会和物质垃圾场的人而言，能够重新使用/重新利用废弃物是一项关键技能。到目前为止，《3%》与其他末世故事没有太大区别，也许它只是更加直接地表现了废弃的社会-生态关系。《3%》在解释从内陆跻身近海城的人员筛选程序时变得独特且有趣。作者通过科幻表达了新自由主义的信条，即自由竞争和任人唯贤，他们想象每年所有年满 18 岁的公民都可以参加一系列精心设计的复杂测试——"过程"（O Processo），他们中间有部分人会通过测试，被选中转移到近海城。从"废新世"视角来看，"过程"是一个关键机制，因为它富有创造力地（尽管也相当现实地）阐明了废弃关系的内在本质，即重构被废弃之人和地方。在这个反乌托邦的科幻片里，"过程"带有宗教崇拜性质，它使内陆所有失权者都完全屈从于隔绝更有价值之人与不被考虑之人的不公逻辑。在第三季开头，反叛领袖之一米歇尔明确指出，对于生活在近海城的富人而言，其他人只是废物。与真实的"废新世"一样，在《3%》中，暴力镇压也是重要手段。人们并不轻易接受被当作废弃物和被迫生活于社会-生态垃圾场。尽管如此，这种认识论和文化压制也是维持该体系运作的重要工具。在此意义上，"过程"的概念非常强大，因为它指向了通过自己的优点和努力工作获得"更好生活"的新自由主义谎言。正如齐格蒙特·鲍曼（Zygmunt Bauman）所言，这种关于优点的话语假定了那些生活在全球社会-生态垃圾场的人并非不公的受害者，而是因为他们自己没有能力为自身创造更好的生活①。借用《3%》的叙事，"废新世"不是关于内陆废墟，而是关于它们在多大程度上是不公正的社会-生态关系的副产品，这种社会-生态关系通过几近宗教庆祝的方式常态化。剧中某个时刻清晰地展现了内陆的废弃是近海城繁荣的直接结果。确实，每个天堂都需要为自己创造一个地狱。

　　《3%》背后的逻辑与电影《极乐空间》非常相似②。情节几乎是一样的：地球变成了一个行星贫民窟，穷人生活在废墟和废弃物之中，而精英们则愉快地搬到了一个被明确称为极乐空间的空间站，这里有大量未来技术，包括近乎魔法的治疗机。《极乐空间》比《3%》更进一步的是，毁灭不仅包含景观，还有生活在地球上的人类身体。《极乐空间》与现实惊人相似，它提供了一个科幻版的"废新世"，主要围绕两个隐喻：病体和移民。在地面上生活的人们不仅要在一片废墟景观中穿梭，他们自己的身体也成为一片废墟。每个人似乎都在某种程度上衰弱、生病、被弃。他们的身体及其所住的土地都是垃圾场，

---

①　Bauman, Z. , *Consuming Life*, Cambridge（UK）：Polity, 2007, p. 136.
②　Giuliani, G. , *Monsters, Catastrophes and the Anthropocene: A Postcolonial Critique*, London：Routledge, 2021.

除了丢弃之外无任何价值。以白人男性为主人公的故事展现了这些主题：他在一个剧毒工厂上班，由于被老板强迫做一项使他暴露于致命辐射剂量的任务，他得了绝症。一旦生病，他就成为可被丢弃的对象，所以他决定用更先进的技术来修补自己的身体，把自己变成一个手工制作的电子人去追求正义。他的任务变成了把一个年轻患病女孩偷运到极乐空间站，这样她就可以获得富人才能用的高级治疗技术。病体、不平等和排他性的交织构成"废新世"的核心：被抛弃的人和地方与全球带栅栏的小区携手并进。试图强行打开极乐空间的大门并获得特权是当前移民危机的完美隐喻；毕竟，堡垒化的欧洲、澳大利亚和美国在本质上都是正在形成的"废新世"。富裕国家封锁他们的边界，大声宣告那条划分有价值之人与可抛弃之人的界限。"废新世"便是关于守护万物的秩序并确定谁能站在边界两端。

三、"废新世" 的故事

1. 驯化记忆、有毒叙事以及被废弃的故事

作为一名历史学家，我一直与自己差劲的记忆力作斗争，这种情况随着年龄增长肯定不会有所改善。作为一名教授，学生们列出一串我没有把握的战争或条约的时间，我对那种焦虑牢记于心。的确，历史学家应该铭记；有人会说，保存过去集体记忆是我们这个学科的核心。也许在过去几十年里，日期、战争和条约已过时；后现代主义的激进转向已经走得太远，挑战了我们讲述过去的方式本身的独立性。我不沉溺于任何激进的相对主义，我认为历史学家的主要作用不是简单地记住过去，而是组织那些意味着遗忘与记住的集体记忆。历史学家通过塑造关于过去的官方知识，为那些应该归入我们记忆与身份的东西绘制了地图。正如每张有价值的地图一样，省略的内容与保留的内容同样重要。

历史教科书是关于过去用途的终极指导手册；显然，从被组织的记忆中被抹去和官方重构的内容，与被认为值得保留而代代相传的内容一样具有启发性。在反思日本帝国主义在亚洲的表现时，彼得·卡夫（Peter Cave）写道："在教导儿童关于过去特别是国族历史方面，[历史教科书] 发挥着独特作用，历史教科书是一个关键战场，关于国族认同的不同观点在此一决高下。"① 掌权者，特别是那些不喜欢接受民主多元主义价值观的人，很清楚控制集体记忆传播的重要性。在博索纳罗（Bolsonaro）统治下的巴西，教育部长里卡多·韦雷斯（Ricardo Vélez）发起了历史教科书改革，以便给 1964 年推翻左翼政府

---

① Cave, P., "Japanese Colonialism and the Asia-Pacific War in Japan's History Textbooks: Changing Representations and Their Causes", *Modern Asian Studies*, Vol. 47, No. 2, 2013, pp. 542-543.

的军事政变更加"公平的看法"、更加积极的看法①。2011 年，贝卢斯科尼（Berlusconi）的政党提议议会审查意大利历史教科书，因为这些教科书被指责含有强烈的左派偏见，特别是谈及对法西斯政权的抵抗②。根据《纽约时报》报道，美国同一类历史教科书要根据不同州的政治风气进行调整，比如得克萨斯州和加利福尼亚州似乎并不共享相同的国家历史③。匈牙利历史教师协会的主席表示，政府干预教育的目的是"创造一个更适合欧尔班（Orbán）的历史"④。为了让俄罗斯历史叙事更统一，弗拉基米尔·普京（Vladimir Putin）总统同样忙于（再）构建历史叙事，他要求俄罗斯历史学会编撰长达 80 页的指南作为书写历史的手册⑤。这些例子不胜枚举，但其主旨类似，即霍华德·津恩（Howard Zinn）所言："知识是一种权力形式。"津恩继续说道："在现代，当社会控制取决于'被统治者的同意'时，武力便随时待命以备不时之需，有一套规则来实现日常控制，价值观通过该社会的牧师与教师代代相传。我们所言的世界性民主政体的崛起，意味着欺骗（"教育"的直白说法）取代了武力，成为维持社会现状主要方法。"⑥

　　对于构建集体身份主要是国族身份而言，我们讲述过去的方式至关重要，它为现在和未来提供了方向。历史学家常常是过去之门的守卫者，或直白而言，充当着使记忆之流穿透过去之门的交通督导员。从"废新世"视角看，我认为历史学家也促进了叙事基础结构的形成，保证了废弃关系的再生产。某些故事、记忆甚至事实一定会被废弃，它们被认为不值得铭记。这种系统性分类的废弃故事的另一面是产生"人新世"主宰者叙事，这是斯特凡尼亚·巴卡（Stefania Barca）在本系列另外一本书中所采用的称谓⑦。主宰者叙事掩盖了种族主义/殖民主义、父权制、阶级不平等和造成星球危机的人类至上主义之间的系统性交会点。她指出，人类是自然的主人这种霸权叙事隐藏了其他主体，认为这些主体与故事无关。主宰者叙事并不是简单关于历史叙事排斥了何种记忆和主体，更重要的是这种叙事将排斥合理化。"废新世"的历史重现了"废弃关系"，这种关系造就了被废弃

　　① BBC. *Brazil Textbooks to be Revised to Deny 1964 Coup*，4 April 2019，www. bbc. com/news/world-latin-america-47813480.

　　② Luppino，F.，*Libri di storia：Il Pdl vuole la commissione di inchiesta*，l'Unità 13 April 2011，http://m.flcgil.it/rassegna-stampa/nazionale/libri-distoria-il-pdl-vuole-la-commissione-di-inchiesta.flc.

　　③ Goldstein，D.，"Two states. Eight textbooks. Two American Stories"，*The New York Times*，12 January 2020，www. nytimes.com/interactive/2020/01/12/us/texas-vs-california-history-textbooks.html.

　　④ Kingsley，P.，"How Viktor Orban Bends Hungarian Society to His Will"，*The New York Times*，27 March 2018，www. nytimes.com/201/03/27/world/europe/viktor-orban-hungary.html.

　　⑤ Baczynska，G.，*Putin Accused of Soviet Tactics in Drafting New History Book*，18 November 2013，www.reuters.com/article/us-russia-history/putin-accusedof-soviet-tactics-in-drafting-new-history-book-idUSBRE9AH0JK20131118.

　　⑥ Zinn，H.，*The Politics of History*，Boston：Beacon Press，1970，p. 6.

　　⑦ Barca，S.，*Forces of Reproduction. Notes for a Counter-Hegemonic Anthropocene*，Cambridge（MA）：Cambridge University Press，2020.

之人与地方。公道地讲，20 世纪六七十年代以来，社会史家致力于改变主流历史叙事，从记忆的垃圾堆找寻零散的碎片。关于工人、女性、奴隶、土著、穷人、农民以及更多边缘主体的研究让庶民群体进入历史话语之中。六七十年代新左派与学生运动的融合体现了历史的民主化，也扩大了"被接受"主体范围。环境史的兴起进一步拓展了历史的边界，引入了前所未闻的主题：书写纽约老鼠、巴西森林或美国西北部鲑鱼都可被接受①。此转变并非一蹴而就，斗争也远未结束。1999 年，我提交自己首部关于意大利某地区森林史的专著书稿的时候，一位极有影响力的历史学家讽刺道，以这种速度发展下去，学者们会开始写最无关紧要的东西。虽然最终书稿得以出版，但直至 20 年后，环境史在意大利及其他许多国家的学界依旧势单力薄。许多优秀学者常称口述史不够科学可靠，或感叹历史研究主题过于宽泛与分散。

即便我了解历史边界的拓展，也知道那些被主流历史叙事视为边缘的主题研究数量在激增，但我仍笃定集体记忆再生产，即官方历史构建及其通过教育与公共话语的传播，依然不受这些新研究领域影响。抹去那些不符合主流叙述的内容，是生产"废新世"历史最首要且惯用的方法。斯特凡尼亚·巴卡在评述"人新世"的主宰者叙事不关心每年被大量杀死的地球捍卫者时写道："叙事本身显然并不杀人。但它们可能会隐藏杀戮和受戮者，并使我们相信它们不是现代故事的一部分。"② 使暴力隐形化，使不公正常态化，抹去任何替代性叙述——这些都是"废新世"叙事的主要内容。我对意大利山区的研究提供了一个关于"废新世"叙事的案例③。

1963 年 10 月 9 日，3 亿立方米岩石坠入瓦伊昂（Vajont）水库，由此激起的巨浪冲毁了大坝，破坏了隆加罗内（Longarone）小镇，2 000 人因此丧生。瓦伊昂之灾是二战后意大利历史上最为悲惨的事件之一，然而它却被移除出国家集体记忆。除了少数历史学家的作品外，它在所谓意大利 60 年代经济奇迹的官方叙述中彻底消失④。20 世纪 90 年代末，得益于戏剧演员、作家马克·鲍里尼（Marco Paolini）的作品，瓦伊昂的历史通过公共电台播放的长达两小时长篇独白而进入国家集体记忆之中。显然，大型水电公司的强势傲慢和政府的合谋造就了一个偏远山谷的现代性与经济增长的历史，但这段历史并不适合

---

① 仅仅作为例子，见：Biehler, D., *Pests in the City: Flies, Bedbugs, Cockroaches, and Rats*, Seattle: University of Washington Press, 2013; Dean, W., *With Broadax and Firebrand: The Destruction of the Brazilian Atlantic Coastal Forest*, Berkeley: University of California Press, 1995; Taylor, J., *Making Salmon: An Environmental History of the Northwest Fisheries Crisis*, Seattle: University of Washington Press, 1999.

② Barca, S., *Forces of Reproduction. Notes for a Counter-Hegemonic Anthropocene*, Cambridge (MA): Cambridge University Press, 2020.

③ Armiero, M., *A Rugged Nation. Mountains and the Making of Modern Italy*, Cambridge (UK): White Horse Press, 2011.

④ 历史学家用"经济奇迹"来表示意大利 20 世纪 50—60 年代非凡的经济增长。

于"意大利最终变得富有与现代化"的总体叙事。瓦伊昂之灾教科书般展现了"废新世"逻辑。某些生命和地方以进步与卓越的"共同利益"之名被牺牲①，但其实是在服务于他人的福祉。废弃式关系改造了这个水力发电机上的偏僻山谷，它不仅产生了隆加罗内大型墓地里那些被废弃的生命，也塑造了被废弃的知识与记忆。被废弃的知识是指当地人已预见大坝会带来风险并试图提醒当局，但他们要么被忽视，要么被嘲笑。这是科学知识及专家与阿尔卑斯山居民之间的对抗。这场比赛从一开始就输了。废弃瓦伊昂记忆，意味着将这场灾难从主流历史叙事中抹去，也意味着将其驯化。虽然这种抹除甚至擦去什么/谁被废弃的痕迹，但驯化记忆也许是一种继续复制废弃关系的精密策略。在瓦伊昂案例中，驯化记忆意味着掩盖不公和压制社会不满。只有去除社会性影响才有可能哀悼逝去的生命。因此，瓦伊昂之灾被认为只是一个不幸的事故，它的记忆应该带来和平与凝聚，而不是愤怒与冲突。1963 年瓦伊昂之灾的幸存者卡罗琳娜（Carolina）回忆其经历并解释了这个记忆驯化的过程："相关部门极力地区分好的幸存者与坏的幸存者。好的幸存者是指那些能讲述苦难、让听众流泪的人，但仅此而已。好的幸存者不能多言，他们把讲述事实的任务留给相关部门，从而使记忆无害；这样一来，记忆就不会干扰强势的经济利益，它们将利润置于人民之上。"②

意大利记者露西亚·瓦斯塔诺（Lucia Vastano）③ 讲述了瓦伊昂受害者墓地的故事，我认为这在某种程度上恰好证明了我的观点，即将记忆驯化视为其他类型的废弃关系。2003 年，隆加罗内政府决定将埋葬受害者的福耳图那（Fortogna）旧墓地改造成一个官方纪念馆。旧墓地被夷为平地，再次废弃了凝聚在那里的幸存者记忆和象征，包括这块帕伊奥拉（Paiola）家族的墓碑（七人死亡，包括三个孩子）："他们被疏忽和人性贪婪残忍地、恃强凌弱地杀害，至今仍在徒劳地等待为这臭名昭著的过错伸张正义。这是有预谋的屠杀。"④ 在新公墓里，受害者记忆被那些刻有死者姓名的大理石块几何式组织起来。哀悼必须被驯化，"废新世"的逻辑不容置疑。如果一个悲剧性插曲过于草菅人命而无法隐藏，那么必须将其理解为一个意外事件，而非"废新世"的呈现，这证明这个体系的基础是废弃人类和非人类的生命、知识甚至故事。

在瓦伊昂案例中，被强行融进两座墓地故事的记忆驯化过程，与有毒叙事所捏造的内容携手并进，后者是"废新世"的另一个标志。意大利激进派作家的集体化名无名（Wu

---

①　Roy, A., "The Greater Common Good", *Frontline*, Vol. 16, No. 11, 1999, May 22-June 04.

②　Vastano, L., Intervista a Carolina, multimedia project ToxicBios. eu., 2017.

③　Vastano, L., *Vajont l'onda lunga*, Firenze：Ponte delle Grazie, 2008.

④　Ibid, p. 157.

Ming)① 曾定义了有毒叙事："一种总是从相同角度，以相同方式，甚至用相同词语，常常省略相同细节，同时删除可能会提供语境和复杂性的叙事。"有毒叙事与拉丁裔学者所称的"多数派故事"② 关系密切。换言之，这些叙事将种族特权自然化，同时否定或消除不符合白人范式的经历。在思考"废新世"时，将叙事和毒性相关联极具吸引力，正如塞雷内拉·约维诺所指出，污染总是一种有毒化学物质和有害话语的混合物③。有毒叙事建立了讲述故事的基础，它甚至阻碍了揭露不公的可能性，同时它指责那些受影响的社区，显然并不是他们，而是"废新世"对人和地方的他者化逻辑造成了问题。我在前文已说明，瓦伊昂的例子同时展现了记忆驯化的过程和有毒叙事的运行。为了酝酿出完美的有毒叙事，隐瞒是第一个要素。无论是水坝灾难，还是工业生产的慢性暴力，"废新世"逻辑下的过剩物都必须从集体记忆中消失。第二个要素是使不公正自然化或常态化：如果坏事发生，那不是任何人的错。正确的情绪是悲伤而非愤怒。第三个要素，最为关键的是必须摒弃任何类型的知识和经验，这也可能证明存在其他观点；这常见于一类人身上，他们试图谴责毒性，同时也抵抗使其被废弃的废弃关系。最后，有毒叙事的终极结果是指责受害者。如果一个人站在"废新世"的错误一侧，那一定是他们的错。废物是一种本体实在，而非不公正社会-生态关系的产物——这是任何一种有毒叙事的主要信息。任何与之对立的叙事都必须崛起而反对它。

2. "废新世"丛林中游击式叙事

有毒叙事如此强大，驯化记忆也不允许任何与之对抗的其他记忆存在，这意味着"废新世"的故事更难以被看到。然而，那些故事始终出现，抵制着静默与消抹。瓦伊昂的旧墓地在被夷为平地之前，是最能体现反"废新世"叙事的地方，所以它们不得不被静默/驯化。也许，这片墓地是一个贮藏着"废新世"另一种叙事的至尊宝库。那些实际上都是来自冥界的声音：在那里，被遗弃的尸体充当着一种诉说故事的特殊模式，幸存者记忆与"废新世"的结构性暴力在其中充当着情感物质景观。这个墓地确实是一个有说服力的"废新世"档案馆，特别是它像瓦伊昂的例子那样足够边缘以避免被驯化记忆。不是所有墓碑都像帕伊奥拉家族那样能说明问题，更多的时候人们需要一个能将死者和生者联系起来的活向导。正如费德拉·佩苏略（Phaedra Pezzullo）所写，参观圣玫瑰公墓是

① Wu Ming, *Storie #notav. Un anno e mezzo nella vita di Marco Bruno*, 2013, www.wumingfoundation.com/giap/2013/07/storie-notav-un-annoe-mezzo-nella-vita-di-marco-bruno/.

② Solórzano, D. G., Yosso, T. J., "Critical Race Methodology: Counter-storytelling as An Analytical Framework for Education Research", *Qualitative Inquiry*, Vol. 8, No. 1, 2002, pp. 23-44.

③ Iovino, S., *Ecocriticism and Italy. Ecology, Resistance, and Liberation*, London: Bloomsbury Academic, 2016, p. 168.

"毒物之旅"的必经之地，这里是路易斯安那州重污染地区"癌症巷"所在地①。丹尼尔·瓦利塞纳（Daniele Valisena）关于比利时意大利矿工的研究，最后也落脚于瑟兰（Seraing）的一个墓地②。穿过坟茔，瓦利塞纳能够"听到"几代矿工被废弃的故事，他们的身躯成为资本主义煤炭生产条带上的齿轮。墓地的规模，死者的年龄（一般在 50 岁左右），来自该老矿区的设备和照片，以及被埋之人的国籍变化（从墓碑上刻的名字可以看出），都在讲述矿区煤炭开采周期、移民和人类消费的故事。该墓地与世界上其他墓地一样，都在无声地讲述着"废新世"的故事。肉体、文字、图像和石块构成了墓地具体的物质性，也讲述着被废弃的生命、被置于"废新世"另一侧的人、被废弃的人类及其记忆之地等故事。意大利知识分子阿德里亚诺·索夫里（Adriano Sofri）在思考塔兰托（Taranto）以及它被一个巨大钢铁厂征服的可怕故事时写道："关于塔兰托的真相，不应该看伊尔瓦（Ilva）［钢铁厂］的红色围栏，不应该看［小镇前面］两个绚丽的毒海，也不应该看那堵保卫空荡荡兵工厂的黑墙。人们应该去参观坦布利（Tamburi）（工厂附近的工人区）上面的圣布鲁诺内（San Brunone）墓地。仍在冷库里等待埋葬的遗体残存，那是他们死后最可怜的目的地，因为土壤已被污染得太厉害，以至于工人们无法处理……调查塔兰托死亡人数和死亡方式有一千种方法，但还有一种则是耐心地阅读墓碑上的出生和死亡日期。"③

紧随索夫里提议之后，一篇圣布鲁诺内公墓的匿名短篇报道强调，塔兰托人即便有来世也只能在工厂里工作（Erodoto）④。作者漫步于坟冢周围，注意到墓碑完全被工厂排放的红色尘土覆盖，与此同时，由烟囱和煤山组成的天际线封闭了塔兰托生与死的地平线。作者注意到一块 1934 年的墓碑的铭文，上面写道：这里所埋之人因其工作而死。把人用完就丢弃的"废新世"逻辑远远早于这个钢铁厂就已出现。虽然在环境正义研究中，墓地经常被列为受公司威胁的社区场所之一，但它们也应该被视为反霸权叙事的物质档案。当然，墓地仍是一种并非所有被废弃之人都能拥有的特权。我们应该记住那些没有埋葬权和被剥夺祖先墓地的原住民死者，没有留下任何痕迹便消失的妇女，埋于地底深处从未被找到的矿工，成千上万在穿越地中海时死去的移民。我们甚至没有想过设立一个场所来哀悼那些大量死去的非人类生命。

---

① Pezzullo, P. C., "Touring 'Cancer Alley', Louisiana: Performances of Community and Memory for Environmental Justice", *Text and Performance Quarterly*, Vol. 23, No. 3, 2003, pp. 226-252.

② Valisena, D., *Coal Lives: Italians and the Metabolism of Coal in Wallonia, Belgium, 1945-1980* (Ph. D. dissertation), KTH Royal Institute of Technology, Stockholm, 2020, pp. 288-193.

③ Sofri, A., "Il referendum di Taranto", *La Repubblica* 10/04/2013, retrieved from https://triskel182.wordpress.com/2013/04/10/il-referendum-di-tarantoadriano-sofri/.

④ Erodoto108, Taranto. 2/*Ritorno sopra i Tamburi*, 2018. www.erodoto108.com/taranto-2ritorno-sopra-i-tamburi/.

娜奥米·克莱因（Naomi Klein）在纪录片《休克主义》的开篇就提及保存共同体故事对于抵制资本主义强加灾难逻辑的重要性："这就是当我们失去叙事之时将会发生的事。当我们失去我们的历史时，当我们变得无所适从时，是我们的历史让我们不迷茫，保持警惕，不受惊吓。"如果娜奥米·克莱恩是对的，而且故事很重要，那么"废新世"的内部抗争与反对"废新世"的抗争都是关于叙事的斗争。我敢说我们应该控制叙事生产与重构的手段，因为我们讲故事的方式影响着我们想象和建立新世界的方式，抑或是再次落入重建相同世界的陷阱之中。如果强加有毒叙事和记忆是为了使"废新世"自然化和常态化，那么游击式叙事则可揭露"废新世"并消解其废弃逻辑。

我自 2017 年起开始使用"游击式叙事"的方法，我和我以前的学生伊莱尼娅·伊恩戈（Ilenia Iengo）一道，把我们收集的关于环境不公的访谈资料变成覆盖面更广的多媒体开放档案。得益于一笔小额资助，我们得以启动一个游击式叙事项目"毒物自传"。我们由此收集了近 70 份"毒物自传"。老实说，那时我们对"游击式叙事"本身的认识还不清晰，它不是一个精心设计的方法论，也没有可以给项目带来可敬光环的社会科学术语。游击式叙事首先得是一种政治姿态，声明要反对"废新世"的有毒叙事。游击式叙事并不是我们学者的发明，而是那些底层实践的整合，这些实践挽救了被"废新世"统治所抛弃的故事与记忆。那些抵抗的故事一直以多样形式存在，游击式叙事只是这些故事的统称，彰显着它们固有的对抗性特征以及主流叙事压制的一面。在游击式叙事背后隐藏着一种观念，即有毒叙事不仅揭露了毒性的痕迹，将不公正嵌入"废新世"之中，游击式叙事还解放了一种对抗叙事，将关注点从被污染的社区转向抵抗的社区（见第五部分）。游击式叙事和拉丁裔学者为代表的批判种族理论家所写的多数派故事与相反故事相当接近，前者就是我们所称的有毒叙事。例如，索罗扎诺（Solórzano）和尤索（Yosso）定义"反故事是一种讲述故事的方法，这些故事关于那些自身经历不常被讲述的人（即社会边缘人群）。反故事也是一种揭露、分析和挑战多数派种族特权故事的工具……然而，反故事不仅是对多数派故事的直接回应……事实上，在有色人种的历史和生活中，未被听到的反故事数之不尽。关于这些经历故事讲述和反故事讲述，有助于强化在社会、政治和文化方面生存与抗争的传统"①。上面这段话清晰地表明，游击式叙事既反叛主流叙事，也寻求自主性/替代方案；若仅将一个人的自我叙述框定在反对主流叙事之内，将会强化后者的权力与前者的从属地位。

只要根植于种族和性别，反霸权的故事叙述就会得到体现，然而，在"毒物自传"

---

① Solórzano, D. G., Yosso, T. J., "Critical Race Methodology: Counter-storytelling as an Analytical Framework for Education Research", *Qualitative Inquiry*, Vol. 8, No. 1, 2002, p. 32.

项目中，它超越了故事讲述者个人的身体边界，成为一种合唱式身体叙述。"毒物自传"数字平台所收集的"废新世"故事与毒物纹理相交织，毒物纹理通过身体、空气、水、土壤、物种和世代构成了支撑与再造废弃关系的隐形基础。虽然人类是"毒物自传"项目的讲述者，但他们总是把自身的毒物故事框定在一个相互交织的生命网络之中。从童年的记忆到当下的污染，鱼是阿林多（Arlindo）自传中不可或缺的部分①。安吉拉·罗莎（Angela Rosa）东拉西扯地讲述她农场里树木的故事，这些树木既代表了她的过去，也代表了她现在与转基因生物做斗争②。意大利阿奇拉·卡纳瓦乔洛（Acerra Cannavaccioulo）家族的故事是一个"废新世"人类和非人类物种关联的生动但悲剧的案例：卡纳瓦乔洛家族世代都是牧民，他们的故事是关乎二噁英污染对其羊群与他们身体的影响③。

在"毒物自传"档案里接近70个故事中，身体始终是一个关键因素。"废新世"旨在建立无实体的、非个人的叙事，而游击式叙事则基于特定的、具体的、地方的立场。"废新世"逻辑通过废弃化人与地方来维持自身，而游击式叙事在追求自由和救赎时并没有摆脱这种废弃的物质性。为了在"废新世"中生活，人们必须认识到自己被废弃，而且要对抗它。身体可以是强大的感应器，也可以是一种进入"废新世"的窗口。在"毒物自传"项目收集回来的好几个故事中，生活在"废新世"错误一侧的意识正是借助感官体验而觉醒。恶臭和臭味是这些毒物自传中最反复出现的修辞④。法国社会历史学家阿兰·科尔宾（Alain Corbin）曾经写道："鼻子是味觉的先锋，它警告我们不要接触有毒物质。更重要的是，嗅觉可以定位大气中隐藏的危险。它测试空气特性的能力是无可比拟的。"⑤ 来自意大利那不勒斯的活动人士露西娅（Lucia）称，她正是因为无法忍受侵入她家的臭味才开始参与反对有毒废物的斗争⑥。另一位来自那不勒斯的活动人士农奇亚（Nunzia）生动地描述了臭味对自己身体的影响："我愈接近栅栏，不仅我的喉咙，连我的眼睛和脸都愈灼烧得厉害，我感到自己被臭味包裹，这不仅是一种嗅觉感受。味道越来越浓，空气越来越厚，越来越浑浊，令人窒息。我似乎不仅是用鼻子和嘴巴在闻，也用我的皮肤在闻，我的皮肤浸泡在那些臭味和那些物质之中……我回到家，跳进浴室，但那股味道到处跟着我，浸入到骨头里。我用海绵擦拭皮肤，试图消除弥漫在身上的气味，但它

① Marques, A., Arlindo Marques and the Tejo River Pollution, 2017, www. toxicbios. eu/#/stories.

② Rosa, A., Fighting Oil and Natural Gas Exploration, 2017, www. toxicbios. eu/#/stories.

③ Armiero, M., Fava, A., "Of Humans, Sheep, and Dioxin: A History of Contamination and Transformation in Acerra, Italy", *Capitalism Nature Socialism*, Vol. 27, No. 2, 2016, pp. 67-82.

④ Armiero, M., D'Alisa, G., "Rights of Resistance: The Garbage Struggles for Environmental Justice in Campania, Italy", *Capitalism Nature Socialism*, Vol. 23, No. 4, 2012, pp. 52-68.

⑤ Corbin, A., *The Foul and the Fragrant: Odor and the French Social Imagination*, Leamington Spa (UK): Berg Publishers Lt., 1986 (French ed. 1982), p. 7.

⑥ Lucia, 2007, Interview in possession of the author.

并没有消失。我看起来很崩溃，脸色通红，眼睛哭肿，但那股味道还在我身上。"① 农奇亚的故事证实，鼻子可以作为第三只眼睛，使"废新世"的隐藏面目清晰可见，而臭味也揭示了一个人生活在废弃分界线的哪一边。对于同样来自那不勒斯的活动人士米里亚姆（Miriam）而言，恶臭标志着划分"废新世"两侧的那条隐形边界："靠近那不勒斯和卡塞塔两个城市之间的一些地区就意味着恶心和呕吐。有一种令人厌恶的臭味，就像在你的胃里打了一拳。"②

就叙事而言，每一次转换都需要某种高潮，那是一种打破常规、开辟新自我的启发式体验。尽管如此，我认为在制造反叛的自我叙事中，气味不仅是一种修辞工具。将鼻子放在政治中心也提醒着我们，底层群体通过自己的身体来体验"废新世"。毕竟，"废新世"的逻辑体现在人类和非人类的生命纹理之中。鼻子还质疑经验和知识之间的严格分离，从而提出认知"废新世"的多种方式。正如两位葡萄牙活动人士罗莎（Rosa）和安东尼奥（Antonio）所言，在被废弃的社区里，只有收集数据和生产知识的官方认识方式才算数，任何其他的认识方式都不被考虑，它与生产它的人一起被废弃了③。

3. "废新世"，全球与地方

所有被废弃的共同体都参与了某种形式的游击式叙事，抵制着有毒叙事与记忆驯化。正是由于这些实践，许多被废弃的故事才得以被抢救，慢慢地颠覆隐藏"废新世"暴力里的主流叙事。在进入到下一部分仔细分析"废新世"之前，我先来环眺一下我们的废弃星球，关注几个热点地区，废弃式关系在那里渗漏，清晰地展现了隐形化与常态化。

一份世界银行报告——这完全不是任何种类的游击式叙事——预测了 2050 年前城市固体废弃物的年产量将从 20.1 亿吨增加到 34 亿吨④。据世界银行分析师所言（更多是常识），国家越富有，废物的产量就越多。大卫·佩洛（David Pellow）提醒，穷人可能生活在废弃物之中，但他们并不是废弃物的主要生产者，是其他人把废弃物倾倒在他们身上⑤。这份报告还提醒我们，废弃物是一个相当模糊的标签，因为不同的经济体系会产生

---

① Lombardi, N., "Il mio nome è Nunzia", In Armiero, M., ed., *Teresa e le altre. Storie di donne nella Terra dei Fuochi*, Milano: Jaca Book, 2014, pp. 31-32.

② Corongiu, M., Agriculture against the Land of Fires, 2017, www.toxicbios.eu/#/stories.

③ Pinto, A., Pratas, R., Antonio e Rosa Maria from ADACE in Aveiro, 2017, www.toxicbios.eu/#/stories.

④ Kaza, S., Yao, L., Bhada-Tata, P., *et al.*, *What a Waste 2.0: A Global Snapshot of Solid Waste Management to 2050*, Washington, DC: World Bank, 2018, p.3.

⑤ Pellow, D. N., *Garbage Wars: The Struggle for Environmental Justice in Chicago*, Cambridge (MA): MIT Press, 2002, p.1.

不同的废弃物：中低收入国家产生的食物和有机废物（约50%）多于富裕社会产生的废物（30%）[1]。世界银行一直关注废弃物的分布差异，在一份1991年的内部备忘录中，世界银行似乎建议将污染型产业迁往全球南方，以便利用廉价工人与生活成本来获利。按照"废新世"逻辑，这个备忘录清楚地强调少数人的福祉必须建立在废弃他人的基础之上。正如历史学家艾瑞斯·布洛维（Iris Borowy）所言，备忘录的撰写者试图为自己辩解，他称自己实际上是在讽刺经济学家对自由市场的盲目信仰[2]。但不幸的是，对世界银行而言，辩解并不奏效，1991年这份备忘录证明了全球北方在有毒废弃物问题上的"帝国式态度"。这份备忘录和臭名昭著的塞雷尔报告（建议加州政府将垃圾处理设施设置在贫困和非白人社区，1984年）都残酷地证明了"废新世"并不主要是一个废弃物的问题，而是旨在产生被废弃的他者的废弃式关系。

　　虽然每种废弃物都会困扰到生活在其附近的人，但是有毒废物的危害程度达到临界点。全球范围内收集可靠的有毒废弃物数据并不容易，因为"有毒"的定义不断变化，而且往往因国家而异，大部分废弃物的流动不可见，它们通过非法渠道进行，工业资本主义的创造性破坏仍在持续引入新的物质[3]。根据Theworldcounts.com独立网站的数据，全世界每秒钟产生13吨危险废物，人均60千克。该网站告诉我们，在20世纪30年代到2000年的70年间，化学物质的产量从100万吨增长到4亿吨。2019年联合国报告也证实了该独立网站关心的问题。联合国特别调查员巴斯克·通卡克（Baskut Tuncak）收集了大量关于世界有毒污染蔓延及其影响人类健康的数据。这份联合国报告引用了《柳叶刀》上的一篇文章[4]，声称2015年约有900万人因污染而死，有毒污染是"当今世界过早死亡的最大原因"[5]。就在这份联合国报告发表前几年，世界卫生组织编写了一份覆盖广泛的"全球环境风险疾病负担评估"。根据世卫组织数据，2012年全

　　① Kaza, S., Yao, L., Bhada-Tata, P., *et al.*, *What a Waste 2. 0: A Global Snapshot of Solid Waste Management to 2050*, Washington, DC: World Bank, 2018, p. 17.

　　② Borowy, I., "Hazardous Waste: The Beginning of International Organizations Addressing a Growing Global Challenge in the 1970s", *Worldwide Waste: Journal of Interdisciplinary Studies*, Vol. 2, No. 1, 2019, pp. 1-10.

　　③ Bonneuil, C., Fressoz, J.-B., *The Shock of the Anthropocene. The Earth, History and Us*, London: Verso, 2017, p. 54; Langston, N., *Toxic Bodies. Hormone Disruptors and the Legacy of DES*, New Haven: Yale University Press, 2011, p. 17.

　　④ Landrigan, P. J., Fuller, R., Acosta N. J. R., *et al.*, "Lancet Commission on Pollution and Health", *The Lancet*, Vol. 391, No. 10119, 2018, pp. 462-512.

　　⑤ Tuncak, B., *Report of the Special Rapporteur on the Implications for Human Rights of the Environmentally Sound Management and Disposal of Hazardous Substances and Wastes*, Seventy-fourth session Agenda item 70 (b) United Nation General Assembly Dist. General 7 October 2019, p. 6.

球超过 1 200 万人（占总死亡人数的 23%）死于环境问题①。该报告还指出，"在全球卫生观察站列出的 133 种疾病或疾病组中……有 101 种与环境密切相关"，这证实了环境的废弃与人的废弃携手并进。据 2010 年世卫组织报告数据可知，瑞士绿十字会和布莱克史密斯研究所认为，世界上有 2 亿多人面临着接触有毒污染的风险②。布莱克史密斯研究所报告与我的想法方向一致，即从统计数据转向特定热点地区的故事来勾勒"废新世"的面貌。我并不坚称热点地区选择的科学性，这毫无疑问是个人的选择，尽管我也试图展示情况的多样性。

人们可以非常容易地推测，住在路易斯安那州"癌症巷"就如同目睹了"废新世"的日常形成。地方政府无疑给这片土地起了一个令人安心的名字——"工业走廊"，然而有时有毒叙事的伎俩并不起作用，这个名字无法掩盖由"7 个炼油厂和 136 个石化设施"③ 的毒性所带来的愤怒与痛苦，这些设施都分布在新奥尔良和巴吞鲁日之间的小块区域内。事实上，这里癌症和其他疾病的发病率高得可怕，许多居民和专家认为这与石油化工行业有关。地理学家汤姆·戴维斯（Thom Davies）引用联合健康基金会的数据提醒我们，路易斯安那州是美国公共卫生状况最差的州之一，"每 10 万人在 75 岁之前损失的潜在生命合计 10 614 年"④。数据必然震撼，但故事也许更震撼。芭芭拉·艾伦（Barbara Allen）提供了关于"癌症巷"的关键解释，她公正地强调集体叙事对于认识和理解环境、替代企业或科学话语的核心作用⑤。在其中一个故事里，尤金（Eugene）和乔伊斯·威利斯（Joyce Willis）从新奥尔良搬到圣加布里埃尔的农村社区，以期寻求一个更好的环境来抚养他们的孩子⑥。他们这个决定大错特错：乔伊斯在 40 岁出头便死于肾脏问题和癌症。生活在"癌症巷"意味着体验极端的"废新世"。在那里，他者化逻辑决定了生命和死亡、价值和无价值，这种逻辑植根于种植园经济所展现的多层次种族主义之中。正如戴维斯令人信服地指出，"以前的种植园转化为化工厂，造成有毒风险明显分布不均，还助长了一种环境种族主义"，这便是罗伯特·布拉德（Robert Bullard）描述的"石化殖民主

---

①　Prüss-Üstün, A. , Wolf, J. , Corvalán, C. F. , *et al.*, Preventing Disease through Healthy Environments: A Global Assessment of the Burden of Disease from Environmental Risks, World Health Organization, 2016, p. x.

②　Blacksmith Institute, *The Worlds Worst 2013: The Top Ten Toxic Threats*, New York 2013, p. 5, www.worstpolluted. org/docs/TopTenThreats2013.pdf.

③　Davies, T. , "Toxic Space and Time: Slow Violence, Necropolitics, and Petrochemical Pollution", *Annals of the American Association of Geographers*, Vol. 108, No. 6, 2018, p. 1541.

④　Ibid, p. 1542.

⑤　Allen, B. , *Uneasy Alchemy. Citizens and Experts in Louisiana's Chemical Corridor Disputes*, Cambridge (MA): MIT Press, 2003, pp. 20-21.

⑥　Baurick, T. , Meiners, J. , *Welcome to "Cancer Alley", Where Toxic Air Is About to Get Worse*, Oct. 30, 2019, www. propublica. org/article/welcome-to-cancer-alley-where-toxic-air-is-about-to-getworse.

义"（petrochemical colonialism）①。

虽然在"癌症巷"里"废新世"的显著特征是慢性暴力，但是巴西多西河（Rio Doce）似乎是采掘主义的爆炸力影响人类及其他非人类健康的完美案例。朱塞佩·奥兰迪尼（Giuseppe Orlandini）在他的博士论文中描述了马里亚纳大坝灾难②。从 2015 年 11 月 5 日起，丰当（Fundão）大坝倒塌，释放了约 5 000 万立方米矿物废料与泥浆混合物。就释放有毒废物的规模、受影响的地区（泥浆穿过整条河流 600 千米）和经济损失（超过 50 亿美元）而言，它被认为是最严重的采矿大坝灾难③。虽然伤亡人员的准确数字令人怀疑，但我们可以确定有 19 人死于灾难，而"［灾难的］生态-社会经济影响相互交织，影响了多西河流域 41 个城市的数十万人"④。确实，这条河流是这场矿难的首位受害者，正如该事件纪录片明确指出的那样，多西河已死⑤。"废新世"逻辑在制造废弃生命与地方时，将人类和非人类统一起来。在通常的采掘主义制度下，整个生态系统屈从于采矿业，可被废弃的地方和人群已被剥削得筋疲力尽。当然，大坝崩溃是一个极端事件，但它不应被视为例外事件，而是"废新世"的"常态"表现。正如全国基层医生网络认为，在大坝灾难之前，采矿业已影响到当地生态系统和人们生活，特别是在清洁且充足的水供应方面⑥。另一项研究证明，早在大坝倒塌前三年，当地人就已感叹水污染和自身财产不断受到侵蚀，并担心可能发生重大灾难⑦。大坝的倒塌只是象征着更广泛且更古老的过程，几十年前爱德华多·加莱亚诺（Edoardo Galeano）在其代表作《拉丁美洲被切开的血管》中描述了这个过程："拉丁美洲是被切开血管的地方，从最初被发现到当下，所有东西总是被转化为欧洲或者后来美国的资本。所有东西包括：土壤及其产出的硕果、深层矿物，人民及其工作和消费能力、自然资源和人力资源。"加莱亚诺写的是西方采掘主义在拉丁美洲的各种表现，那是"废新世"武器库中运转良好的机器，它制造了废弃之人与

①　Davies, T., "Toxic Space and Time: Slow Violence, Necropolitics, and Petrochemical Pollution", *Annals of the American Association of Geographers*, Vol. 108, No. 6, 2018, p. 1941.

②　Orlandini, G., *A ferro e fango. L'estrattivismo, il disastro di Mariana e il Brasile nell'Antropocene* (Ph. D. Thesis), Università degli Studi di Napoli "L'Orientale", Napoli, 2018-19.

③　Milanez, B., Losekann, C., eds., *Desastre no Vale do Rio Doce: Antecedentes, impactos e ações sobre a destruição*, Rio De Janeiro: Folio Digital, 2016, p. 11.

④　Fernandes, G. W., Goulart, F. F., Ranieri, B. D., *et al.*, "Deep into the Mud: Ecological and Socio-economic Impacts of the Dam Breach in Mariana, Brazil", *Natureza & Conservação*, Vol. 14, No. 2, 2016, p. 35.

⑤　Costa, N., director (n. d.), *Rio Doce Rio Morto, documentário para Canal Drauzio Varella*, 2015, https://drauzio-varella.uol.com.br/videos/especiais/riodoce-rio-morto/.

⑥　Rodrigues, D. E., Corradi Cruz, M. A., de Melo Dias, A. P., *et al.*, "Algumas análises sobre os impactos à saúde do desastre em Mariana" (MG), In Milanez, B., C. Losekann, eds., *Desastre no Vale do Rio Doce: Antecedentes, impactos e ações sobre a destruição*, Rio De Janeiro: Folio Digital, 2016, p. 177.

⑦　Zhouri, A., Houri, A., Oliveira, R., *et al.*, "The Rio Doce Mining Disaster in Brazil: Between Policies of Reparation and the Politics of Affectations", *Vibrant, Virtual Braz. Anthr.*, Vol. 14, No. 2, 2017, p. 8.

废弃之地。无论是征服者的黄金矿工，还是"美国佬"的橡胶种植园，那些废弃关系从人类和生态系统的生命中榨取利润。加纳阿博格布洛西（Agbogbloshie）巨大的电子垃圾场是另一种类型被切开的血管，富人的消费和穷人的废品生活在这里相遇。的确，没有什么案例能比阿博格布洛西更能体现"废新世"逻辑。

2013 年，布莱克史密斯学会和绿十字会将阿博格布洛西列为地球上十大有毒地区之一。每年 20 多万吨二手电子产品被运往该垃圾场，大部分来自西欧①。阿博格布洛西工人总量在不断变化，根据最精确的环境正义世界地图（EJAtlas）②，该人数在 4 500—7 500 人波动，最高可达到 10 000 人③。一份国际劳工组织（International Labour Organization）报告声称，加纳有 2.5 万人在从事电子垃圾相关工作，最多可包含 20 万人④。这些工人面临着许多危险，包括垃圾场普遍的不卫生条件、拆卸电子产品的方式、物质材料的化学特性——换言之，他们被处理无用之物与人的"废新世"逻辑所塑造。燃烧家用电器提取金属的做法对工人伤害很大，因为"铜是形成二噁英的催化剂，铜制电线上涂有含氯的聚氯乙烯（PVC）塑料也有助于形成二噁英"⑤。数据和科学研究让我们了解阿博格布洛西，但图片和视频是展现"废新世"的更有力工具⑥。天空中弥漫的黑烟，遍布四周的金属废料，在垃圾中吃草的奶牛，还有一支从别人的垃圾中提取价值的人类大军——这些都是关于阿博格布洛西的纪录片和摄影报道的主要内容。在垃圾场中工作的孩子们的故事特别感人。虽然我的确很欣赏这些可视化调查的力量（我的作品不会如此生动地表现阿博格布洛西），但是我担心它们可能在某种程度上强化了"废新世"逻辑下的他者化认知。这些可视化的叙事中可能缺少阿博格布洛西与其他地方之间的联系，资本和物质的流动，掠夺、征用土地、驱逐人民的政治，它们共同造就了大量依靠废弃物赚钱的无产工人。最后，这些可视化叙事可能会认同"废新世"发生在离我们很远的地方，但这是"废新世"逻辑的支柱之一：重塑被废弃的人与地方，是为了创造一个安全而有价值的"我们"。然而这只是精英们的诡计："废新世"总是无处不在，安全而有价值的"我们"总是在压缩着边界。"废新世"并非远在天边，而是近在眼前。

① Heacock, M., Kelly, C. B., Asante, K. A., *et al.*, "E-waste and Harm to Vulnerable Populations: A Growing Global Problem", *Environmental Health Perspective*, Vol. 124, No. 5, 2016, p. 550.

② Petricca, C., Moloo, Z., Stoisser, M., *Hazardous E-waste Recycling in Agbogbloshie, Accra, Ghana*, 2020, https://ejatlas.org/conflict/agbogbloshiee-waste-landfill-ghana.

③ EJAtlas 是一个关于环境冲突的最大开放性全球数据库，由 Joan Martinez Alier 设计和协调。

④ Lundgren, K., *The Global Impact of E-waste: Addressing the Challenge*, Geneva: ILO, 2012, p. 28.

⑤ Ibid, p. 19.

⑥ 例如 Valentino Bellini 的视觉项目 www.bitrotproject.com/, Muntaka Chasant 的图像集 www.muntaka.com/agbogbloshie-e-waste/, 以及 Artyom Somov 的视频纪录片 ToxiCity。

四、微观 "废新世"

1. "废新世" 视角下的城市：患病的那不勒斯

"废新世" 是具体的、物质的、关乎身体的。如果说 "人新世" 似乎抽象且具有全球性，那么 "废新世" 总是将我们引向地方、故事和人的特性。不过，请不要误会我的意思。"废新世" 的范围和内容也是一种行星现象，但它能比其他叙事更好地揭示那些全球问题如何与特定的身体、生态和故事相互交织。我并没有将 "废新世" 理论化，我经历过看到过，也闻到过它。我就来自它。意大利南部那不勒斯一直被认为是一个通向 "废新世" 的入口。古罗马人相信地狱之门就在那不勒斯之外的阿韦尔诺湖（Averno Lake），尽管有时我疑惑地狱究竟潜伏在门的哪一边。

作为全球北方的城市，那不勒斯是一个奇怪的存在；的确，它通常被认为既不够现代也不够贫穷，没有一个明确的身份定位。废弃物和肮脏一直是这种不确定身份的关键原因。当我写下这几句话之时，这个城市又正在经历周期性废弃物危机。这次没有 2000 年那场危机那么严重，那时几乎整个世界都见证了那不勒斯城市街道上显现的 "废新世"。《新闻周刊》《纽约时报》《经济学人》《国家报》《世界报》和《卫报》都报道了坎帕尼亚（Campania）（那不勒斯周边地区）的废弃物危机，同时，美国有线电视新闻网络、英国广播公司和半岛电视台的网站也都有关于那不勒斯与废弃物的报道。然而，废弃物和那不勒斯的混合远不止过去几十年的最新故事。在过去几个世纪里，科学家和学者认为那不勒斯是大型露天实验室，是未解问题的原型，也是社会和政治实验之地。旅行者在抵达那不勒斯后，往往或多或少都会临时变成社会学家，乐于解释这个城市及其居民的状况。那些旅行者有时确实有一些非凡直觉，例如塞雷内拉·约维诺重新演绎了沃尔特·本杰明（Walter Benjamin）的 "多孔城市"（porous city）概念，以比喻那不勒斯与其居民之间的新陈代谢关系①。

此后一系列揭示城市及其居民被废弃本质的 "顿悟" 时刻推动着实际调查。流行病总是 "废新世" 一个明确的突破口，它们清晰地展现了通过社会–生态关系联系起来的身体、权力和废物。约翰·斯坎伦（John Scanlan）认为，垃圾可以 "揭示事情的另一种真相"②。我相信在 "废新世" 的常态中，像流行病这样的突破口可以揭开废弃关系的真相。

1884 年和 1973 年的霍乱疫情是 "废新世" 的 "顿悟" 时刻，那些暴露真相的时刻不

---

① Iovino, S., *Ecocriticism and Italy. Ecology, Resistance, and Liberation*, London：Bloomsbury Academic, 2016, pp. 13-46.

② Scanlan, J., *On Garbage*, London：Reaktion Books, 2005, p. 136.

仅证实了城市的肮脏，也证实了它深层的差异性。就在 1884 年霍乱流行前几年，意大利作家、艺术家雷纳托·福西尼（Renato Fucini）在那不勒斯发表了报告文学，他将这座城市描述为与欧洲文明截然不同的地方。福西尼明确地将那不勒斯与东方相联系，狭窄的街道，贫穷的人民，遍布的污物，这些很容易使旅行者误以为自己在埃及的亚历山大，而不是在欧洲城市①。他随后又清晰地指出那不勒斯是欧洲最肮脏的城市之一②。同一时期，英国作家、慈善家杰西·怀特·马里奥（Jessie White Mario）③ 也在谴责那不勒斯穷人被迫的窘迫生活。其著作直接以《那不勒斯的苦难》为题，书中充斥着被肮脏环境包围的病体。在马里奥考察穷人窘迫居所时，如洞穴、地下室、公寓（bassi）④ 或破旧房间，她几乎都将一个生病的孩子、某个躺在草床上的斑疹伤寒患者或者一名努力喂养新生儿的憔悴母亲置于场景中心。在她揭露那不勒斯苦难时，"废新世"也通过被废弃之人与废弃之地之间的物质联系被清晰地具象化。她的书聚焦于穷人，帮助了解产生被废弃之人和废弃之地的关系之本质；那些社会-生态关系产生了社会不公正，它们并非前现代城市的失常现象。作家兼记者马蒂尔德·塞劳（Matilde Serao）在 1884 年霍乱疫情期间撰文，将她所谓的"那不勒斯肠道"描绘为一个满是废弃物之地，所有区分人类与其日常生活空间和脏物的现代障碍在这里皆不复存在⑤。历史学家弗兰克·斯诺登（Frank Snowden）详细研究 1884 年和 1911 年霍乱后也证实了那些观点。他写道："霍乱直接暴露了贫困和肮脏、住房拥挤和卫生疏忽、下水道有缺陷和不洗手。"⑥ 然而，那些环境条件被贫困放大，或者用我们的话来说，被那些导致城市某些部分及居民被废弃的社会-生态关系所放大⑦。贫困、废弃物和污染是那不勒斯流行病政治生态学的支柱，实际上是"废新世"的历史具体化。

与其他任何重大紧急状态一样，流行病提供了一个看到"废新世"的特殊视角，因为在人和地的废弃化通常被常态化和隐形化之时，特殊情况也迫使人们寻找"解决方案"。然而，那些解决方案只是为了恢复"废新世"的常态，而不是彻底改变它。这与"人新世"话语和具象化二氧化碳排放其实并无区别：寻找"重要事情"的解决方案并不意味着要拆解最先创造该"事物"的社会-生态关系。

1884 年霍乱疫情就是此类话语的典型案例。与"废新世"类似，将责任归咎于受害

---

① Fucini, R., *Napoli a occhio nudo*, Firenze：Successori Le Monnier, 1878, p. 4.

② Ibid, p. 14.

③ Mario, W. J., *La miseria di Napoli*, Firenze：Le Monnier, 1877.

④ Bassi 是一个房间的公寓，通过入口处的门直接通向街道，这也是整个公寓的唯一开口。

⑤ Serao, M., *Il ventre di Napoli*, Milano：Treves, 1884.

⑥ Snowden, F., *Naples in the Time of Cholera, 1884-1911*, Cambridge（MA）：Cambridge University Press, 1995, p. 16.

⑦ Ibid, p. 30.

者是一种控制紧急情况、保持基本规范的重要手段。那不勒斯穷人是催生流行病的被污染的生态系统的一部分。他们周围的污秽已渗进他们的身体和灵魂之中，塑造了堕落的社区，疾病已超出实际生物传染的范畴。问题在于控制而非恢复废弃式关系，以确保它们原本加强的他者化仍然有序，以免模糊了事先规划好的社会垃圾场与其余地方的边界。应对1884 年霍乱疫情犹如有着优秀剧本一般，实施着旨在重新划定废弃和清洁、纯洁和肮脏边界的城市政策。意大利总理阿戈斯蒂诺·德普雷蒂斯（Agostino Depretis）在视察该市底层社区时说道："那不勒斯必须被开膛破肚。"这句话很快就成为那不勒斯卫生工作的座右铭。在描述那不勒斯的病体时，肠道的隐喻似乎尤其令人印象深刻。在那不勒斯的"废新世"中，人类的肠道和城市的肠道通过溢出的脏物相互缠绕，将所有的人和物变成了社会-生态垃圾场。掏空那不勒斯肠道不仅是一个外科手术的隐喻或医学处方，而且是一种宣战；这场战争也许不单是针对霍乱弧菌和霍乱肆虐的废弃地区。我认为，1884 年霍乱疫情后的卫生政策主要针对生活在城市最堕落地区的底层居民，这些人和他们的破旧房子被迫为中产阶级的现代建筑腾出空间。一条豪斯曼风格的大型林荫大道横穿过遭受严重疫情且拥挤的贫民区①，然而这条大道两侧的情况都未有改变。贵族林荫道和中产阶级住宅的修建甚至大大挤压了穷人的生活空间。有 35 000 多名贫困居民被驱逐出卫生清洁区，所以，1884 年霍乱疫情流行后的卫生政策其实意味着大规模的驱逐。虽然霍乱疫情有可能摧毁那些确保富人免疫和抛弃穷人的他者化基础设施，但随后的措施旨在重组废弃式关系，掩盖残忍的后果。弗兰克·斯诺登总结了疫情后紧急干预措施的结构性局限，基于丰富多样的资料来源，他坚定地认为"大型重建项目所要解决的城市病理表征依旧存在，包括城市上层居民与底层居民之间的显著差异"②。1884 年霍乱疫情以最引人注目的方式揭开了"废新世"的面纱。废弃式关系造成了被废弃的地方和人，它将城市空间划分为中上层阶级的干净健康区域和穷人的环境被污染且易患病的区域。然而，疫情暴发动摇了"废新世"的基本秩序，即他者化项目建立了安全的"我们"以对抗受污染和威胁的"他们"。那不勒斯必须被开膛破肚是指恢复"废新世"秩序，而不是一场彻底改变。

　　1884 年霍乱之后这个城市经历的其他流行病证实了这一点，这些流行病有的几乎不可见、纯粹是"废新世"作风，有的则令人惊叹、引人注目。我的父母在我七岁时带我去接种抗霍乱疫苗。1973 年那不勒斯再次暴发霍乱，证明这座城市仍然不能被确定地归

---

　　① 19 世纪下半叶，乔治-尤金·豪斯曼（Georges-Eugène Haussmann）负责巴黎的一个大型城市改造项目，其中包括将传统的狭窄小巷改造成宽阔的林荫大道，以便在发生叛乱时更容易控制。

　　② Snowden, F., *Naples in the Time of Cholera*, *1884-1911*, Cambridge（MA）: Cambridge University Press, 1995, p. 221.

入现代免疫世界。我对那段时期的唯一记忆，就是父亲强迫我们吃很多难以忍受的柠檬（这显然是一种预防疾病的良方）以及对于任何街头食物和海鲜都有着几乎难以抑制的恐惧，可以说这种恐惧至今仍然伴随着我。目前尚不清楚有多少那不勒斯人死于 1973 年这场疫病，也许 20 人左右。将近 1 000 人住院治疗，他们大多数人实际上没有生病，而是因为恐惧而不堪重负。第一个记录在案的病例发生在那不勒斯郊外城镇托雷·安努齐亚塔（Torre Annunziata），具体而言是在一条名为圣约瑟夫沼泽（San Giuseppe alle paludi）的狭窄小巷。当然，霍乱和沼泽地之间没有任何关系，所有线索实际上都指向贻贝，而且最有可能是从突尼斯进口的特定种类的贻贝，因为当时疫情已经在突尼斯蔓延。事实上，在那不勒斯贻贝中从未发现导致霍乱的弧菌病原体，倒是在蛤蜊中发现非常高的污染量，所以当局决定拆除城市周围海域蛤蜊养殖床。一名受那不勒斯检察官委托去调查流行病源头的法医在采访中宣称："当时每克贻贝最多能含有四个大肠杆菌（按照卫生局标准）。我必须指出每克那不勒斯贻贝含有四十万个大肠杆菌！令人意外的是，由于海洋污染，贻贝聚集了如此多大肠杆菌，以至于霍乱弧菌在其中也无法存活。简而言之，那不勒斯有霍乱，但臭名昭著的霍乱弧菌从未被发现。"[1]

　　这场流行病再次让"废新世"关系成功地隐形化和常态化，它揭示了更整体且持久的结构。事实上，早在 1970 年，那不勒斯的死胎率、儿童死亡率和传染病率就高于全国平均水平[2]。1973 年 9 月 9 日，激进左翼报纸《持续斗争报》在头版报道了 18 个月大的弗朗西斯卡·诺维洛（Francesca Noviello）之死。从文章标题《杀死弗朗西斯卡的不仅是霍乱》可以看出，他们很清楚霍乱并不是造成其死亡的唯一原因。诺维洛一家住在一栋环境非常不卫生的破旧建筑里。雪上加霜的是，整个家庭都没有任何预防控制措施，即便其父亲因感染住院也是如此。据《持续斗争报》报道，弗朗西斯卡死后，住在同一栋楼里的其他家庭开始抗议，最后得以临时安置到一所高中[3]。虽然《持续斗争报》所使用的语言和修辞似乎与我们的时代相去甚远，但它提供了一种深刻的解释，即流行病是不公正社会-生态关系的冰山一角，这种不公正社会-生态关系塑造了被废弃的人与地。关于粉饰这场疫情的科学解释，《持续斗争报》写道："这个长篇科学解释重复了那不勒斯无产者从开始与霍乱作斗争以来一直在说的简单真相：圣卢西亚的贻贝养殖场之外的整个城市对

　　①　Lambiase, S., Zappalà, A., 1973 Napoli al tempo del colera, documentary Italy, 2007.

　　②　相对全国而言，23.6/1 000 的死胎率和 58.9/1 000 的 1 岁儿童死亡率。传染病率达到 33.8/1 000，而全国平均为 8.3/1 000。Chubb, J., "Naples under the Left: The Limits of Local Change", *Comparative Politics*, Vol. 13, No. 1, 1980, pp. 53-78.

　　③　Continua, L., *Non solo il colera ha ucciso Francesca Noviello*, Domenica 9 settembre 1973, http://fondazionerrideluca. com/web/download/1973/09_1973/LC1_1973_09_9.pdf.

他们来说就是一个酝酿传染病的永久性温床。城市始终由资本家建造且为其服务。"①

　　我找不到1973年那不勒斯大都会区霍乱疫情确切地理分布的数据。疫情发生一年后，一篇科学论文提供了关于霍乱患者社会地位的信息，在接受采访的96名患者中，大多数人要么无业，要么从事体力劳动②。在20世纪70年代，那不勒斯无疑是一座非常贫困的城市。1979年，在霍乱流行六年后，那不勒斯又被另一场极具争议的公共卫生紧急事件所冲击。一种被媒体称为"黑暗疾病"的呼吸道疾病开始影响众多那不勒斯儿童。黑暗疾病的历史极富争议性，无法用几句话来概括；当然，它涉及公共卫生和媒体的政治议题等诸多面向。尽管如此，我还是在"废新世"理论框架内采用该案例。对我而言，黑暗疾病强化了我的论点：在这个城市中，周期性危机揭示了系统性的、持久的废弃关系，这种关系产生了他者，他者是生活在社会-生态垃圾场的可被抛弃的对象。同年，一个由基层组织、工会和激进分子组成的联盟出版了一本讲述该疾病起源的小册子，书中表达了关于儿童流行病的社会-环境正义的观点③。小册子作者直接将这种呼吸道疾病的暴发与贫困相联系，强调社会-生态状况的普遍性导致了某些地方儿童死亡率高达135%。主流叙事喜欢将其称为"黑暗疾病"，以暗示那些有待解决的谜团，但所有关于该事件的反霸权叙事则强调它的常态性。意大利共产党报纸《团结报》曾在头版刊登过一篇标题鲜明的文章《那不勒斯的黑暗疾病没有任何未知（黑暗）之处》，该文出自一名党员干部之手④。虽然《团结报》极力地捍卫该市左翼政府，但是来自激进左派的小册子作者则令人信服地讲述那不勒斯正在发生的事情。他们首先明确指出，所谓的"黑暗疾病"是在选择性杀人，它"选择那些被迫生活在破旧公寓并被排除在所有健康信息之外的边缘人"⑤。他们认为，对这些边缘主体的剥削已经达到了一个节点，即劳动力再生产不被纳入资本主义的价值榨取之中："这里的人几乎是'炮灰'。重点不仅在于剥削他们的劳动力；他们的生命被密集而大规模的剥削所偷走。"小册子随后指出了儿童（主要是女孩）被迫在非法皮革厂工作的危险情况，他们每天都暴露在化学胶水毒性之中。他们的结论几乎就是我

　　① Continua, L., *Il colera si estende*, Mercoledì 5 settembre 1973, http://fondazionerrideluca.com/web/download/1973/09_1973/LC1_1973_09_5.pdf.

　　② Baine, W. B., Mazzotti, M., Greco, D., et al., "Epidemiology of Cholera in Italy in 1973", *The Lancet*, Vol. 304, No. 7893, 1974, p. 1372.

　　③ Coordinamento provinciale salute FLM, Medicina democratica, Magistratura democratica, *Libro bianco sulle origini, ragioni, responsabilità del "male oscuro"*, *Prospettive assistenziali*, n. 46, aprile-giugno 1979, www.fondazione-promozionesociale.it/PA_Indice/046/46_napoli_libro_bianco_sulle_origini.htm.

　　④ Geremicca, A., "Non è oscuro il male di Napoli", *L'Unità*, 24 January 1979, https://archivio.unita.news/assets/derived/1979/01/24/issue_full.pdf.

　　⑤ Coordinamento provinciale salute FLM, Medicina democratica, Magistratura democratica, *Libro bianco sulle origini, ragioni, responsabilità del "male oscuro"*, *Prospettive assistenziali*, n. 46, aprile-giugno 1979, p. 4, www.fondazione-promozionesociale.it/PA_Indice/046/46_napoli_libro_bianco_sulle_origini.htm.

的结论，我们在思考"废新世"本质时颇有共鸣；一旦有毒物质使这些女童工无法生育，"她们就被当作废物处理掉"。

这个由基层组织、工会和激进分子组成的联盟，将公共卫生危机与废弃式关系联系起来，这种废弃式关系塑造了自出生起就注定要被抛弃的次等身体。他们反感他们所称的"虔诚吸血鬼"群体，就像我反感那些哀叹即将到来的生态危机并要求集体努力的人。这两个例子都缺少对危机原因的反思（无论可能是何种原因），而且关于事后团结的要求过于简单，它并没有挑战"废新世"的废弃关系，只是缓解或隐藏这种关系。

那些反霸权叙事已经超越流行病所展现的断裂点来揭示"废新世"的现实。因为"废新世"并不只通过流行病的高潮断裂点来展现，也通过穷人被迫生活其中的日常地狱来体现。那不勒斯的废弃物紧急情况真正地揭示了"废新世"的日常。

2. 西部垃圾荒野

2008 年 1 月，那不勒斯西侧一大片区域景观彻底改变。检查站、路障和烧毁的公共汽车，形成了人们没有预料到会在这里出现的战时景象。那不勒斯市内住着四万居民的夸尔托（Quarto）全城及其周边几个街区被完全封锁；没有任何物和人可以从这些地区进出。这里如同一座被围困的城市，人们缺乏基本物品，而且他们只有在特殊情况下才被获准开车通过检查站。因此，当夸尔托市市长呼吁警方和抗议者为该镇居民开辟一条人道主义通道时，没有人感到太惊讶；这种军事化语言显然似乎符合当时的情况。实际上，人们突然被迫卷入一场战争之景——垃圾之战。皮亚努拉（Pianura）大暴动是为了反对重新恢复该地最大、最老的垃圾填埋场，它是我探索所谓日常"废新世"的起点。

尽管这座意大利南部城市的肮脏始终是其混合身份的特征之一，然而 20 世纪 90 年代和 2000 年初所谓的废弃物紧急情况代表了废弃式关系历史的转折点。我认为废弃物危机是有毒叙事的另一种断裂，它使得"废新世"常态化/隐形化，这并非因为那不勒斯街头充斥着垃圾袋（主流媒体和学者喜爱的废物文学），而是因为它揭示了确立谁和什么东西有价值的不公正的社会-生态关系。

那不勒斯废弃物紧急情况也有着较长的历史：它从 1994 年正式出现，当时刑事调查显示该地区垃圾填埋场的运营存在问题，大部分相关人员被抓。由于只有少数垃圾场在正常运转，那不勒斯的街道开始堆满垃圾，废弃物迫使中央政府宣布处于紧急状态，并在 1994 年成立了一个专门管理废弃物的机构（坎帕尼亚废弃物应急委员会，CWEC）。该机构剥夺了当地民选机构的权力，将解决废弃物危机的任务交给了拥有特殊资源和权力的技术专家。包括我在内的几位学者将那不勒斯废弃物危机定性为一场民主危机[1]；紧急状态奇怪地持续了近 20 年，这个概念本身意味着执行特殊的措施，而不受正常规范和程序的约束。这是"废新世"的一个关键特征，在这里，"废新世"是一套产生社会-生态关系中不公正安排的体系。乔治·阿甘本（Giorgio Agamben）[2] 和娜奥米·克莱因[3]从不同角度解释了资本主义如何通过创造例外情况持续自我繁殖，这些例外情况加速了作为资本主义积累手段的他者化进程。与 1884 年霍乱疫情后的城市恢复一样，废弃物紧急机制旨在解决"问题"，而不是说明其原因和社会影响。如果问题是街上的垃圾，特别是在城市繁华地区的垃圾，那么解决方法就是找到处理这些垃圾的地方。实施紧急机制从未孕育出革命性计划，它并不是为了实施激进的进步变革，而是为了重现最初状态。换言之，紧急机制旨在恢复"废新世"的秩序，而不是拆解它。

从废新世"顿悟"时刻来思考 20 世纪 90 年代至 2000 年前后的废弃物危机，意味着要跳出 1994 年几处近乎合法的土地填埋所带来的有限紧急状态。我要重申，我定义的"废新世"概念并不是指街上堆积的垃圾。这些当然不是令人愉快的城市景观特征，但是它们确实时常体现城市空间组织中根深蒂固的社会-生态的不公。事实上，正如马丁·梅洛西提醒我们，从历史上看，工人阶级社区总是比金融区或上层阶级社区肮脏[4]。"废新世"解决这种状况的办法只是通过有毒叙事将其常态化，这种叙事指责受害者，同时也将产生废弃之人和地方的社会-生态关系自然化。大多数时候，指出街上有垃圾意味着首先忽视制造垃圾的各种隐形关系，而且还强行区分肮脏和干净、无菌和污染。清除街上的垃圾袋是一种完美的"废新世"机制：如果废弃物出现的位置不对，那就限定其应当所属的空间来恢复秩序，这便重现了"废新世"。那不勒斯废弃物紧急状态意味着要改造社会-生态垃圾场中的底层社区，在那里，废弃物基础设施被附加于先前就已存在的污染之上；查尔斯·米尔斯（Charles Mills）在其《黑色垃圾》一书中精辟地指出，废弃物叠加了废弃物[5]。

处理废弃物紧急的专门机构的大部分工作是寻找储存/处理城市垃圾的场所。坎帕尼

---

① Iovino, S., "Naples 2008, or, the Waste Land: Trash, Citizenship, and an Ethic of Narration", *Neohelicon*, Vol. 36, 2009, pp. 335-346; D'Alisa, G., Burgalassi, D., Healy, H., *et al.*, "Conflict in Campania: Waste Emergency or Crisis of Democracy?" *Ecological Economics*, Vol. 70, No. 2, 2010, pp. 239-249; Armiero, M., D'Alisa, G., "Rights of Resistance: The Garbage Struggles for Environmental Justice in Campania, Italy", *Capitalism Nature Socialism*, Vol. 23, No. 4, 2012, pp. 52-68; Berruti, G., Palestino, M. F., "Contested Land and Blurred Rights in the Land of Fires, Italy", *International Planning Studies*, Vol. 25, No. 3, 2020, pp. 277-288.

② Agamben, G., *The State of Exception*, Chicago: Chicago University Press, 2010.

③ Klein, N., *Shock Doctrine. The Rise of Disaster Capitalism*, London: Penguin Books, 2008.

④ Melosi, M., *Garbage in the City*, Pittsburgh: University of Pittsburgh Press, 2005, p. 2694 ebock.

⑤ Mills, C., "Black Trash", In Westra, L., B. E. Lawson, eds., *Faces of Environmental Racism*, Lanham: Rowman & Littlefield, 2001, p. 89.

亚废弃物应急委员会以紧急状态之名，可能违反了欧洲、国家和地区的规则及程序，包括环境影响评估。一些刑事调查证明，坎帕尼亚废弃物应急委员会开设的临时储存产地通常不符合环境安全的最低标准。这些措施旨在恢复"废新世"的基本规则：分类废弃和清洁之物，阻止废弃物外溢到划定区域之外，并且重建社会垃圾场以此容纳不需要的废弃物。

在很大程度上，那不勒斯废弃物危机是一种圆形传送盘，坎帕尼亚废弃物应急委员会致力于清洁城市街道，将垃圾转移到其他地方，而垃圾最终落脚的社区又会奋起抵抗。通常而言，居民数量较少且政治社会资源较弱的农村社区比较容易成为目标。专门机构做出的决定有时十分荒谬，例如 2007 年他们试图在紧挨自然保护公园之处——马塞里亚河谷（Valle della Masseria）开辟一个大型垃圾填埋场，这可能会影响塞勒河流域。第二年，他们转向该地区内陆小村庄圣阿尔坎杰洛特里蒙特（Sant' Arcangelo a Trimonte），这里预计能容纳 7 500 多吨废弃物。2010 年，坎帕尼亚废弃物应急委员会计划在维苏威国家公园（Vesuvius National Park）开辟欧洲最大的陆地垃圾填埋场——维蒂埃洛采石场（Cava Vitiello），它能容纳 1 000 万吨垃圾①。假设农村社区更容易被驯化并不如设想的那样奏效。由于遭到当地居民强烈的反对，马塞里亚河谷和维蒂埃洛采石场这两个垃圾填埋场并未完工且投入使用，至少没有按照最初设计来进行。与世隔绝和人口稀少并不是选择废弃物存放地与基础设施的唯一黄金法则。在现有垃圾场附近或已受污染的地区规划建造新废弃物填埋场和其他废物处理设施也很常见。"废新世"的秩序原则是通过废弃底层社群来重现特权，因此需要强化现有的社会-生态的不平等。像维苏威火山这样受非法倾倒影响的地区或者几乎合法的垃圾填埋场，成为设立新废物处理设施的理想选址。例如，马塞里亚河谷和维蒂埃洛采石场都紧挨着之前的垃圾填埋场，全新的焚化炉便建在一个已有工业污染的社区。社区确实经常打着"我们已经尽力"的口号抵制在其区域内建造废物处理设施②。同样，鉴于街上堆积如山的垃圾等持续不断的紧急情况，坎帕尼亚废弃物应急委员会决定重新恢复此前关闭且等待收回的垃圾填埋场。

这就是我在第四部分开头所提到的皮亚努拉工人阶级社区的案例。2008 年，坎帕尼亚废弃物应急委员会决定重新恢复皮亚努拉的垃圾填埋场，该填埋场被承诺于 1998 年关闭。皮亚努拉长期以来就是当地较老、规模较大的垃圾填埋场，是那不勒斯边缘地区内部堆放废弃物的社区，垃圾场的存在成为该社区的重要标记。当 20 世纪 50 年代垃圾填埋场

① Ciccone, A, "Nell'inferno di Terzigno", *L'Espresso*, 11 October 2010, https://espresso. repubblica. it/attualita/cronaca/2010/10/11/news/nell-inferno-di-terzigno-1.24800.

② 这似乎类似于梅洛西研究的"我们有足够的废物"的工人阶级联盟。Melosi, M., *Garbage in the City*, Pittsburgh: University of Pittsburgh Press, 2005, p. 3961 ebook.

建成时，皮亚努拉仍是一个离城市足够近、能够为日渐扩展的大都市提供便利的垃圾场。作为一个"废新世"的完美热点区域，皮亚努拉成为现代城市所有人类和非人类废弃物的终点。20 世纪 70 年代，我成长于那不勒斯一个差不多中产的社区，我至今仍记得去拜访住在皮亚努拉的亲戚时令人震惊的经历。那确实是进入另一个世界。我能回想起，我离开那部分熟悉的城市环境后仿佛进入了一个不平静的环境。当时皮亚努拉就像是一个巨大而混乱的建筑工地，那里一切看起来都是半成品。尽管如此，包括我的亲戚在内的一些人却生活在那个尚未完工的世界里，他们互相紧挨着的房子经常只有一个框架，我怀疑那些框架是否也是废弃物。毕竟这是皮亚努拉的运作方式：一切都必须迅速建造起来，有时是一夜之间，而且它必须看起来有人们有序地居住其中，这样才能不被当局拆除。70 年代时，皮亚努拉是城市的边缘地带；它看起来像是我们的西部荒野，先驱者有一半是英雄，一半是亡命之徒，他们进入了一个被剥夺了所有正常城市服务的空间（即使是在那不勒斯）。这里反而有一些非常不寻常的事物：太多流浪狗，大片未开发的地区，附近每一件物体中弥漫着的恶臭。当我去皮亚努拉探亲时，我并不了解废弃物的城市生态学，并没有把该地区恶劣的条件与它被选为整个地区最佳垃圾场相联系。这股臭味正好又提醒人们皮亚努拉就是"他者"；我所了解的城市已结束，另一种空间已经就位。这种嗅觉的感知景观是一个关键探测器，它让我们看到了"废新世"的社会-生态暴力。虽然所谓的废弃物危机形成了"废新世"的边界，它将废弃物带到大都市中心，但皮亚努拉的臭味仍然停留在此地以及居住于此的人们身上。它并没有超越"废新世"的秩序边界，相反，它使这些边界可见。正如我在拜访亲戚时所想，这股气味标志着我进入了另一个区域，这里与我所来自的免疫区域截然不同。

　　多里安娜（Doriana）也有非常类似的经历。她是一名反对重新恢复皮亚努拉垃圾填埋场的活动人士。多里安娜在关于她如何成为一名环境活动人士的回忆录中，生动地描述了皮亚努拉大恶臭的影响。多里安娜来自一个城市上流社区，她将自己搬到皮亚努拉视为一种回到乡村的方式。她和一群朋友在那里买了一栋老房子，憧憬着一种靠近城市的田园生活。然而，多里安娜很快意识到垃圾场对其生活的影响，实际上是对她所居住的整个社区的影响："从我们把家具搬到那里之时，我们就开始感受到它，那种可怕的、令人恶心的、带甜味的臭味，现在对我来说是如此熟悉。我们这才发现我们的房子离垃圾场不到一千米。"① 读多里安娜的故事就像在阅读"废新世"生存指南。规则一：永远不要离开你所属的世界；规则二：不要问自己那些多余的财富最终会在哪里终结；规则三：如果你现

---

　　① Sarli, D. , "Da Posillipo a Pianura solo andata", In Armiero, M. , ed. , *Teresa e le altre*, *Storie di donne nella Terra dei Fuochi*, Milano：Jaca Book, 2014, p. 103.

实中遇到了"废新世"，就逃跑吧，不要试图改变它。

虽然臭味作为一种具体的体验深深植根于地方，但在皮亚努拉的例子中，它也会穿越"废新世"的边界，附着于当地居民的身份认同之中。孩子们也可以很残忍，我记得以前跟我住同栋综合楼的朋友在知道我表兄弟来自皮亚努拉后，就指责他们身上有难闻气味。我采访过一位 2008 年抗议活动的领导人，他表示臭味一直伴随着他，甚至已到皮亚努拉之外①。

这个垃圾填埋场运作了大约 40 年。这些年来，垃圾场周围区域发生了巨大变化。这个在 20 世纪 50—60 年代只有几千居民的小型农村地区，在 20 世纪 70—80 年代便消失了，因为当时皮亚努拉正处于城市巨大转型之中。1980 年地震使那不勒斯的住房状况恶化，特别是老中心的几栋旧建筑不能再住人，导致许多人没有合适的住房。皮亚努拉非法建造的房屋吸引了成千上万的人，2001 年，该地区约有 6 万居民。虽然人口数量在不断增加，但皮亚努拉没有享受任何公共服务；它被纯粹定义为垃圾填埋场的邻近区域，这种身份一直延续至今。事实上，那个在 1950 年开辟的垃圾填埋场在不断扩张，面积一度达到 70 公顷。然而，垃圾填埋场对邻近地区的影响不仅是一个规模大小的问题，还取决于垃圾场的质量及其管理。直到 1984 年，垃圾填埋场在运营中几乎没有得到任何技术手段来减少其环境和健康影响。此外，对进入填埋场的废弃物质量的控制并不令人放心。从法律上讲，这个填埋场原本只用来存放城市垃圾，1989 年当地政府开始允许它处理有毒和有害的废弃物②。国会废物循环委员会（Parliamentary Committee on the Waste Cycle）的法律调查显示，塞吉奥（Cengio）的阿克纳工厂（ACNA）曾将大约 1 000 吨剧毒污泥倾倒在皮亚努拉垃圾场，这是二战后意大利最臭名昭著的工业污染案例之一。经证实，1999 年以前归国家所有的意大利国家电力公司（Italian National Electric Power Company）热电厂也曾在那里倾倒有毒的灰烬。从一份那不勒斯省政府文件可知，20 世纪 80—90 年代，这片填埋场聚集了从生物医学废弃物到石棉粉尘等各种有毒的废弃物。该文件提及约有 49.3 万吨通用类特殊废弃物和 95.3 万吨不同种类的污泥③。

1996 年，该垃圾场被关闭，因为当时那不勒斯正处于被冠以盛名的那不勒斯文艺复兴时期，政府大规模改造了城市环境，最重要的是，这是在极受欢迎的新市长安东尼奥·巴索利诺（Antonio Bassolino）的领导下开展的。因此，关闭皮亚努拉垃圾填埋场，承诺

---

① Marco, Interview in possession of the author, 2011.
② 那不勒斯省政府于 2008 年 5 月 14 日发布了一份关于在皮亚努拉垃圾场倾倒的材料清单，该文件现在发表于 2012 年的 *Manzo & Musella*。
③ Provincia di Napoli, Area ambiente, Direzione Tutela del Suolo, Richiesta dati relativi alla discarica Difrabi, località Pianura, 2008, Prot. 383-15/05/2008.

将其收回并改造成一个高尔夫球场，成为城市总体复兴的一部分。不幸的是，正如我已提及，土地收回或建造高尔夫球场计划都泡汤了。皮亚努拉地区没有被恢复，仍然受到严重的污染。根据塞比奥雷克（Sebiorec）报告，在皮亚努拉，靠近垃圾场与血液中二噁英（PCDD）和呋喃（PCDF）含量之间在统计学上有显著关联[1]。其他报告还提到渗滤液明显下渗、沼气泄漏以及渗滤液罐中的二噁英痕迹[2]。

　　在皮亚努拉社会-生态垃圾场的建造过程中，"废新世"已具体成形。这再一次表明，虽然官方论述的废弃物危机仅仅旨在谈论家庭垃圾，但现实中"废新世"的毒性和普遍性远不止于此。有几份材料提到该地区癌症和其他疾病的异常性扩散。我采访的皮亚努拉居民埃莉莎（Elisa）提供了令人印象深刻的疾病序列：她的丈夫曾因癌症做手术，他们的儿子从出生起就有哮喘病，她的嫂子在 40 岁时死于癌症。马可·诺诺（Marco Nonno）在皮亚努拉暴乱审判的证词中表示，皮萨尼村（Contrada Pisani）每个家庭至少有一个成员患有癌症，有一名儿童患有哮喘[3]。在《在哥摩拉土地中》视频报道里，皮亚努拉居民玛丽亚·坎迪达（Maria Candida）告诉我们，自从搬到一个能够俯瞰垃圾填埋场的新房子后，她的丈夫和儿子都死于癌症[4]。

　　显然，这种慢性暴力很难追踪，科学知识的不确定和权力的不平等使这一切变得更加复杂，因为受影响的社区没有资源去证明特定毒性来源与健康问题之间的因果关系。然而，我们决不能低估慢性暴力的重要性，尽管大多数人看不见它，但它对体验过的人而言始终存在。皮亚努拉是一个极其丰富的研究案例，因为它几近形象地阐明了"废新世"的逻辑：创建一个社会-生态垃圾场，将慢性暴力的体制施加于受困于此的居民的生活及其身体之上，同时伴随着由国家镇压机构施加的更明显的暴力。毕竟，长期维持结构性破坏意味着大量直接的暴力镇压，人们一般不会被动地接受污染。除了疾病故事外，警察暴力几乎是所有皮亚努拉活动人士记忆中另一个共同隐喻。2004 年，当坎帕尼亚废弃物应急委员会决定重新恢复垃圾填埋场并以此作为临时储存地之时，居民们以常见的纠察队和

---

　　① Sebiorec. Studio epidemiologico sullo stato di salute e sui livelli d'accumulo di contaminanti organici persistenti nel sangue e nel latte materno in gruppi di popolazione a differente rischio d'esposizione nella Regione Campania, 2010, http://speciali. espresso. repubblica. it/pdf/sebiorec2010. pdf.

　　这是一个由坎帕尼亚地区政府资助的研究项目，旨在调查人体血液中二噁英和重金属的存在。这个项目还有谜团，因为它几个月来一直没有公布，直到一本大众杂志才使它得以发表。Fittipaldi, E., "Campania Col Veleno in Corpo", *L'Espresso*, 24 March 2011.

　　② Crescenti, U., "Relazione di consulenza tecnica nell'indagine ambientale sulla discarica Difrabi presso Pianura", in provincia di Napoli, *Chieti*, 5 June 2009; Procura della Repubblica presso il tribunale di Napoli, visezione, procedimento penale n. 1499：08, 2009, RGNR, p. 6.

　　③ Pianura Trial, Trial against Fiume *et al.*, hearing of 10 January 2011, testimony of Marco Nonno, 2011.

　　④ De Simone, A., Medolla, W., Petricciuolo, S., Nelle terre di Gomorra, video reportage in four episodes for Current tv, 2011, http://youtubedownloaderonline.org/video/0AXeSxC5glU/-Nelle%20Terre%20di%20Gomorra-%20Current%20Tv.html.

游行的方式和平地反对该计划，却遭到了警方的暴力镇压。玛丽亚解释道："我们被警察殴打时正躺在地上。"安娜玛丽亚（Annamaria）则因试图阻止卡车而被判刑。她明确表示，每个人在 2004 年创伤性经历之后都不断地说："下次，他们（警察）将付出代价。"多里安娜则想起警察使用催泪瓦斯攻击包括妇女和儿童在内的和平示威者①。

　　2011 年 1 月 10 日，一场针对 2008 年皮亚努拉暴乱的法庭听证会，淋漓尽致地展现了结构性社会-生态不公的慢性暴力如何与警察镇压的公开暴力共同联手。一名证人激动地回忆起 2004 年手无寸铁的公民被镇压，当时法官打断他作证，称是时候忘记这些旧事②。这个男人回答说，他的妻子患了癌症，因此他永远不会忘记。我认为这个故事有力地表现了"废新世"的逻辑及其暴力。在皮亚努拉暴乱的审判中，由法官扮演的政府要求受害者忘记警察对他们实施的暴力，仅仅是因为"时间已过去"。另外，一名经历了镇压的证人获得了记忆权。对于理解"废新世"逻辑更有趣的是，这位证人在警察实施暴力行为和他妻子患病之间建立了一种引人入胜但看似随机的联系。然而，这种联系根本不是随意的，而是实际上表达了慢性暴力——即垃圾场和女性身体所体现的环境不公——与警方实施的直接暴力行为之间的联系。事实上，镇压机构使不平等的风险分配能够得以强加于边缘的社群。要求人们忘记所遭受的暴力，同时从反对者角度来评价暴力，这相当符合"废新世"逻辑：将不公正的社会-生态关系常态化，为镇压性暴力辩护，并掩盖慢性暴力。

　　正如我在前文所阐述的流行病一样，废弃物危机同样暴露了"废新世"常规编排的漏洞。这场危机让废弃物被看见，使其成为城市中心区和居民区社会生活的核心。通常当废弃物隐形流动停止运转后，干净的"我们"和肮脏的"他者"之间的边界便被打破。废物可视化的过程和恢复"废新世"内部边界的间歇性尝试也产生了另一种影响：它们动员了接收废弃物的社区。这场危机是一个要么重新建立原有权力关系，要么彻底摆脱它们的契机。韧性范式表明，当一个社区有能力回到危机前状态时，它是强大的，但我想知道是否总会有理想的结果③。如果不公正的社会-生态关系产生了"废新世"，造成了社会垃圾场和免疫社区，那么，我们真的应该回到原来的状态吗？难道韧性而非抵抗性真的是一种脱离废新世的更好策略吗？来自那不勒斯的"废新世"日记讲述了持续（再）生产社会垃圾场的不公正以及这些对不公正的抵抗。废弃物危机导致议题和行动者前所未有地

　　①　所有这些证词都是我在皮亚努拉组织的一个中心小组中收集的。
　　②　Pianura Trial, Trial against Fiume *et al.*, 2011, hearing of 10 January 2011, testimony of Luigi Bruno.
　　③　关于韧性范式的模糊性，见：Kaika, M., "Don't call me resilient again! The New Urban Agenda as immunology … or … what happens when communities refuse to be vaccinated with 'smart cities' and indicators", *Environment & Urbanization*, Vol. 29, No. 1, 2017, pp. 89-102.

政治化。正如塞雷内拉·约维诺所写："那不勒斯多孔身体的叙事代理表达了他们形成历史的问题和话语。叙事代理借此建立了意识纽带，揭示了这些多孔身体的运行过程，恢复了他们的政治想象力。"①

在第五部分，我们将详细探讨"废新世"的具体经验如何有可能创造出新的政治主体，这些主体形成了从根本上改变现状的集体想象力。

五、颠覆"废新世"

1. 分享面包与玫瑰

在我写本书中科幻小说和末日部分时，我得了重病。新冠疫情已严重扰乱了世界，但现实离与我在斯德哥尔摩的郊区生活太遥远。有时候，他者化像神圣天意一样以神秘的方式运作，我将以我亲身经历疫情带给我们生活的物质性启示为结尾。对我和我的家人来说，这就好像一场怪异天启撕裂了我们原本舒适的生活。在我住院几个月后，我现在清楚地看到疫情实际并没有荒废我们的生命，这显然不仅是因为我活了下来。新冠疫情确实是"废新世"的有力表现；它很可能只是因为侵占了野生动物的生存空间②，一些学者认为尽管它严重打击了全球北方，但是少数族裔、工人阶级和城市穷人在疫情中已在或将在身体和金钱方面付出更高代价。对于贫民窟的居民而言，发自肺腑地呼吁他们待在家里和洗手简直要么是侮辱，要么是笑话。在美国，学者们已着手研究疫情传播与少数族裔的相关性，数据表明非裔美国人、拉丁裔和美洲印第安人的发病率及死亡率较高③。考虑到我亲身经历过新冠疫情最致命的形式，流行病有时的确可能会推倒"废新世"中区分被废弃的"他们"和宝贵的"我们"之间似乎坚不可摧的墙。然而，正如我在第四部分"'废新世'视角下的城市：患病的那不勒斯"一节描述的那不勒斯霍乱流行病那样，"废新世"的逻辑会立即修复墙壁上的裂缝，恢复他者化的鸿沟。我足够幸运才能站在分界线一边：我有良好的医疗服务，家庭支持，甚至一位大使为我出面提供帮助，一个舒适的房子，每个月都有薪水。我经历过新冠疫情，知道它很可怕，但我也意识到它对其他人而言可能远比对我这个住在瑞典的意大利白人教授更可怕。

新冠疫情是"废新世"的另一种表现，它也为我第五部分的讨论内容提供了一个生

① Iovino, S., *Ecocriticism and Italy. Ecology, Resistance, and Liberation*, London：Bloomsbury Academic, 2016, p. 28.

② Malm, A., *Corona, Climate, Chronic Emergency. War Communism in the Twenty-first Century*, London：Verso, 2020, pp. 35, 41.

③ Patel, J., Nielsen, F. B. H., Badiani, A. A., *et al.*, "Poverty, Inequality & COVID-19：The Forgotten Vulnerable", *Public Health*, Vol. 183, 2020, pp. 110-111; Shah, M., Sachdeva, M., Dodiuk-Gad, R. P., "COVID-19 and Racial Disparities", *Journal of the American Academy of Dermatology*, Vol. 83, No. 1, 2020, e35.

动案例，即挑战"废新世"霸权的基层倡议，同时预示着另外一个超越废弃关系和他者化计划的世界。回到我不得不停止写作的科幻叙事中，野蛮时代的回归和文明的终结几乎总是这些故事的关键隐喻。在全球灾难情景下，人类将开始互相残杀，努力控制最宝贵的资源，无论是食物、水、石油，还是书籍。每个人相对于其他人就是一头狼，这是这些科幻叙事提出的格言。有时看那些末日电影时，仿佛银幕上呈现的是玛格丽特·撒切尔那句令人阴郁的话："没有所谓的'社会'，只存在个体的男人和女人，还有家庭。"但这位英国首相与那些采用其观点的科幻小说实际上都是错误的。共同体是存在的，而且它们会在最困难的时刻动员起来。因为废弃关系是基于消费和他者化，共同化实践旨在资源再生产和共同体，这将使他们废除他者化进程，创建共同体，这有可能破坏"废新世"的体制。

　　新冠疫情期间的大量证据证明撒切尔是错误的，共同现象的出现出乎意料地催生了共同体，应对生命与生计的废弃化。这方面新冠疫情的报道和研究较少，但好几个国家的人们已经开始自我组织，建立团结和相互支持的基础设施，特别是帮助共同体中最脆弱的群体。在一些国家，人民团结旅（People's Solidarity Brigades）正是因此而创立。在他们网站上，人民团结旅将自己塑造为一个"自发互助团体网络，人民为自卫而行动，也为人民而行动"[1]。在危急时期，团结并不少见；在疫情中，慈善组织也动员去援助那些深受疫情经济后果重创的人。我无意贬低这些组织的慷慨努力，我将在本部分集中讨论这些团体中最政治化的内容，我认为他们应对疫情的方式公然挑战了"废新世"的体制。劳伦特·赫德森（Lauren Hudson）[2]写道，慈善可能会重现阶级划分，而互助的目标是"改变人与人之间的关系……作为一种团结和相互依赖的承诺"。

　　例如，团结旅网站明确地抨击当前的经济体系，认为它应该对危机负责："我们很清楚，各国政府并不能解决健康危机。他们服务于一个基于利润和私人利益的体系，这是当前社会灾难和公共卫生服务所处的灾难性局面之根源……这个团结网络也必须大力谴责新自由主义政策。他们再次证明了他们不道德的本性。我们必须详细说明集体组织的新形式。"娜奥米·克莱因将灾难资本主义逻辑理论化为一种机制，这种机制从极端危机中获利，同时在试验镇压和安全化的先进形式[3]。近来，许多学者和知识分子开始谈论"灾难共产主义"，将其作为极端事件可能引发的另一种后果。美国作家丽贝卡·索尔尼特（Rebecca Solnit）提供了灾难时期团结一致的丰富历史资料，她写道："灾害史表明，我们大多数人都是社会性动物，渴望联系，也渴望目的和意义。它还表明，如果这就是我们

①　www. brigades. info.

②　Hudson, L. T., *Building Where We Are：The Solidarity-Economy Response to Crisis Pandemic and the Crisis of Capitalism, a Rethinking Marxism Dossier*, summer 2020, pp. 175-176, http：//rethinkingmarxism. org/Dossier2020/.

③　Klein, N., *Shock Doctrine. The Rise of Disaster Capitalism*, London：Penguin Books, 2008.

的本性，那么大多数地方的日常生活就是一场灾难，但破坏有时会给我们提供一个改变的机会。"① 阿什利·道森（Ashley Dawson）在其著作《极限城市》（*Extreme Cities*）中指出，基层在应对重大灾难时的自我组织可被理解为灾难共产主义的试验。在我所言的"废新世"秩序崩解时，新的可能性变得可行；共同实践与常见的废弃关系相冲突，颠覆了通常所言的有价值与可废弃的对立逻辑。道森写道："资本主义似乎不再是唯一可能的未来。我们甚至开始建立一个基于人类同理心和互助的别样社会。在灾难中形成的社区团结可以被视为一种灾难共产主义，在此形式下，人们开始自我组织以满足彼此基本需求和集体生存。"②

早在 2020 年 3 月，意大利几个城市就成立了积极团结旅（Brigate di Solidarietà Attiva）。总体而言，这个网络与先前存在的基层组织重叠，主要是这项倡议的后勤基础设施——社会中心（centri sociali）③；但此经验远远超出了社会中心，而是囊括了更多志愿者。疫情的地理位置也影响了团结旅的分布，米兰地区的团结旅人数众多。在一次线上采访中，一位来自米兰的活动人士谈到 400 名志愿者被组织成 12 个旅，由一个共同的协调委员会负责统筹④。这些旅提供基本必需品，建立食物银行，细致地分发食物。有时人们还会在装有意大利面和番茄罐头的袋子里找到书籍、"关爱收入运动"的传单或针对他们需求的问卷。这些旅经常以反对纳粹法西斯政权的意大利游击队员的名字命名。在分发食物或药品的同时，这些队伍也帮助建立了替代性叙述，如我在第三部分"驯化记忆、有毒叙事以及被废弃的故事"一节中描述的从记忆垃圾堆中复原抵抗的故事。所有活动人士在他们的文件和采访中，都强调新冠疫情危机和疫情前"常态"之间的连续性。在以被法西斯杀害的年轻游击队员阿尔西德·克里斯蒂（Arcide Cristei）命名的团结旅中，一位年轻的活动人士认为，病毒只是揭露并加剧了意大利社会早已存在的不公正；对她来说，口号"常态才是问题"最恰当地概述了该群体的愿景⑤。来自另一旅的一名活动人士将疫情的影响与镶嵌在城市内的不公正结构联系起来，将米兰描述为一个贫富分化严重的城市⑥。与此类似，比萨（Pisa）的圣埃尔梅特委员会（Sant'Ermete Committee）是一个以工人阶级社区为基础的基层组织，对其而言，疫情加剧了正在发生的不平等，但并没有

---

① Solnit, R., *A Paradise Built in Hell: The Extraordinary Communities that Arise in Disaster*, New York: Penguin Books, 2009, p.305.

② Dawson, A., *Extreme Cities*, London: Verso, 2017, p.132.

③ 社会中心是指年轻的活动人士占领老废弃建筑，将其改造为政治、文化和娱乐活动的中心。

④ Adil, *Solidarietà ai tempi della pandemia*, 4 May 2020, www.spreaker.com/show/la-stanza-di-adil.

⑤ Comito, A., *COVID 19 storie di solidarietà*, Reportage, 2020, www.youtube.com/watch?v=yxEQSEQbkF4.

⑥ Adil, *Solidarietà ai tempi della pandemia*, 4 May 2020, www.spreaker.com/show/la-stanza-di-adil.

造成不平等①。这种推理与我对"废新世"的理解一致，即"废新世"是常态的而非例外的体制。

　　然而，在强调不平等结构的持续性时，团结旅还提出了另一个关键点：由于不公正是结构性的而非偶然的，所以反对不公正的斗争也应如此。在"废新世"体制的裂缝中，底层人民已经组织起来，有时公然抵抗废弃化再生产力量，更常见的是，他们努力让共有关系代替废弃关系。这对于意大利团结旅而言完全正确。团结旅从社区中心的经历中崛起，深深地沉浸于共同文化和实践之中；毕竟意大利社会中心是主张共同权优先于私有财产的有形乌托邦。从历史上看，社会中心通常是私有或公有的废弃建筑，活动人士将其重新用于政治、社会和文化活动。在城市结构中，这些中心通常位于房地产价值较低的边缘地区，因此体现了共同性与废弃性的矛盾。马西莫·德·安吉利斯和西尔维娅·费德里西（Silvia Federici）告诉我们，共同土地不仅是遵循某种逻辑拥有和使用的空间，这种逻辑替代了私有财产制度；更确切地说，共同土地还是一组由公地生成的关系②。与任何一种非法擅自占用相比，共同化实践则坚固和持久得多。"废新世"体制的支柱之一是每个人对自己负责，这类信息在危急时刻更加响亮。正如我在第三部分阐述的那样，有毒叙事指责贫穷、底层或生病的个体。尽管当局实施了一些支持最弱势群体的措施，但他们以及众多名人传递出的基本信息恰恰是：待在家里。这里假设了每个人都有一个舒适安全的家和足够的生存资源。更不用说对许多人来说，尤其是妇女，家并不一定是躲避暴力的理想港湾。共同化实践破坏了废弃逻辑，因为它们通过包容和社区建设来再生产社会价值，尽管社区也会通过他者化和废弃化再现不平等。除了分发食物，团结旅还促成了预想政治。借用一名坐标米兰的胡志明旅活动人士的话，预想政治旨在建立自治社区，自我组织并负责辖区内的决策（她称之为共同体决策）。索菲亚·布鲁（Sofia Blu）在采访中讲述了封城后她所在的工人阶级社区发生的趣事："第一件事是警方采取大规模行动，清空一栋被非法占据的建筑。人们认为这些人不是住户，很多是罗姆人。这里确实存在多元种族群体的问题。"③"废新世"逻辑立即应对了这种由团结旅动员起来的政治想象；废弃式关系很强大，特别是他们说服了底层人民相信别人是他者，而他们则认为自己在"废新世"界限的安全一侧。的确，废弃式关系与共同性无处不在。

① Radio onda D'Urto, *Pratiche*, 23 May 2020, https://parole.radiondadurto.org/2020/05/23/puntata-14-pratiche/.

② Garcia Lamarca, M., *Federici and De Angelis on the Political Ecology of the Commons*, 10 August 2014, https://undisciplinedenvironments.org/2014/08/10/federici-and-de-angelis-on-the-political-ecology-ofthe-commons/.

③ Sofia Blu, Interview in possession of the author, 2020.

2. 垃圾场的花

一名意大利那不勒斯黑手党成员因被警方窃听时在电话中说"垃圾是金子"而出名。他指的是非法交易有毒废物的暴利，这项生意对于那不勒斯黑手党卡莫拉很重要①。不加限制地倾倒有毒废物让犯罪组织获得高额利润，也为肆无忌惮的企业家节省大量成本。显然，不只有犯罪组织将废物视为利润来源，回收利用已成为全世界重要的盈利行业。这并非质疑，而是确认了本书的基本假设：资本主义从废弃物中获利。在这一节中，我不讨论废弃物回收的经济性和利用它来获利的可能性。在更平衡地评估拾荒者世界方面，没有人能比得上马丁·梅迪纳（Martin Medina）②，他甚至解释了该职业的好处。从开放的废弃物中获取资源并以此为生，这本身并不是一种抵制或破坏"废新世"的行为。但是，当它强化了那些对抗"废新世"逻辑的抵抗团体的创造力时，有可能会变成或被叙述为在破坏"废新世"。就此意义而言，我更喜欢垃圾堆孕育的是鲜花而非金子这种说法，以此传达在"废新世"最边缘之地诞生出积极的、有抵抗力的赋权社区的可能性。

电影《荒原》（*Waste Land*）③ 记录了巴西艺术家维克·穆尼斯与当地拾荒者协会合作，在里约热内卢贾尔迪姆格拉玛乔大型垃圾填埋场开展的为期两年的项目。尽管凯瑟琳·米勒（Kathleen Millar）④ 清楚地说明这个项目的复杂性与局限性，但是我采用这个案例是因为它唤起了拾荒者基层组织更广泛的传统，这些人除了争取更好工作条件之外，还为获得承认和尊严而斗争。对梅拉妮·萨姆森（Melanie Samson）⑤ 来说，拾荒者以尊严为目标的"本体论起义"是所有改善物质条件斗争的基础。在介绍他的项目时，穆尼斯将垃圾场描述为"所有坏东西都去的地方，包括人在内。巴西社会中与我共事的人和垃圾场中的人没什么不同"⑥。在纪录片后段，几名拾荒者证实了此观点。在垃圾场工作的年轻女子伊希斯（Isis）宣称，她感觉到了肮脏。麦格纳（Magna）解释道，在她回家的巴士上，每个人都鄙视地看着她，因为她的气味清楚揭示了她是谁。当穆尼斯和他的摄制组开

① 关于有组织犯罪和浪费，见：Lukas, S., "Crime and Garbage", In C. A. Zimring, ed., *Encyclopedia of Consumption and Waste: The Social Science of Garbage*, London: SAGE publication, 2012, pp. 160-163. 关于此主题的生态批评方法，见：Past, E., "'Trash Is Gold': Documenting the Ecomafia and Campania's Waste Crisis", *Interdisciplinary Studies in Literature and Environment*, Vol. 20, No. 3, 2013, pp. 597-621.

② Medina, M., *The World's Scavengers: Salvaging for Sustainable Consumption and Production*, Lanham (MD): AltaMira Press, 2007.

③ Walker, L., Jardim, J., Harley, K., *Wasteland*, Documentary, Brazil, 2010.

④ Millar, K. M., *Reclaiming the Discarded: Life and Labor on Rio's Garbage Dump*, Durham and London: Duke University Press, 2018.

⑤ Samson, M., "Wasted Citizenship? Reclaimers and the Privatised Expansion of the Public Sphere", *Africa Development*, Vol. 34, No. 3-4, 2009, pp. 1-25.

⑥ Walker, L., Jardim, J., Harley, K., *Wasteland*, Documentary, Brazil, 2010.

始在贾尔迪姆格拉玛乔拍摄时，有人开玩笑地问他们是不是在拍动物纪录片。我将之解读为对全球媒体无视拾荒者的讽刺性谴责，全球媒体上出现野生动物的次数确实要比拾荒者多得多。然而，我想说的是，不管野生动物在主流媒体上出现过几次，它们也受到了"废新世"逻辑的压迫，这种逻辑要么破坏了它们的栖息地，要么将它们转化为可销售的商品。我再次强调，任何真正从"废新世"出来的解放必须是多物种的。

穆尼斯的项目是一次抵制"废新世"的出色行动。这位艺术家在一个巴西工人阶级家庭长大，和一群拾荒者一块利用垃圾填埋场的垃圾制作了一系列令人惊叹的艺术品。"废新世"认为这些人是垃圾，但是穆尼斯的项目挪用并推翻了该假设。那些有震撼力的拾荒者肖像画由回收材料制成，它们根本不是垃圾；事实上，其中一幅画在伦敦拍卖会上售出，而且这些画还在里约热内卢现代艺术博物馆成功展出。出售肖像和电影获奖帮助拾荒者协会实现了一些目标，包括购买几辆卡车，在贫民窟创建一个公共图书馆。然而，我认为穆尼斯的项目不仅给了拾荒者以物质支持，它还成功地挑战了"废新世"的主要支柱，即他者化体制，这种体制创造了与废弃物打交道且被认为是废物的无价值之人。查尔斯·米尔斯着眼于种族和废弃的交集，明确指出"黑色已经有了垃圾的内涵"①。穆尼斯项目的一个重要部分是承认：拾荒者不是艺术家凝视的对象，他们本身就是艺术家。在里约热内卢现代艺术博物馆的展览占领了城市文化空间，对于拾荒者而言，这是他们第一次涉足博物馆，他们通过自己的肖像和身体实现。

虽然穆尼斯的项目有力地挑战了"废新世"的逻辑，但同样要认识到他的工作与已有的拾荒者社会组织相互交织。与这位艺术家一起工作的拾荒者都是贾尔迪姆格拉玛乔大都市拾荒者协会的成员，他们的组织本身就是他们反击"废新世"逻辑战略的重要组成部分。几个拾荒者表达了他们归属一个组织的自豪感，这显然赋予了他们身份与目的，这些都是废弃式关系试图抹掉的东西。瓦尔特（Valter）是该协会的老成员之一，他出色地说明了该组织所做的工作已远远超出单纯的回收计划。瓦尔特支持穆尼斯项目是因为它将有助于强化"承认拾荒者是一个阶层"，这与巴西拾荒者协会的做法一致②。在自我介绍时，瓦尔特说自己没有受过任何正规教育，但他很自豪能代表 2 500 名在垃圾填埋场工作的垃圾拣拾者。瓦尔特告诉一些拾荒者："同志们，战斗是漫长的，但胜利是必然的。"这虽然脱离了语境，但他某种意义上说出了这项工作的政治化。在电影结尾，我们发现瓦

---

① Mills, C., "Black Trash", In Westra, L., B. E. Lawson, eds., *Faces of Environmental Racism*, Lanham: Rowman & Littlefield, 2001, p. 84.

② Samson, M., "Movimento Nacional dos Catadores de Materiais Recicláveis (MNCR), Brazil", In Samson, M., ed., *Refusing to Be Cast Aside: Waste Pickers Organising around the World*, Cambridge (MA): Women in Informal Employment: Globalizing and Organizing (WIEGO), p. 42.

尔特在遇见维克·穆尼斯不久后便死于肺癌。我们对他知之甚少，但他的故事是一个生动的例子，他说明了生存与抵抗"废新世"的矛盾之处。社会斗争产生了新的身份和自豪感，但我们不应低估"废新世"体制的力量，它最终会侵入我们的细胞和身体。我并不确定这是否意味着"废新世"取胜。

3. 围着（毒）火舞蹈

"当我们透过隔板观察时，一切都变了"——我亲爱的朋友达米尔·阿塞尼耶维奇（Damir Arsenijevic）在斯德哥尔摩环境人文实验室访问期间，几乎像念咒一样不断重复着这句话。他在波斯尼亚和黑塞哥维那的图兹拉的工作与毒性、战争和工人斗争相关，这与我自己对"废新世"的研究产生共鸣。在《无产者之肺》这篇有影响力的文章中，达米尔·阿塞尼耶维奇写道："为金钱而死和'悲伤生活'之间的分裂，意味着从今日波斯尼亚和黑塞哥维那'不可悲的'生活开始。我必须从一名金属捡拾者的'无产者之肺'说起，他的肺被 HAK（氯碱发电厂）管道中残余的氯烧伤，最后逝世。他的死展现了当今波斯尼亚和黑塞哥维那掠夺性资本主义的压榨逻辑。"① 事实上，前工业城市图兹拉与路易斯安那州的"癌症巷"以及巴西的多西河都一样，很容易成为我在第三部分"'废新世'，全球与地方"一节讨论"废新世"地方和全球时引人入胜的插曲。阿塞尼耶维奇向我解释，在图兹拉，战争的有毒遗产与民族资本主义和私有化工业污染的有毒遗产融为一体；毒素实际上埋藏在景观和波斯尼亚人身体里。波斯尼亚和黑塞哥维那整个国家似乎是一个展现极端的废弃式关系会产生何种后果的鲜活案例。

尽管如此，图兹拉并不仅是"废新世"地图上另一个点，它也是一个抵抗和预想政治的活跃场所。达米尔提及的隔板不是一个隐喻，而是一个激进的学术修辞；它们由木头和废金属制成，由尸体和帐篷、火和横幅制成，用以保护蒂塔化工厂（DITA）免遭其所有者破坏，避免其像该地其他工厂一样被逐步拆除并出售。这并非新鲜事，毕竟全球资本主义像寄生虫一样无处不在，入侵社区的生产组织，最大可能地榨取，一旦边际效益缩小就逃离，但留下了长期的毒性遗产。无价值的人民，无价值的社区，无价值的国家——这就是巴尔干半岛上"废新世"的历史和地理。这些隔板是底层人民（首先是工人）不甘平静地接受被废弃化的具体证明。显然，这些工人和他们的盟友在捍卫他们的工作与收入，但他们在这么做时也建立了一个更广泛的社会运动，该运动要求人们反对新自由主义议程带来的私有化和个人化。2014 年 2 月，整个波斯尼亚和黑塞哥维那爆发了一场大规

---

① Arsenijevic, D. , *The Proletarian Lung. The Struggle for the Commons as Memory Politics in Bosnia and Herzegovina*, Springerin 1, 2019, www.springerin.at/en/2019/1/die-proletarische-lunge/.

模起义，这是一场真正具有特定要求和广泛政治议程的基层运动。公民大会的创立是起义期间最具创造力和生产力的社会创新。在图兹拉，公民大会制度积极对话当地大学，创建了工人大学①。工人大学与拾荒者协会一样，斗争中抵制行为的范畴远远超出了对工作条件或清洁作业的具体要求。受哈特和内格里②影响，我认为这些集会应该被看作是那些"独立机构"的实验，这些机构开启了新民主政治的可能性。

正如阿塞尼耶维奇所写的，公民大会"实际上是公开、直接和透明的民主。公民大会的抗议行动是公民大会的基础，公民大会是一种自我组织的形式和工作方法，它让公民聚集在一起表达诉求"③。在争取就业和清理前工业区时，这些活动人士实际上在最广泛意义上恢复了共同制，也就是说，它是一种社会生活的替代组织，保护人民和地方健康，是一种关于集体过去的反霸权叙事。事实上，工人大学坚定地承诺要创造和保存集体记忆，就像它参与一个关于这场运动的漫画小说项目那样④，它还创建多媒体档案，重新发现了过去抗争的历史，例如 20 世纪 20 年代胡西诺工人为了更好生活和工作条件而举行的大罢工⑤。

记忆和认同也是另一场斗争的核心，这场斗争与意大利罗马一个废弃工业区隐喻性毒物磨难相关。我通过意大利嘻哈艺术家阿萨提·弗兰塔利（Assalti Frontali）的音乐视频发现了斯尼亚维斯科萨（SNIA Viscosa）工厂的故事。这部名为《抵抗之湖》的音乐视频讲述了一个废弃工业区中心湖泊的上涨如何阻拦了一项开发计划，该计划旨在将该地改为购物中心或住宅区综合体："在水泥怪物里面/水体反射出天空/这是自然的反击/附近现在没那么黑暗了！"⑥ 女性主义环境人文学者米里亚姆·托拉（Mirian Tola）出色地考察了该工厂及其后工业化湖泊的故事。该工厂在 1923—1954 年运转，使用二硫化碳（一种毒性极强的化学物质）生产一种合成纤维——人造丝。废弃化和他者化的"废新世"逻辑，既适用于那些暴露在二硫化碳危害下的工人，也适用于整个人类和同样受毒性扩散影响的非人类群体。正如米里亚姆·托拉所写："工人、水、树木和其他原材料是黏胶生产过程的重要资源。人造丝行业的化学暴力使工人沦为一种被丢弃的废弃物，从一个封闭空间转

---

① 在他们的网站上，工人大学被定义为"公民活跃参与波斯尼亚和黑塞哥维那经济政治生活的倡议，其重点是公共利益"。http://radnickiuniverzitet.org/o-radnickom-univerzitetu.

② Hardt, M., Negri, A., *Assembly*, New York：Oxford University Press, 2017.

③ Arsenijevic, D., "Protests and Plenums. The Struggle for the Commons", In D. Arsenijevic, ed., *Unbribable Bosnia and Herzegovina*, Baden-Baden：Nomos, 2014, p.48.

④ Šehabović, Š., Gaknič, M., Arsenijevic, D., *Zemlja-Voda-Zrak*, Sarajevo：Muzej knjizevnosti i pozorisne umjetnosti Bosne i Hercegovine, 2020.

⑤ Husarić, H., "February Awakening：Breaking with the Political Legacy of the Last 20 Years", In D. Arsenijevic, ed., *Unbribable Bosnia and Herzegovina*, Baden-Baden：Nomos, 2014, p.70.

⑥ Assalti Frontali, "Il lago che combatte", In Mille gruppi avanzano music album, 2016.

移到另一个封闭空间,从工厂转移到医院。"① 该工厂在停产后被废置了几十年,直到 20 世纪 90 年代和 2000 年前后,它成为几个旨在将工业区改造为购物中心或住宅区的开发项目的目标。

在一场基层运动开始动员人们保卫该地区,占领部分用于文化和政治活动的建筑物之时,甚至连大自然似乎也在反击那些开发项目。为了利用丰富的水资源,工厂当时就建在沼泽地里,但当新的开发项目开始时,同样的水从地下重新涌出,在此前工业装置中间形成了一个大湖。开发商试图阻止湖泊形成,将水泵入污水系统,但这只会使水溢到整个周边地区。最后,该湖通过召唤鸟类、人类和其他动物,以某种多物种联盟的方式保全自己,从而成功地阻止了开发项目。在这片过去被工业毒化的废墟上,一种共同经验就此诞生;这使一个自然公园和一个社会中心得以建立,这两者都由基层活动人士自我管理。斯尼亚维斯科萨的故事揭示了"废新世"的逻辑及其可能的替代性方案。恢复被废弃之物,让它重新发挥作用,是"废新世"逻辑的一种可能结果。购物中心可以从废弃工厂的废墟上拔地而起,但这没有从根本上质疑那种污染了工人及其社区的废弃式关系。能从根本上挑战"废新世"逻辑的是共同化实践,因为它创造了一套新关系,这套关系基于再生产和承认,而非剥削和抹杀。由此,托拉与其他活动人士都强调,为公园而斗争与培养和保存工人对有毒压迫和社会动员的记忆有着重要关系。因为"废新世"强加有毒叙事和抹去抵抗,所以反对"废新世"的斗争也需要建立替代档案,例如图兹拉工人大学和罗马前斯尼亚(Ex SNIA)活动人士找到并重建了工人的档案。斯尼亚历史档案馆以女工玛丽亚·巴坎特(Maria Baccante)的名字命名,玛丽亚曾作为一名游击队员与纳粹法西斯政权作战,后来在 1949 年领导了反对工厂裁员的大规模抗议活动。除了工人们的故事,活动人士还重新寻找该地区非人类生物的故事,追踪地下水的迷人历史,或者了解重返该区的鸟类和植物。为了反击"废新世"的逻辑,活动人士需要在他们自己之间及其与环境之间建立新的关系,因为他们创建的公园不仅是在保护"自然区域",也是再造了一个多物种的共同体,这种共同体基于共同化实践,而不是剥削和他者化。

事实上,人们有时候可以围着毒火跳舞,他们从其被废弃的经历中找到理由和力量去想象与实践新的社区。达米尔·阿塞尼耶维奇写道,一名图兹拉公民大会成员说,参加抗议活动对他来说就像是在度假,这意味着他通过那次经历感受到幸福和打破常规之感。同样,斯尼亚活动人士也喜欢工厂废弃景观和有毒故事带来的机会,这有助于在工人阶级社

---

① Tola, M., "The Archive and the Lake: Labor, Toxicity, and the Making of Cosmopolitical Commons in Rome, Italy", *Environmental Humanities*, Vol. 11, No. 1, 2019, p. 203.

区内创造一个生动、友好的环境。瑟吉奥·鲁伊斯·卡尤埃拉（Sergio Ruiz Cayuela）① 已经从加泰罗尼亚恢复了类似的故事。在那里，一个底层社区已经能够通过争取更好的生活条件来重塑自身。同样在坎圣胡安地区故事中，一家高污染工厂的出现催生了动员市民反击"废新世"逻辑的行动。废弃式关系使该社区成为有害基础设施和生产的理想场所（包括一个水泥厂），但当地居民一直努力建立一套不同的社会-生态关系。在瑟吉奥·鲁伊斯·卡尤埃拉发布的采访中，工厂的毒性通过两种不同途径出现：一方面，灰尘无处不在，进入人们的家中和肺中；另一方面，工厂通过金钱购买该社区一切事务和人。在这个意义上，邻里协会的斗争可以真正被视为一场解放斗争，它旨在扭转那种贬低生命来获利的废弃式关系。同样，在坎圣胡安、图兹拉、罗马，恢复过去记忆的战斗和当下的动员活动同样重要②。几名活动人士称，他们的城镇是一个有着悠久社会动员历史的反叛社区。阻止工厂污染的斗争为社区带来了若干并行好处，例如创建了一个社会中心，发展了包括诗歌朗诵和电影论坛等文化项目，创办了一份社区报纸，以及加入了国内和国际活动人士网络。一位名为安东尼奥·阿尔坎塔拉（Antonio Alcántara）的受访者在描述邻里协会举办的一次文化活动时说道："它让我们走到一起，改变了我们，让我们产生或建立不同的关系。你可以通过文化要素建立替代现状的方案。"③ 空气中仍然弥漫着灰尘，烟囱主宰着城镇的天际线，气味令人作呕，但该社区不再受工厂的控制；这不是一个被废弃的社区④。人们围着有毒的火跳舞，好像在庆祝一个节日。

六、结语

我的这部书稿在新冠病毒大流行期间完成，此时世界范围内超过 2 000 万人感染，70 万人死亡。新冠疫情也影响了我的写作，它以一种极端的方式袭击了我，我在 2020 年 3 月感染了新冠。我的新冠经历除了拖慢书稿完成进度外，也为此研究增加了其他内容。在本书第五部分，我决定加入团结旅的经验，这个组织创立的宗旨是为受新冠疫情影响的人

① Cayuela, R. S., *Rejecting Fate. The Challenge of a Subaltern Community to the Creation of a Sacrifice Zone in Can Sant Joan, Catalonia*, Master Thesis, KTH Royal Institute of Technology, Stockholm, 2018.
② Verdicchio, P., "Toxic Disorder and Civic Possibility: Viewing the Land of Fires from the Phlegraean Fields", In P. Verdicchio, ed., *Ecocritical Approaches to Italian Culture and Literature*, Lanham: Lexington Books, 2016, p. 141. 讲述了关于重建受污染场所的叙事。
③ Cayuela, R. S., *Rejecting Fate. The Challenge of a Subaltern Community to the Creation of a Sacrifice Zone in Can Sant Joan, Catalonia*, Master Thesis, KTH Royal Institute of Technology, Stockholm, 2018, p. 40.
④ 有关坎帕尼亚地区景观和记忆类似的重新定位过程，见：De Rosa, S. P., "A Political Geography of 'Waste Wars' in Campania (Italy): Competing Territorialisations and Socio-environmental Conflicts", *Political Geography*, Vol. 67, 2018, pp. 46-55.

提供经济支持，我将其视为一个在"废新世"中抵抗"废新世"的案例。这也意味着我将新冠疫情视为一个"废新世"顿悟时刻的案例。我所言的"废新世"顿悟是指一些启发性时刻，这些时刻撕裂了"废新世"的正常结构，暴露出了废弃式链条的另一面。阿伦达蒂·罗伊（Arundhati Roy）将现在的疫情定义为一个"入口，从现有世界到下一个世界的入口"①，一些基层社区正试图使这个入口朝向更加公正和进步的未来。

事实上，我感染新冠并不意味着"废新世"的等级序列已被彻底扭曲。我的新冠经历更多展示了特权，而不是病毒的力量使众人平等。借用罗布·尼克松的话，我们虽都共同经历疫情，但并不处于相同的境遇。伴随每一次"顿悟"时刻到来，当然也包括新冠，区分有用和无用之人的铜墙铁壁出现缝隙，"废新世"的逻辑便愈发明显地浮现。许多资料都指出了病毒分布的不平等（尤其是在死亡人数方面），被废弃的生命和地区悲剧性重现。隔离政策在实施过程中给不同人群带来了不平等的影响，重创了最脆弱的群体。但正如我在第五部分第二小节中所展示，新冠疫情也产生了一些预想性基层活动，它们试图摧毁而非重建"废新世"逻辑。墙壁上的裂缝不应被修补，他们竭力追求如何拆毁整面墙。

最后，我在思考这本书的成功之处。我当然很高兴说服读者认同"废新世"是一个用于理解社会-生态危机的有用概念。训练自己看到废弃式关系也是一个显著的成果。正如我在书中多次强调，隐形化和常态化是"废新世"逻辑的两大核心，"废新世"逻辑不仅废弃了人和生态系统，而且也把毒物叙事强加给民众，还抹除和驯化了其他可能的叙事。正因如此，抵抗"废新世"始终是在对抗有争议的记忆，要通过建立替代性身份恢复反霸权叙事。因为"废新世"体制意在塑造可废弃的人与地，所以废除该逻辑不仅仅只需要管理废弃物或有毒物质的技术方案。废弃式关系必须被新的社会-生态关系取代，这种新的社会-生态关系不应来自实验室设计或学术论文设定，而应当在"废新世"的裂缝中存活并经过检验。我在之前内容中简单介绍了一些实践，我认为这些活动的核心正是根植于共同化实践。废弃式关系基于侵占和排斥，共同化实践则由分享和关怀所构成。

这些是本书的主要观点，我希望本书良好地结合了理论论证和实际案例。如果这些观点引起了读者的好奇心，我认为它已经成功。其他人将会用文献计量参数来衡量本书的成功，例如它将获得多少引用量。一些同事曾告诉我，我应该很幸运，因为我发明了"我自己的词"，在"发表或灭亡"的学术体系中，这显然是一剂万能药，但"废新世"根本

---

① Roy, A., "The Pandemic is a Portal", *Financial Times*, 3 April 2020, www.ft.com/content/10d8f5e8-74eb-11ea-95fe-fcd274e920ca.

不是一个新鲜事。

　　我并没有声明自己发现了一个地质时代，我既不具备专业知识也没有野心去发现"废新世"的"金钉子"。"废新世"是一个完全独立于死灵/种族资本主义（necro/racial capitalism）、殖民主义和环境正义之外的概念吗？不，它不是。这些概念之间存在深刻且有机的联系。我反对为了宣称新事物而废弃一些事或人的新自由主义信条。

　　虽然"废新世"概念受到更广阔的激进传统所启发，但我仍然认为使用"废新世"概念可以帮助我们理解现有社会-生态危机的关键性特征。它提醒我们，剥削和压迫总是根植于人类与非人类的身体。它告诉我们，对于一个激进解放计划而言，仅控制生产资料是不够的，我们要改变社会-生态关系，将其从废弃改为共同。"废新世"提供了一种利用废弃式关系连接人类和非人类的叙事，它既没有将两者等同看待，也没有放弃指出问题的症结（这里指"人新世"通常而言的"所有人都要负责"）。最后，至少是对一些学者而言，"废新世"可能提供了一种解释性工具，帮助学者超越公认的"资本主义"的边界（尽管我认为资本主义是多面向的……）。

　　我对"废新世"的思考是在与许多学者和活动人士的富有成效的思想交流中产生的。我很感谢那不勒斯 StopBiocidio 活动人士，正是与他们一起，我体验到了生活在"废新世"所划分的对立面一侧意味着什么以及如何将身体政治化并抵抗废弃式关系和毒物叙事。"资新世"的概念及其多重学术渊源是我思考的基础，因为它指出这不是一个普遍人类的主题，而是一种组织生产和社会的方式，而正是这种方式带来了社会-生态危机。其他学者指明了"人新世"和他者化项目中的殖民根源；我深受希瑟·戴维斯（Heather Davis）、佐伊·托德（Zoe Todd）、凯尔·怀特（Kyle Whyte）、安德鲁·鲍德温（Andrew Baldwin）和布鲁斯·埃里克森（Bruce Erickson）诸位学者的影响。通过劳拉·普利多，我学习到了资本主义和种族主义的内在联系（也包括塞德里克·罗宾逊的工作）。大卫·佩洛、朱莉·苏和罗伯特·布拉德指出，为了其他群体的幸福，一些社区被创造出来的唯一用途就是作为社会-生态垃圾场。琼·马丁内斯·爱丽儿（Joan Martinez Alier）提供了最全面的生态冲突数据库，也可称其为"废新世"最丰富的地图册。如果没有史黛西·阿莱莫，我将无法理解毒性的化身，同时阿莱莫和塞雷内拉·约维诺让我领悟到叙事的解放力量。罗布·尼克松拓展了我对环境暴力不同时间性的认识；没有慢性暴力，我将无法理解"废新世"长期运作的过程。这本书写于斯特凡尼亚·巴卡细致拆解她所称的"人新世"主宰者叙事之后，她已指出一些在本书中进一步讨论的主题，例如主流叙事在压迫底层和限制政治想象方面的表现性。格雷格·米特曼和克里斯·塞勒斯（Chris Sellers）将身体纳入环境史讨论的同时，并未忘记所有身体和环境都不是中立关系网中的参与者，而是被权力关系安排的各个部分。我第一次开始思考"废新世"是在与马西莫·德·安吉利斯合作发表的论文中，他激发了我对共同性的思考，共同性是基于关系和生活再塑造的一系列实践。这本书中的很多例子来自朋友和以前学生的工作，例如达米尔·阿塞尼耶维奇、瑟吉奥·鲁伊斯·卡尤埃拉、伊莱尼娅·伊恩戈、朱塞佩·奥兰迪尼、米里亚姆·托拉和丹尼尔·瓦利塞纳。

现在，我真的能说"废新世"是属于我自己、独特的、自创的观点吗？我可以高兴地认为不是。它始终关于共同对抗侵占，它从任何人所在之地开始，甚至从这里开始。

参考文献

Adil. Solidarietà ai tempi della pandemia, 4 May 2020, podcast, www. spreaker. com/show/la-stanza-di-adil.

Afan de Rivera, C., Memoriaintorno alle devastazioni prodotte dalle acque a cagion de' diboscamenti, Napoli: Reale Tipografia della guerra, 1825.

Agamben, G., *The State of Exception*, Chicago: Chicago University Press, 2010.

Alaimo, S., *Bodily Natures: Science, Environment, and the Material Self*, Bloomington: Indiana University Press, 2010.

Allen, B., *Uneasy Alchemy. Citizens and Experts in Louisiana's Chemical Corridor Disputes*, Cambridge (MA): MIT Press, 2003.

Angus, I., *Facing the Anthropocene. Fossil Capitalism and the Crisis of the Earth System*, New York: Monthly Review Press, 2016.

Armiero, M., *A Rugged Nation. Mountains and the Making of Modern Italy*, Cambridge (UK): White Horse Press, 2011.

Armiero, M., D'Alisa, G., "Rights of Resistance: The Garbage Struggles for Environmental Justice in Campania, Italy", *Capitalism Nature Socialism*, Vol. 2, No. 4, 2012, pp. 52-68.

Armiero, M., De Rosa, S. P., "Political Effluvia: Smells, Revelations, and the Politicization of Daily Experience in Naples, Italy", In J. Thorpe, S. Rutherford, L. A. Sandberg, eds., *Methodological Challenges in Nature-Culture and Environmental History Research*, London: Routledge, 2016, pp. 173-186.

Armiero, M., De Angelis, M., "Anthropocene: Victims, Narrators, and Revolutionaries", *South Atlantic Quarterly*, Vol. 116, No. 2, 2017, pp. 345-362.

Armiero, M., "Sabotaging the Anthropocene. Or, in Praise of Mutiny", In G. Mitman, M. Armiero, R. S. Emmett, eds., *Future Remains. A Cabinet of Curiosities for the Anthropocene*, Chicago: Chicago University Press, 2019, pp. 129-139.

Arsenijevic, D., "Protests and Plenums. The Struggle for the Commons", In D. Arsenijevic, ed., *Unbribable Bosnia and Herzegovina*, Baden-Baden: Nomos, 2014, pp. 45-50.

Arsenijevic, D., *The Proletarian Lung. The Struggle for the Commons as Memory Politics in Bosnia and Herzegovina*, Springerin 1, 2019, www. springerin. at/en/2019/1/die-proletarische-lunge/.

Baczynska, G., Putin Accused of Soviet Tactics in Drafting New History Book, 18 November 2013, www. reuters. com/article/us-russia-history/putin-accusedof-soviet-tactics-in-drafting-new-history-book-idUSBRE9AH0JK 20131118.

Baine, W. B. , Mazzotti, M. , Greco, D. , *et al.* , "Epidemiology of Cholera in Italy in 1973", *The Lancet*, Vol. 304, No. 7893, 1974, pp. 1370-1374.

Barca, S. , *Forces of Reproduction. Notes for a Counter-Hegemonic Anthropocene*, Cambridge (MA)：Cambridge University Press, 2020.

Bauman, Z. , *Wasted Lives. Modernity and Its Outcasts*, Cambridge (UK)：Polity, 2004.

Bauman, Z. , *Consuming Life*, Cambridge (UK)：Polity, 2007.

Baurick, T. , Meiners, J. , Welcome to "Cancer Alley", Where Toxic Air is About to Get Worse, Oct. 30, 2019, available online at www. propublica. org/article/welcome-to-cancer-alley-where-toxic-air-is-about-to-getworse.

BBC, *Brazil Textbooks to Be Revised to Deny 1964 Coup*, 4 April 2019, www. bbc. com/news/world-latin-america-47813480.

Berruti, G. , Palestino, M. F. , "Contested Land and Blurred Rights in the Land of Fires, Italy", *International Planning Studies*, Vol. 25, No. 3, 2020, pp. 277-288.

Biehler, D. , *Pests in the City：Flies, Bedbugs, Cockroaches, and Rats*, Seattle：University of Washington Press, 2013.

Blacksmith Institute. *The Worlds Worst. 2013：The Top Ten Toxic Threats*, New York, 2013, p. 5, www. worstpolluted. org/docs/TopTenThreats2013. pdf.

Bollier, D. , Helfrich, S. , *The Wealth of the Commons：A World Beyond Market and State*, Amherst (MA)：Levellers Press, 2012.

Bonneuil, C. , Fressoz, J. -B. , *The Shock of the Anthropocene. The Earth*, *History and Us*. London：Verso, 2017.

Borowy, I. , "Hazardous Waste：The Beginning of International Organizations Addressing a Growing Global Challenge in the 1970s", *Worldwide Waste：Journal of Interdisciplinary Studies*, Vol. 2, No. 1, 2019, pp. 1-10.

Cave, P. , "Japanese Colonialism and the Asia-Pacific War in Japan's History Textbooks：Changing Representations and Their Causes", *Modern Asian Studies*, Vol. 47, No. 2, 2013, pp. 542-580.

Cayuela, R. S. , *Rejecting Fate. The Challenge of a Subaltern Community to the Creation of a Sacrifice Zone in Can Sant Joan, Catalonia*, Master Thesis, KTH Royal Institute of Technology, Stockholm, 2018. urn：nbn：se：kth：diva-225837.

Chakrabarty, D. , *The Climate of History in a Planetary Age*, Chicago：University of Chicago Press, 2021.

Chakrabarty, D. , "Of Garbage, Modernity and the Citizen's Gaze", *Economic and Political Weekly*, Vol. 27, No. 10/11, 1992, pp. 541-547.

Chubb, J. , "Naples under the Left：The Limits of Local Change", *Comparative Politics*, Vol. 13, No. 1, 1980, pp. 53-78.

Ciccone, A. , "Nell'inferno di Terzigno", *L'Espresso*, 11 October 2010, available at https：//espresso.repubblica. it/attualita/cronaca/2010/10/11/news/nell-inferno-di-terzigno-1. 24800.

Comito, A. , *COVID 19 storie di solidarietà*, Reportage, 2020, www.youtube.com/watch? v = yxEQSEQbkF4.

Coordinamento provinciale salute FLM, Medicina democratica, Magistratura democratica, *Libro bianco sulle origini, ragioni, responsabilità del "male oscuro"*, *Prospettive assistenziali*, n. 46, aprile-giugno 1979, www. fondazionepromozionesociale. it/PA_Indice/046/46_napoli_libro_bianco_sulle_origini. htm.

Corbin, A. , *The Foul and the Fragrant：Odor and the French Social Imagination*, Leamington Spa (UK)：Berg Publishers Lt. , 1986 (French ed. 1982) .

Corongiu, M. , *Agriculture against the Land of Fires*, 2017, www. toxicbios. eu/#/stories.

Costa, N. , director (n. d.), *Rio Doce Rio Morto*, *documentário para Canal Drauzio Varella*, 2015, https://drauziovarella. uol. com. br/videos/especiais/riodoce-rio-morto/.

Crescenti, U. , "Relazione di consulenza tecnica nell'indagine ambientale sulla discarica Difrabi presso Pianura", in provincia di Napoli, *Chieti* 5 June 2009; Procura della Repubblica presso il tribunale di Napoli, visezione, procedimento penale n. 1499: 08 (2009), RGNR, p. 6.

Crutzen, P. , Stoermer, E. F. , "The ' Anthropocene' ", *IGBP Newsletter*, Vol. 4, No. 1, 2003, pp. 17-18.

D'Alisa, G. , Burgalassi, D. , Healy, H. , *et al.* , "Conflict in Campania: Waste Emergency or Crisis of Democracy?" *Ecological Economics*, Vol. 70, No. 2, 2010, pp. 239-249.

Davies, T. , "Toxic Space and Time: Slow Violence, Necropolitics, and Petrochemical Pollution", *Annals of the American Association of Geographers*, Vol. 108, No. 6, 2018, pp. 1537-1553

Davis, J. , Moulton, A. , Van Sant, L. , *et al.* , "Anthropocene, Capitalocene,… Plantationocene? A Manifesto for Ecological Justice in an Age of Global Crises", *Geography Compass*, Vol. 13, No. 5, 2019, e12438.

Dawson, A. , *Extreme Cities*, London: Verso, 2017.

De Angelis, M. , *The Beginning of History. Value Struggles and Global Capital*, London: Pluto Press, 2017.

De Angelis, M. , *Omnia SuntCommunia: On the Commons and the Transformation to Postcapitalism*, London: Zed Books, 2017.

De Simone, A. , Medolla, W. , Petricciuolo, S. , Nelle terre di Gomorra, video reportage in four episodes for Current tv, 2011, available at http://youtubedownloaderonline. org/video/0AXeSxC5glU/-Nelle%20Terre%20di%20Gomorra-%20Current%20Tv. html.

Dean, W. , *With Broadax and Firebrand: The Destruction of the Brazilian Atlantic Coastal Forest*, Berkeley: University of California Press, 1995.

De Rosa, S. P. , "A Political Geography of ' Waste Wars' in Campania (Italy): Competing Territorialisations and Socio-environmental Conflicts", *Political Geography*, Vol. 67, 2018, pp. 46-55.

Di Chiro, G. , "Welcome to the White (M) Anthropocene? A Feminist Environmentalist Critique", In Macgregor, S. , ed. , *Routledge Handbook of Gender and Environment*, London: Routledge, 2017, pp. 487-505.

Ernstson, H. , Swyngedouw, E. , eds. , *Urban Political Ecology in the Anthropo-obscene*, London: Routledge, 2019.

Erodoto108, Taranto. 2/Ritorno sopra i Tamburi, 2018, www. erodoto108. com/taranto-2ritorno-sopra-i-tamburi/.

Fernandes, G. W. , Goulart, F. F. , Ranieri, B. D. , *et al.* , "Deep into the Mud: Ecological and Socio-economic Impacts of the Dam Breach in Mariana, Brazil", *Natureza & Conservação*, Vol. 14, No. 2, 2016, pp. 35-45.

Fittipaldi, E. , *Campania Col Veleno in Corpo*, *L'Espresso*, 24 March 2011.

Fucini, R. , *Napoli a Occhio Nudo*, Firenze: Successori Le Monnier, 1878.

Galeano, E. , *Open Veins of Latin America*. 25th anniversary ed. , London: Latin America Bureau, 1998.

Garcia, L. M. , Federici and De Angelis on the Political Ecology of the Commons, 10 August 2014, available at https://undisciplinedenvironments. org/2014/08/10/federici-and-de-angelis-on-the-political-ecology-ofthe-commons/.

Gautieri, G. , *Notizie elementari sui nostri boschi*, Napoli: Angelo Trani, 1815.

Geremicca, A. , "Non è oscuro il male di Napoli", *L'Unità*, 24 January 1979, https://archivio. unita. news/assets/derived/1979/01/24/issue_full. pdf.

Gille, Z. , *From the Cult of Waste to the Trash Heap of History: The Politics of Waste in Socialist and Postsocialist Hungary*, Bloomington: Indiana University Press, 2007.

Giuliani, G. , *Monsters, Catastrophes and the Anthropocene: A Postcolonial Critique*, London: Routledge, 2021.

Goldstein, D. , "Two States. Eight Textbooks. Two American Stories", *The New York Times*, 12 January 2020, www. nytimes. com/interactive/2020/01/12/us/texas-vs-california-history-textbooks. html.

Hamilton, C. , "The Theodicy of the 'Good Anthropocene' ", *Environmental Humanities*, Vol. 7, No. 1, 2015, pp. 233-238.

Hamilton, C. , *Defiant Earth: The Fate of Humans in the Anthropocene*, Cambridge (UK): Polity, 2017.

Haraway, D. , "Anthropocene, Capitalocene, Plantationocene, Chthulucene: Making Kin", *Environmental Humanities*, Vol. 6, No. 1, 2015, pp. 159-165.

Hardt, M. , Negri, A. , *Assembly*, New York: Oxford University Press, 2017,

Hawkins, G. , *The Ethics of Waste: How We Relate to Rubbish*, Oxford (UK): Rowman & Littlefield, 2006.

Heacock, M. , Kelly, C. B. , Asante, K. A. , *et al.* , "E-waste and Harm to Vulnerable Populations: A Growing Global Problem", *Environmental Health Perspective*, Vol. 124, No. 5, pp. 550-555.

Hicks, H. J. , *The Post-Apocalyptic Novel in the Twenty-first Century*, New York: Palgrave Macmillan, 2016.

Hornborg, A. , "The Political Ecology of the Technocene: Uncovering Ecologically Unequal Exchange in the World-System", In C. Hamilton, C. Bonneuil, F. Gemenne, eds. , *The Anthropocene and the Global Environmental Crisis: Rethinking Modernity in a New Epoch*, London: Routledge, 2015, pp. 57-69.

Hudson, L. T. , *Building Where We Are: The Solidarity-economy Response to Crisis Pandemic and the Crisis of Capitalism. A Rethinking Marxism Dossier*, summer 2020, http://rethinkingmarxism. org/Dossier2020/, pp. 172-180.

Husarić, H. , "February Awakening: Breaking with the Political Legacy of the Last 20 Years", In D. Arsenijevic, ed. , *Unbribable Bosnia and Herzegovina*, Baden-Baden: Nomos, 2014, pp. 65-70.

Iovino, S. , "Naples 2008, or, the Waste Land: Trash, Citizenship, and an Ethic of Narration", *Neohelicon*, Vol. 36, 2009, pp. 335-346.

Iovino, S. , *Ecocriticism and Italy. Ecology, Resistance, and Liberation*, London: Bloomsbury Academic, 2016,

Iovino, S. , "Pollution", In J. Adamson, W. A. Gleason, D. N. Pellow, eds. , *Keywords for Environmental Studies*, New York: New York University Press, 2016.

Jørgensen, F. A. , *Recycling*, Cambridge (MA): MIT Press, 2019.

Joseph, T. , *Making Salmon: An Environmental History of the Northwest Fisheries Crisis*, Seattle: University of Washington Press, 1999.

Kaika, M. , "Don't call me resilient again! The New Urban Agenda as immunology ... or ... what happens when communities refuse to be vaccinated with 'smart cities' and indicators", *Environment & Urbanization*, Vol. 29, No. 1, 2017, pp. 89-102.

Kantaris, G. , "Waste Not, Want Not. Garbage and the Philosopher of the Dump (Waste Land and Estamira) ", In C. Lindner, M. Meissner, eds. , *Global Garbage: Urban Imaginaries of Waste, Excess, and Abandonment*, London: Routledge, pp. 52-67.

Kaza, S. , Yao, L. , Bhada-Tata, P. , *et al.* , *What a Waste 2. 0: A Global Snapshot of Solid Waste Management to 2050*, Washington, DC: World Bank, 2018.

Kelley, D. G. R. , "Foreword", In C. J. Robinson, *Black Marxism: The Making of the Black Radical Tradition*, Chapel Hill: The University of North Carolina Press, 2000 (first ed. 1983 Zed Books) .

Kingsley, P. , "How Viktor Orban Bends Hungarian Society to His Will", *The New York Times*, 27 March 2018, www. nytimes. com/2018/03/27/world/europe/viktor-orban-hungary. html.

Klein, N. , Whitecross, M. , Winterbottom, M. , *Shock Doctrine*, Documentary 2009.

Klein, N. , *Shock Doctrine: The Rise of Disaster Capitalism*, London: Penguin Books, 2008.

Lambiase, S. , Zappalà, A. , *Napoli al Tempo del Colera*, documentary Italy 2007.

Landrigan, P. J. , Fuller, R. , Acosta, N. J. R. , *et al.* , "Lancet Commission on Pollution and Health", *The Lancet*, Vol. 391, No. 10119, 2018, pp. 462-512.

Langston, N. , *Toxic Bodies. Hormone Disruptors and the Legacy of DES*, New Haven: Yale University Press, 2011.

Lewis, S. L. , Maslin, M. , *The Human Planet: How We Created the Anthropocene*, London: Pelican, 2018.

Lombardi, N. , "Ilmio nome è Nunzia", In M. Armiero, ed. , *Teresa e le altre. Storie di donne nella Terra dei Fuochi*, Milano: Jaca Book, 2014, pp. 19-41.

Lotta, C. , Il colera si estende Mercoledì 5 settembre 1973, http://fondazionerrideluca. com/web/download/ 1973/09_1973/LC1_1973_09_5.pdf.

Lotta, C. , Non solo il colera ha ucciso Francesca Noviello, Domenica 9 settembre 1973, http://fondazionerrideluca.com/web/download/1973/09_1973/LC1_1973_09_9.pdf.

Lukas, S. , "Crime and Garbage", In C. A. Zimring, ed. , *Encyclopedia of Consumption and Waste: The Social Science of Garbage*, London: SAGE Publication, 2012, pp. 160-163.

Lundgren, K. , *The Global Impact of E-waste: Addressing the Challenge*, Geneva: ILO, 2012.

Luppino, F. , "Libri distoria: Il Pdl vuole la commissione di inchiesta", *L'Unità*, 13 April 2011, http:// m. flcgil. it/rassegna-stampa/nazionale/libri-distoria-il-pdl-vuole-la-commissione-di-inchiesta. flc.

Malm, A. , *Corona, Climate, Chronic Emergency. War Communism in the Twenty-first Century*, London: Verso, 2020.

Malm, A. , Hornborg, A. , "The Geology of Mankind? A Critique of the Anthropocene Narrative", *The Anthropocene Review*, Vol. 1, No. 1, 2014, pp. 62-69.

Marques, A. , *Arlindo Marques and the Tejo River Pollution*, 2017, www. toxicbios. eu/#/stories.

Marsh, G. P. , *Man and Nature*, edited by D. Lowenthal, Cambridge (MA): Belknap Pr. of Harvard University Press, 1965.

McNeill, J. R. , Engelke, P. , *The Great Acceleration: An Environmental History of the Anthropocene since 1945*, Cambridge (MA): Harvard University Press, 2014.

Medina, M. , *The World's Scavengers: Salvaging for Sustainable Consumption and Production*, Lanham (MD): AltaMira Press, 2007.

Melograni, G. *Istruzioni fisiche ed economiche dei boschi*, Napoli: Angelo Trani, 1810.

Melosi, M. , *Garbage in the City*, Pittsburgh: University of Pittsburgh Press, 2005.

Milanez, B. , Losekann, C. , eds. , *Desastre no Vale do Rio Doce: Antecedentes, impactos e ações sobre a destruição*, Rio De Janeiro: Folio Digital, 2016.

Millar, K. M. , *Reclaiming the Discarded: Life and Labor on Rio's Garbage Dump*, Durham and London: Duke University Press, 2018.

Mills, C. , "Black Trash", In L. Westra, B. E. Lawson, eds. , *Faces of Environmental Racism*, Lanham: Rowman & Littlefield, 2001, pp. 73-91.

Mitman, G. , "Hubris or Humility. Genealogies of the Anthropocene", In Mitman, G. , Armiero, M. , Emmett, R. S. , eds. , *Future Remains. A Cabinet of Curiosities for the Anthropocene*, Chicago: Chicago University Press, 2019, pp. 59-68.

Moore, J. , ed. , *Anthropocene or Capitalocene? Nature, History, and the Crisis of Capitalism*, Oakland (CA):

PM Press, 2016.

Musella, A. , Manzo, G. , *Chi comanda Napoli*, Roma, RX, 2012.

Nixon, R. , *Slow Violence and the Environmentalism of the Poor*, Cambridge, MA: Harvard University Press, 2011.

Nixon, R. , "The Anthropocene. The Promise and Pitfalls of an Epochal Idea", In Mitman, G. , Armiero, M. , Emmett, R. S. , eds. , *Future Remains. A Cabinet of Curiosities for the Anthropocene*, Chicago: Chicago University Press, 2019, pp. 1-18.

Norgaard, R. B. , "The Econocene and the Delta", *San Francisco Estuary and Watershed Science*, Vol. 11, No. 3, 2013.

Orlandini, G. , *A ferro e fango. L'estrattivismo, il disastro di Mariana e il Brasile nell'Antropocene* (Ph. D. Thesis), Università degli Studi di Napoli "L'Orientale", Napoli, 2018-2019.

Parikka, J. , *Anthrobscene*, Minneapolis: University of Minnesota Press, 2015.

Past, E. , " 'Trash Is Gold': Documenting theEcomafia and Campania's Waste Crisis", *Interdisciplinary Studies in Literature and Environment*, Vol. 20, No. 3, 2013, pp. 597-621.

Patel, J. , Nielsen, F. B. H. , Badiani, A. A. , *et al.* , "Poverty, Inequality & COVID-19: The Forgotten Vulnerable", *Public Health*, Vol. 183, 2020, pp. 110-111.

Pellow, D. N. , *Garbage Wars: The Struggle for Environmental Justice in Chicago*, Cambridge (MA): MIT Press, 2002.

Petricca, C. , Moloo, Z. , Stoisser, M. , *Hazardous E-waste Recycling in Agbogbloshie, Accra, Ghana*, 2020, https://ejatlas. org/conflict/agbogbloshiee-waste-landfill-ghana.

Pezzullo, P. C. , "Touring 'Cancer Alley', Louisiana: Performances of Community and Memory for Environmental Justice", *Text and Performance Quarterly*, Vol. 23, No. 3, 2003, pp. 226-252.

Pianura Trial, Trial against Fiume *et al.* , hearing of 10 January 2011, testimony of Marco Nonno, 2011.

Pinto, A. , Pratas, R. , *Antonio e Rosa Maria from ADACE in Aveiro*, 2017, www. toxicbios. eu/#/stories.

Provincia di Napoli, Areaambiente, Direzione Tutela del Suolo, Richiesta dati relativi alla discarica Difrabi, località Pianura, Prot. 383-15/05/2008.

Pulido, L. , "Racism and the Anthropocene", In G. Mitman, M. Armiero, R. S. Emmett, eds. , *Future Remains. A Cabinet of Curiosities for the Anthropocene*, Chicago: Chicago University Press, 2019, pp. 116-128.

Radioonda D'Urto, Pratiche, 23 May 2020, podcast availabe at https://parole. radiondadurto. org/2020/05/23/puntata-14-pratiche/.

Raworth, K. , "Must the Anthropocene be a Manthropocene?", *The Guardian*, 20 Oct. 2014, www. theguardian. com/commentisfree/2014/oct/20/anthropocene-working-group-science-gender-bias.

Rockström, J. , Steffen, W. , Noone, K. , *et al.* , "A Safe Operating Space for Humanity", *Nature*, Vol. 461, No. 7263, 2009, pp. 472-475.

Rodrigues, D. E. , Corradi, C. M. A. , de Melo Dias, A. P. , *et al.* , "Algumas análises sobre os impactos à saúde do desastre em Mariana (MG) ", In B. Milanez, C. Losekann, eds. , *Desastre no Vale do Rio Doce: Antecedentes, impactos e ações sobre a destruição*, Rio De Janeiro: Folio Digital, 2016, pp. 163-193.

Roy, A. , "The Pandemic is a Portal", *Financial Times*, 3 April 2020, www. ft. com/content/10d8f5e8-74eb-11ea-95fe-fcd274e920ca.

Roy, A. , "The Greater Common Good", *Frontline*, Vol. 16, No. 11, 1999, May 22-June 04.

Samson, M. , "Movimento Nacional dos Catadores de Materiais Recicláveis (MNCR), Brazil", In M. Samson, ed. , *Refusing to Be Cast Aside: Waste Pickers Organising around the World*, Cambridge (MA): Women in Informal Employment: Globalizing and Organizing (WIEGO), pp. 40-49.

Samson, M. , "Wasted Citizenship? Reclaimers and the Privatised Expansion of the Public Sphere", *Africa Development*, Vol. 34, No. 3-4, 2009, pp. 1-25.

Sarli, D. , "Da Posillipo a Pianura solo andata", In M. Armiero, ed. , *Teresa e le altre, Storie di donne nella Terra dei Fuochi*, Milano: Jaca Book, 2014, pp. 101-112.

Scanlan, J. , *On Garbage*, London: Reaktion Books, 2005.

Sebiorec, Studio epidemiologico sullo stato di salute e sui livelli d'accumulo di contaminanti organici persistenti nel sangue e nel latte materno in gruppi di popolazione a differente rischio d'esposizione nella Regione Campania, 2010, availabe at http://speciali. espresso. repubblica. it/pdf/sebiorec2010. pdf.

Serao, M. , *Il ventre di Napoli*, Milano: Treves, 1884.

Shah, M. , Sachdeva, M. , Dodiuk-Gad, R. P. , "COVID-19 and Racial Disparities", *Journal of the American Academy of Dermatology*, Vol. 83, No. 1, 2020, e35.

Šehabović, Š. , Gaknič, M. , Arsenijevic, D. , *Zemlja-Voda-Zrak*, Sarajevo: Muzej knjizevnosti i pozorisne umjetnosti Bosne i Hercegovine, 2020.

Snowden, F. , *Naples in the Time of Cholera, 1884-1911*, Cambridge (MA): Cambridge University Press, 1995.

Solnit, R. , *Storming the Gates of Paradise: Landscapes for Politics*, Berkeley: University of California Press, 2008.

Solnit, R. , *A Paradise Built in Hell: The Extraordinary Communities that Arise in Disaster*, New York: Penguin Books, 2009,

Solórzano, D. G. , Yosso, T. J. , "Critical Race Methodology: Counter-storytelling as an Analytical Framework for Education Research", *Qualitative Inquiry*, Vol. 8, No. 1, 2002, pp. 23-44.

Strasser, S. , *Waste and Want: A Social History of Trash*, New York: Henry Holt and Co. , 2013.

Tola, M. , "The Archive and the Lake: Labor, Toxicity, and the Making of Cosmopolitical Commons in Rome, Italy", *Environmental Humanities*, Vol. 11, No. 1, 2019, pp. 194-215.

Tsing, A. L. , *The Mushroom at the End of the World: On the Possibility of Life in Capitalist Ruins*, Princeton: Princeton University Press, 2015.

Tsing, A. L. , Swanson, H. A. , Gan, E. , *et al.* , eds. *Arts of Living on a Damaged Planet: Ghosts and Monsters of the Anthropocene*, Minneapolis: University of Minnesota Press, 2017.

Tuncak, B. , Report of the Special Rapporteur on the Implications for Human Rights of the Environmentally Sound Management and Disposal of Hazardous Substances and Wastes, Seventy-fourth session Agenda item 70 (b) United Nation General Assembly Dist. General 7 October 2019.

Valisena, D. , *Coal Lives: Italians and the Metabolism of Coal in Wallonia, Belgium, 1945-1980* (Ph. D. dissertation), KTH Royal Institute of Technology, 2020, Stockholm. urn:nbn:se:kth:diva-273012.

Vastano, L. , *Vajont l'onda lunga*, Firenze: Ponte delle Grazie, 2008.

Vastano, L. , Intervista a Carolina, multimedia project ToxicBios. eu. , 2017.

Vecchio, B. , *Il bosco negli scrittori italiani del Settecento e dell'età napoleonica*, Torino: Einaudi, 1974.

Verdicchio, P. , "Toxic Disorder and Civic Possibility: Viewing the Land of Fires from thePhlegraean Fields", In P. Verdicchio, ed. , *Ecocritical Approaches to Italian Culture and Literature*, Lanham: Lexington Books, 2016.

Walker, L. , Jardim, J. , Harley, K. , *Wasteland*, Documentary, Brazil, 2010.

White, M. J. , *La miseria di Napoli*, Firenze: Le Monnier, 1877.

Zhouri, A. , Houri, A. , Oliveira, R. , *et al.* , "The Rio Doce Mining Disaster in Brazil: Between Policies of Reparation and the Politics of Affectations", *Vibrant*, *Virtual Braz. Anthr.* , Vol. 14, No. 2, 2017, p. 8, e142081.

圆 桌 讨 论

评马可·阿米埃罗的《废新世》

约翰·麦克尼尔

美国乔治城大学

剑桥大学出版社基本原理系列旨在提供简短且有启发性的观点。阿米埃罗在这两点上都做得很成功，但这并不意味着我同意他的论点。我将在本文讨论阿米埃罗文本的部分内容，我赞同部分观点，也反对有些观点。我不会讨论那不勒斯的废弃物问题，阿米埃罗对这个主题了解得远比我多，也不会讨论未来主义电影中的反乌托邦（只要看看新闻就能得知那些我所能承受的最糟糕的事了）。

我对《废新世》的印象是阿米埃罗回应了两件重要的事：其一是世界上显而易见的不平等，这里的世界区分了免于每天接触和无法逃离废弃物与毒物的人或场所，无法逃离并非后者自己的过错；其二是"人新世"这个术语和概念，我同意阿米埃罗的不满，尽管我和他对于"人新世"概念的不满出于不同原因。我认为他对于"废新世"这一概念的作用有些乐观。

关于阶级、性别以及部分地区种族系统性不平等充斥着世界的主张很容易获得大家的共识，因为这是如此明显的事实。同样，这些不平等也表现在环境不公的问题上，它们持续地、普遍地存在于现在和未来。

我在 2022 年 8 月 22 日阅读阿米埃罗的文本。那一天，我这里的当地报纸《华盛顿邮报》头版新闻是美国城市孟菲斯南部街区正在遭受污染①。这是一个"废新世"的典型例子。孟菲斯南部以黑人为主的社区最近阻止了在该街道下铺设石油和天然气管道的计划。但在胜利后的几天内，他们得知附近一个垃圾填埋场将要接收约 300 万立方米的有毒煤灰。此后十年，每天将有 240 趟卡车行驶在孟菲斯南部，运送过去 60 年来田纳西河谷管理局发电站的煤炭残渣，该发电站是美国最大的单一发电者。像所有煤灰一样，这些残留物含有砷、汞和其他有毒物质，当它们被倾倒时，微小的颗粒会进入垃圾填埋场周围的空气中。按照美国的标准，南孟菲斯的空气质量已经很差（尽管它比人们在新德里或拉各

---

① "Tennessee Valley Authority is Dumping Coal Ash on Black South Memphis", *The Washington Post*, 22 August 2022 (online 19 August).

斯必须呼吸的空气好得多）。这里的人们预期寿命是 67 岁，比田纳西州平均寿命短了 8 年，空气质量是造成这种差异的部分原因。煤灰填埋的问题将引发抗议活动与法律诉讼。田纳西河谷管理局可能会被迫在其他地方倾倒煤灰。但其管理者显然认为南孟菲斯的一个贫穷的黑人社区是阻力最小的倾倒点。此类决策使"废新世"得以持久[①]。

阿米埃罗试图唤起人们对这种暴行的注意，在这点上他是正确的。无论是在那不勒斯、孟菲斯，还是世界上任何地方。我们的世界存在一种具有毒物风险的种族隔离制，它几乎存在于地球上每一座城市，同时也存在于国际层面。没有任何方式可以否认该点。

用书中提到的巴西电视剧的台词来说，阿米埃罗还正确地认识到没有"内陆"就没有"近海城"。用基督教的语言来说，没有被诅咒的人，就没有被拯救的人。用依附理论学派的语言来说，如果没有欠发达，就不可能有发达。用熵的语言来说，如果没有宇宙中某个地方的无序，就不可能有某个地方的秩序和结构。如果没有南孟菲斯或其他类似地方充当垃圾场，冒着牺牲公民健康的风险，就不可能有发电厂提供廉价能源，享受这些能源的人也不可能有舒适感。这个残酷的事实长期以来一直存在，除非出现奇迹，否则将可能长期延续——无论阿米埃罗或我有何种倾向。

至于"人新世"这个词，我和阿米埃罗一样也认为它不妥，但我的原因不同。我赞成使用此概念，也认为地球已进入一个明显不同的地质时段。由于目前没有更好的名称，我有时姑且称之为"人新世"。我和"人新世"工作组（AWG）[②]的大多数成员一样，认为该纪元的最佳起点在 1950 年左右。但克鲁岑选择在库埃纳瓦卡提出"人新世"是个不幸的意外。我多么希望克鲁岑能换个别的地方。

就像阿米埃罗所言，这个词引发了批评，因为它暗示所有人类要为我们观察到的全球环境动荡负起同等责任。这导致了一场片面的辩论：据我所知，没有人提出相反的观点。克鲁岑不认为所有人类对"人新世"的变化负有同等（或接近同等）责任。那些使用"人新世"一词的人并不相信，也没有说过这种明显错误的事情。他们使用这个词是因为克鲁岑在那次即兴评论中选择了它。

从理论上讲，每一个地质时间单位都由地层学家所称的基础层来区分，由全球界线层型剖面和层型点（GSSP）来标记。这意味着在岩石或冰川上有一些标记能够划分一段时段的结束和另一时段的开始。目前"人新世"工作组正在争论 12 个"人新世"候选地。当工作组确定了某个特定 GSSP，就有可能按照地质学中其他几个纪元、阶段和时代的命

---

① 新闻报道没有提到，猫王在孟菲斯的家格雷斯兰就在其中一个受影响的社区，距离文中讨论的垃圾填埋场 1—61 千米。在刮西北风的日子里，它也会遭受一层薄薄的有毒灰尘。

② 该机构负责提供一个"人新世"的案例，作为对国际年轮图（非正式地称为地质时标）的正式修订。国际地层委员会是国际地质科学联合会的一个单位，负责控制制图权。

名方式——即以地质记录中显著特征所在地来命名——来重新命名这个拟定的纪元。例如，因电影而为大众所熟悉的侏罗纪时代（Jurassic Era）以法国东部的侏罗山（Jura Mountain）命名，在这里首次发现了中生代中期的石灰岩地层。二叠纪（Permian Period）是以俄罗斯某地命名，那里最早发现岩石。2018 年，国际地层委员会补充了全新世各期的最新地质时间尺度，即格陵兰期（Greenlandian Age）、诺斯格瑞比期（Northgrippian Age）和梅加拉亚期（Meghalayan Age）。这三个时期都是以地名来命名（我们现在生活在梅加拉亚期，起点距今 4 200 年，以印度的一个邦命名）。因此，如果安大略省的克劳福德湖运气好的话，或将被选为新纪元的最佳 GSSP，那么我们可能会有"克劳福德新世"（Crawfordocene），或者如果中国东北部吉林省的某个提名地点被选中，则可能称为"四海龙湾新世"（Sihailongwanocene）。

上述任何一个术语都比"人新世"要好，"人新世"引发了如此多的政治反对意见，也催生了许多模仿者（阿米埃罗在书中第 9 页就其中一些展开评论）。1950 年以来的纪元需要的不是一个更具政治性的名字，而是一个更加非政治性的名字，以便与地层学传统保持一致。然后，历史学家、人类学家、考古学家以及所有其他愿意这样做的人，就可以回到对分期的争论之中，而不必占用地质学术语分散注意力。

历史学家与地质学家不同，他们不必就其术语达成一致。历史学家并未将他们的词汇正式化。他们可以使用资本时代、极端时代、浪费时代、不平等时代、生态时代或其他任何东西。他们可以为不同的地方采用不同的分期方案。例如，中国历史按朝代划分，而美国历史则以一种特殊方式安排，如"殖民""革命""早期共和国""南北战争前"等术语。历史学家的工作建立在非正式共识的基础上，这往往会得出不妥当的结果。用"重建"概括美国 1865—1877 年的历史最具误导性，但如今它已经被使用了一个多世纪，即使最激烈的争论也无法将它扫进历史的垃圾堆。此外，美国历史学家使用的"殖民"与该词在非洲历史中的含义不同，就像考古学中"青铜时代"在东南亚和欧洲的含义不同。与地质学不同，历史学没有单一的系统，这让不习惯的人感到非常困惑。

建立一套单一的历史分期体系可能是有用的（想象一下可以减少多少争论!），但目前杂乱无章的术语具有强大的使用惯性。它不容易被变革或推翻，即使它是不合理的。这就像打字机和现代电脑上的柯蒂键盘：它的存在只是一个意外（当初为了在打字机上减缓打字速度从而避免卡键），但一旦启用就因惯性而不易更改，尽管它有明显的不完善之处。到目前为止，所有引入更具逻辑性的键盘的努力都失败了。杂乱无章的术语也是如此，"重建"等具体名词是如此，"人新世"这个不完美的术语也是如此。

后缀"新世"（-ocene）来自古希腊语，意思是"新"或"最近"。目前，在地质学时间尺度上有 7 个"新世"，都是新生代（Cenozoic Era）的纪元，也就是过去 6 600 万年。

它们的名字都没有暗含任何责任。"古新世"（Paleocene）一词从不意味着"古代"要对终结白垩纪和中生代时代的流星撞击事件负责。"渐新世"（Oligocene）一词从未被认为是指"少数人"要对决定该纪元开始和始新世结束的灭绝事件负责。"全新世"（Holocene）这个术语也不意味着"全部"要对新仙女木事件之后的间冰期升温负责。没有一个地质学时间的名称意味着责任或因果关系。

这就是为什么我更愿意看到有一个非政治性的称呼来代替"人新世"一词，以确保一个地球历史新纪元的概念。这也是为什么我认为"废新世"一词并未带来有用的补充。如果正如阿米埃罗所言，"废新世"是指一套关系，那为什么要用一个表示地质时代的后缀呢？阿米埃罗认为，把它装扮成一个地质时间段掩盖了问题的核心（第59页）。

其他反对使用"人新世"的学者所发明的所有其他"新世"也是如此。它们都不是地质时间段，（据我所知）其发明者也不认为它们是地质时间段。相反，不管是种植园、资本主义、父权制还是其他内容，它们旨在代表历史时期，得名于其发明者所认为的该时期的显著特征。

如果"人新世"这个词确实像阿米埃罗和其他人所争论的那样，在政治层面有误导之嫌，那么在各处涌现新的"新世"其实适得其反。它们都无法推翻"人新世"，因为"人新世"有惯性，而且对于不熟悉的人而言更容易理解。遵循地质学上的"新世"用法反而使占据主导地位的"人新世"进一步合法化，尽管发明者的意图正好与此相反。此外，"新世"越多，就越不可能有其中任何一个"新世"会取代"人新世"，相反，它们只会加剧混乱。正如阿米埃罗所说，现在已有太多"新世"。

任何新的"新世"都不会遏制那些认为人类应该"统治地球"（第11页）的野心。学者的语言选择，尤其是那些人文和社会科学领域的学者，并不会引起技术乌托邦主义者们的关心。"废新世""种植园世""人新世"：对于地球的未来统治者来说都是一样的。

根据我对阿米埃罗文本的理解，"废新世"旨在强调系统性不平等是资本主义的一个核心特征，这是对的。在我看来，系统性不平等确实是资本主义的一个核心特征。但是，这无法将资本主义与其他复杂形式的等级社会相区别：阿米埃罗和每个那不勒斯人可能都知道，阶级和性别（也许不是种族）的系统性不平等也是古罗马世界的特点。据我所知，没有人认为古罗马是资本主义的。阶级和性别（也许不是种族）的系统性不平等是法老埃及、古代美索不达米亚、古代中美洲、古代中国的特点——事实上，任何有城市生活、劳动分工和国家存在的地方皆是如此。此外，在苏联等政权，那些打算取代资本主义的制度也具备系统性阶级和性别不平等的特征。

无论是在过去还是现在，这些社会每个都是独特的。没有一个社会具有与其他社会完全相同的系统性不平等现象。资本主义的不平等现象也因时间和地点而不同。印度主要是种姓带来的不平等，而非种族。瑞典的性别不平等程度低于巴基斯坦。系统性的不平等问题比资本主义的历史要长得多，也比阶级、种族和性别要广泛得多。资本主义，无论它多么古老或年轻，都继承了几种类型的系统性不平等。资本主义延续了这些不平等，改变了各种不平等，而且目前还依赖于它所形成的新的不平等。但资本主义并没有创造不平等，当资本主义消失时，不平等也不会消失——除非城市生活、社会分工和国家也随之消失。

此类不招人喜欢的事实也许会成为一种阿米埃罗所言的有毒叙事，这种叙事使系统性不平等常态化和自然化。事实上，这并不合理。虽然排斥、划界和系统性不平等在任何意义上都不合理，但它们是过去 4 000 余年里的常态，而且现在更为常见。该时长仅占到人类（指智人）历史的 1% 多（在此之前，我们的祖先有基于性别的系统性不平等，也许有基于亲属关系的不平等，但没有基于阶级或人种的不平等，可能也很少有基于宗教或种族的不平等）。

任何社会只要以某种方式产生了可储存和携带的剩余财富，他们也就创造了社会阶层和阶层之间的区分。大米、小麦、玉米、煤炭、货币或比特币等形式的可储存剩余，可以被囤积起来，分给自己的盟友和支持者，而非自己的批评者和对手。这些社会通常也重视其他区别，无论是种族和性别的区别，还是宗教、语言、国籍或种姓的区别。这并不意味着它必须如此，同样，这也没有什么自然可言。但我们应该正视这样一类事实：自从新石器时代开始形成社会起，这种划分和等级制度是拥有可储存剩余财富的社会的标配。

被享有特权的阿米埃罗称为"他者化"的社会区分，直到最近才在环境领域得到适当的记录。较富裕的人可能住在制革厂的上风口或离沼泽更远。但在 1880 年之前，当霍乱大流行时，病菌同样横扫伦敦和华盛顿。没人足够了解环境卫生，更不用说传染病。在科赫（Koch）、巴斯德（Pasteur）和其他人的科学贡献出现之前，没有人能够明确地划定传染病的边界。而在 21 世纪，霍乱可以在海地肆虐，但却被挡在迈阿密之外——甚至被挡在多米尼加之外，但是海地与多米尼加其实在一个岛屿上。在 19 世纪前，由于缺乏廉价能源，将成吨的废弃物从其产生的地方运走是几乎不可能的，且有限的化学工程专业知识无法制造出大量有毒的废弃物。阿米埃罗指出的分界线，在现在比以前更清晰。但这是近来科学和技术技能的结果，它是被嫁接到古老而多样的社会等级制度上，而不是因为贫富之间有了新的划分。

至于阿米埃罗对"废新世"一词和此概念的变革性力量的乐观态度，我要遗憾地说，我对近来甚至任何时候"分享和关爱"体制的可能进展持怀疑的态度。我对阿米埃罗所说的 400 名米兰志愿者或罗马地区一个具有抵抗力的湖泊案例并无异议，我相信人们也可以指出其他令人有希望的例子，但这些都不能抵消以下事实：今年进入大气层的二氧化碳将比自然过程所能减去的还要多 400 亿吨，21 世纪 20 年代二氧化碳浓度将像 21 世纪 10

年代一样大约增加五万分之一（20ppm），而且今年、明年和后年将有几百家新的燃煤发电厂开始运转。一个巨大的环境不公正在以气候快速变化的形式出现，这并不是一种缓慢的暴力，其规模也远远超过 400 名志愿者的能力。正如老子的《道德经》所言，千里之行始于足下，阿米埃罗希望他向我们展示的是众多步骤中的第一步。但我担心，按照阿米埃罗寄予希望的小尺度案例所预示的速度，剩余的时间将不足以完成如此漫长的旅程。也许是我缺乏想象力，但阿米埃罗提供的案例如此有活力，应该得到有活力的批评，而我也试图提供此类批评。

垃圾与气候变化之间存在联系吗？

马丁·梅洛西

美国休斯敦大学

本文的评论主要针对美国的情况，但并不专指或特指美国人。这些评论是对马可·阿米埃罗在其重要著作《废新世：全球垃圾场的故事》中涉及的部分议题的反思。我特别记得该著作第 2 页这句话："作为一种关系（废弃化），废弃化产生了目标社区，而不仅是选择一个放置多余装置的场所。"在气候变化的案例中，"目标社区"可以是全球的，也可以是世界上几个区域或空间。环境正义学者保罗·莫海（Paul Mohai）和其他人讨论过"分布不公"，即穷人和有色人种遭受污染折磨的集中地。气候变化不仅成倍地增加"废弃式关系"，也加深了分布不公的程度。一个与此相关的问题是，气候变化及其与废弃物的关系是否会使环境不公的范畴更加普遍。

2020 年，美国反乌托邦主义的压力不仅来自新冠病毒，还有太平洋沿岸猖獗的火灾和大西洋频发的飓风灾害。这些"自然灾害"本身并不可怕（而且我们知道它们绝不是简单的自然现象），但很明显它们因气候变化而加剧或恶化，如今正与广泛的热浪一道成为长期持续困扰我们的问题。

2020 年的夏天和初秋，至少有 40 场大火和几场小火肆虐了俄勒冈州、华盛顿州和加利福尼亚州。9 月初至少有 35 人死亡。仅在加利福尼亚州，就有 17 000 多名消防员在与 25 场大火搏斗，全州有 1.3 万多平方千米土地被毁。如环境历史学家查尔·米勒（Char Miller）所言，造成这场地狱灾难有几个原因。40 年来西部地区一直处于干燥状态，这为火灾积累了大量的可燃物，而且有太多人把房屋建在容易发生火灾的地区。研究火的专家斯蒂芬·派恩（Stephen Pyne）认为，虽然火灾不能直接归因于气候变化，但气候变化"起到了增强作用"。

同样，像"劳拉"和"莎莉"这样袭击与淹没美国墨西哥湾沿岸的飓风也是如此。在大西洋飓风频发的季节，国家气象局在 9 月中旬就已用完了名字，并开始转用希腊字母来标记风暴。与西海岸的火灾一样，美国（和全世界）越来越频繁地遭受风暴，风暴的破坏性也越来越大，造成多起灾难，损失数十亿美元。这些灾难对人类生活的破坏与损失无法用金钱衡量。

相关科学界和其他机构已经告诉我们，海洋气候将继续变暖、变湿，热带风暴和飓风的平均强度将会增加，但许多人没有认真对待该警告。持续变暖也意味着海平面上升，产生更大的、比以前更深入内陆的风暴潮。超级风暴"桑迪"是有记录以来最大的飓风，它于 2012 年 10 月登陆，直径达 1 609 千米，横跨八个国家。2017 年，"哈维"飓风产生了大量降水，以至于得克萨斯州休斯敦（和其他地方）的降水量图不得不被更改。

对气候变化的争论全都关于野火、飓风、极地冰川融化和过度依赖化石燃料，很少讨论固体废弃物。消费商品和消耗空间是气候变化问题的一个重要内容。显然，使用化石燃料所产生的热量和有毒废物会影响环境，但我们产生的各种废弃物也会直接或间接地影响我们的环境。我也会讨论到全球消费的规模，特别是商品生产所涉及的各种工业制造和垃圾填埋等土地使用方式。

一位观察家指出："我们为了生活而消费，但我们消费不仅仅是为了生活……消费是建构和组织社会的基本方式之一，这个社会通常不平等，有时甚至非常不平等。"特别是随着工业革命的到来，消费行为意味着开采和生产系统的发展，为人们长途运输货物，以及大量丢弃不用的东西。这是我们观念的一部分，我们渴望事物，而不思考无节制废弃的负面影响。这是一种废弃关系。

每一个制造和工业过程都会造成某种形式的污染，其中许多方面最终会影响气候变化。在 19 世纪 70 年代前，许多美国人消费的领域还不广泛，相反，他们把大部分赚来的钱花在食物、衣服和住房上。然而，到了 19 世纪末，一个新的消费社会正在出现。在这个社会中，普通人即使不总能向上流动，但也拥有了向上的渴望。新消费主义在不断壮大的中产阶级中最明显。工业资本主义加强了商品的大规模生产，加快了大规模消费的速度。工厂流水线生产提高了工人的生产力，使许多工人能够负担得起消费品，从而导致了一场消费革命。进入 20 世纪，大众广告的新业务进一步刺激了消费主义的增长。

家庭并不是唯一的"消费空间"，餐馆、公园、节日、体育场馆、艺术馆和文化等消费场所开始提供新的商品和服务。后来，电影院、购物中心和主题公园也加入其中。除了提供娱乐、社会互动、文化场所和纯粹的乐趣，这些消费空间还是获得更多不同产品的重要机制。

19 世纪美国各种消费空间所产生的废弃物主要是餐厨垃圾、木材和煤灰、碎屑和马粪，而最近的废弃物则包括难以替代和回收的材料以及各种有毒物质。在目前所有的废弃物中，纸张、塑料和铝的增速最快。收集这些废物愈发困难，不仅是因为丢弃物的数量巨大、成分复杂，还因为涉及人口众多，而且需要更多环卫工人且覆盖更多区域。

弗雷什·基尔垃圾填埋场（Fresh Kills Landfill）的案例是我最近出版著作《弗雷什·基尔：纽约市消费与丢弃史》（*Fresh Kills: A History of Consuming and Discarding in New*

York City）（2020 年）的核心内容，它是一个关于消费失控的典型案例。弗雷什·基尔是堆放纽约数量惊人的废弃物的地方。像弗雷什·基尔这样的地方是垃圾留痕和垃圾转移的空间。除了大量被填埋的物质，垃圾填埋场还消耗了大量的土地——用人造设施取代了盐沼和其他自然环境。填埋场和消费显然密切相关，但像甲烷这样的气体污染物对温室气体排放也有直接的影响。在最广泛的意义上，消费及其所产生的废弃物储存空间形成了对各种产品和服务的巨大需求，这些产品和服务往往是将获取与使用物品置于潜在的环境干预之上。

这些思考和处理废弃物问题的新方式反映了我们对废弃物产生及其对气候变化影响的关注。"零废弃"理念宣称思考废弃物的替代性方式，采用"全系统"路径来思考资源和废弃物的流动。有一种解释认为"零废弃最大限度地回收利用，减少产生废弃物，减少消费，建立确保产品被重新使用、修理或回收到市场"。几十年来，各类公共或私人收集和处理的项目专注于寻找处理废弃物的有效手段，这种面向"末端"的解决方案很少关注到产生废弃物的前端环节。"零废弃"给商品生产者以及消费者带来了显著的压力。这一理念的目标颠覆了过去的实践，质疑产品制造和销售的方式及原因，并设想了比以前更广泛的再利用和回收的概念。

"零废弃"在公共和私有部门都备受争议，但人们对这种"前端"的理念（或其影响）还没有达成共识。一些人认为，减少、重复使用和回收材料是减少温室气体排放的一个重要战略。美国环境保护署（EPA）估计，温室气体排放总量的 42% 是由商品生产与使用造成的，包括食品和包装等。过去几年来，许多城市倡导直面废弃物问题，但只有少数城市在 21 世纪初宣传、促进或实施"零废弃"计划取得显著的进展，它们将该项目作为防治废弃物的实际承诺。

纽约市在比尔·德·布拉西奥（Bill de Blasio）政府的领导下，试图将"零废弃"融入其废弃物处理计划之中。《2016 年环卫部战略计划》提供了一个关于实施"零废弃"方法的蓝图。该市加强路边回收计划，并制定了双规回收计划（将纤维产品与其他混合材料分开收集），但此方法目前已停滞。2030 年前提高回收率的目标也变得不切实际。2001 年弗雷什·基尔关闭后，该市将其大部分垃圾运到外州。但这只是转移了问题：用卡车或火车运送垃圾产生大量温室气体，并将污染问题从弗雷什·基尔转移到纽约州边界以外的其他地方。

虽然如今人们能更好理解固体废弃物和气候变化之间的关系，但很难找到有效的解决方案，就像在面对野火加剧和飓风肆虐等问题时的情况一样。废弃物和气候变化显然是相关的（就大量商品的消费和不停产生废弃物的层面而言），它们创造了全球和全球以外污染的持久循环。

但是，废弃物和气候变化的关联性影响，因与之相关的环境成本的不平等分配，被大大复杂化。环境正义的相关研究告诉我们，在穷人和有色人种的社区中建立垃圾场是不平等的，美国和墨西哥边境地区的加工厂与工作环境具有环境风险，人们获得食物等资源的途径并不均衡，一些群体（显然包括性别因素）在决策过程中的政治和社会权力被限制。我们已了解大量消费和废弃物对环境的影响：部分原始地区资源的急剧减少；为了处置废弃物而开发土地和水；土地、水和空气中的各种污染；等等。

然而，当我们把废弃物和气候变化相交叉时，我们才开始了解这种关系对于环境正义、环境种族主义和环境平等意味着什么。有色人种协进会（NAACP）指出："环境和气候正义是一个民权问题。我们都依赖自然环境和它的恩惠……但不是所有人都受到同等程度的影响。种族，是这个受气候变化影响的国家（美国）设置有毒设施的首要指标，这一指标比阶级更重要。"这里对环境正义的定义比20世纪80年代早期版本更加广泛。考虑气候变化问题当然也是必需的。然而，关于环境正义问题是否应以种族为中心而非阶级和性别的争论始终存在。

将气候问题纳入考虑范围必然使正义问题超越国界，并将迫使我们更仔细考虑气候变化对"人们生活、工作、娱乐、学习和祈祷的地方"产生何种后果，气候变化如何改变各类社会应对变动的环境条件（包括天气模式）、土地使用和资源获取的方式。对这类问题的复杂化分析将使我们能够预测变化何时发生及其持续时间。这便是问题的本质。

既然消费和废弃物因素将成为我们理解气候变化的核心，我们准备未来星球栖息地的能力以及谁将受到最大影响的问题变得更加复杂。作为一个全球社会，我们面临一系列的问题和选择，这些问题和选择涉及我们所处世界的现状、人类的广泛影响、在政治和社会方面的合作能力以及我们展望未来的意愿。这些都不是简单的概念，而是一系列的选择。这么多年来，我们一直通过单一的视角来看待废弃物和废弃行为。希望我们意识到，我们的消费和废弃习惯是我们理解气候变化的必要部分。如果我们能够解决我们所面临的一系列潜在危机，扩大我们的研究范围虽然困难但尤为必要。

气候变化的影响将愈发显著地瞄准特定人群。那些生活在沿海地区的人，既受海平面上升威胁，又无法到更内陆的地方定居。天气的重大转变会迫使农业活动迁移，并扰乱工人等群体的生活。

然而，气候变化有其普遍性影响，它影响了世界上的大多数人。富裕社会、废品社会和污水社会之间的联系会使气候变化的影响更加广泛，而且更加让人难以逃脱。使用"废弃式关系"的概念作为研究工具，有助于我们思考气候变化和废弃物的关系——但它需要被修正，需要考虑到一个更全球（可能也更加普世）的语境。

超越"废新世":阶级、帝国与"全球垃圾场"时代资本的局限性

杰森·摩尔

美国宾汉姆顿大学

近一个世纪以来,"环境想象"痴迷于资源匮乏。但是,如果 21 世纪关键性生物矛盾不是在资源上,而是在废弃物上,那会怎样?

马可·阿米埃罗在《废新世》中向我们提出该问题①。如果"某新世"审美疲劳已出现,如果"某新世"狂热貌似产生越来越多平庸的新名词,那么请耐心一点,这个"新世"与众不同。

"废新世"揭示了非常重要的资本主义底层逻辑:资本积累每时每刻都需要在政治上创造"被废弃之人和被废弃之地的牺牲地带"②。废弃化远不是只涉及污染或简单讨论低效率,它展现了一种荒谬且可怕的逻辑,即在价值规律下挥霍与贬低人类和非人类生命的价值。阿米埃罗的废弃是一个辩证的过程,是一种关系,它不是一个简单的物种,而是阶级斗争和剥削的领地。

阿米埃罗的文本引人深思,它几乎正面攻击了正在流行的"人新世"及其帝国环境想象③。他是一个了解"人新世"并不仅是个时髦术语,而是意识形态战场的少数异见者。他将此称为一场"叙事之争"④。这是一个恰当的措辞转向。它可以提醒批评者,我们不是在争论语言,我们是在争论世界历史的模式和转折点。即使批评者忽视这些历史也无法改变事实。我们所有的气候政治都是以这样的叙事为依据:过多的人口、二氧化碳、

---

① Armiero, M., *Wasteocene*, Cambridge: Cambridge University Press, 2021.

② Ibid, pp. 2, 10.

③ 这方面的文献非常多。"人新世"文献包括:Hamilton, C., *Defiant Earth: The Fate of Humans in the Anthropocene*, New York: John Wiley & Sons, 2017; Chakrabarty, D., *The Climate of History in a Planetary Age*, Chicago: University of Chicago Press, 2021; Wallace-Wells, D., *The Uninhabited Earth*, New York: Penguin, 2019; McNeill, J. R., P. Engelke, *The Great Acceleration*, Cambridge, MA: Harvard University Press, 2016. 尖锐的控诉包括:Demos, T. J., *Against the Anthropocene*, New York: Sternberg Press, 2017; Bonneuil, C., J.-B. Fressoz, *The Shock of the Anthropocene*, London: Verso, 2016; Moore, J. W., "Confronting the Popular Anthropocene", *New Geographies* 9, Vol. 17, pp. 186-191; Moore, J. W., "Power, Profit and Prometheanism, Part I: Method, Ideology and the Violence of the Civilizing Project", *Journal of World-Systems Research*, Vol. 21, No. 2, 2022, pp. 415-426.

④ Armiero, *Wasteocene*, p. 23.

消费驱使了气候危机……这与气候危机驱动"资新世""废新世"以及死亡和贬值的资本逻辑的相关叙述截然不同。

反对"富人环境主义"的"废新世":从"地球号"到普遍的"人新世"

有多少人还记得 20 世纪 70 年代超级绿色隐喻——"地球号"?[1]就像"地球号"一样,"人新世"与其他类似的论点利用"好科学"将混乱且有争议的气候危机政治转变为技术科学管理问题。这是一种"解决"气候危机的野心,其解决方式是建立由超级富豪主导、由国际专家统治的新生产模式[2]。普遍的"人新世"以及它所嵌入的更广泛的生态产业综合体,是一个反政治机器的教科书级案例,这个生态产业综合体由绿色政党、大学、政府机构、非政府组织和基金会组成的[3]。就像早期所谓的"发展"一样,"人新世"通过所谓的非政治性的行星管理,表达了一种帝国式阶级政治,它坚持认为"好科学"和"地球系统管理"可以找到答案,而不是去彻底地扩展民主的范围。

阿米埃罗无法容忍这些虚伪。《废新世》揭露了资产阶级的自负,即认为二氧化碳浓度升高等污染和毒化其实是经济管理效率低下的"环境"后果。阿米埃罗认为,对生命、土地和海洋的毒害并不是最佳操作系统中的"缺陷";它是一种特征,是一个关键后果,也正在引起地貌的变化,并在生命之网中引起全世界各地的阶级斗争。

如今"富人环境主义"的脉络已经深入资本主义的过去。与"人新世"逃离世界历史形成鲜明对比,那段历史并没有死亡,而是活力十足[4]。它是一部废弃的历史,也就是污染和毒化的历史;它也是一部产生废物的历史,是帝国权力和军事积累的历史。正是这种辩证法支撑了"废新世"的世界历史逻辑,即产生了"被废弃之人和被废弃之地"[5]。

此逻辑起源可以追溯至 16 世纪资本主义的崛起[6]。即使没有"金钉子",1492 年显然是一个地理生物学的分水岭。不到半个世纪,一个资本主义的泛大陆诞生,新旧世界在生

① Fuller, R. B., *Operating Manual for Spaceship Earth*, Carbondale: Southern Illinois University Press, 1969; Höhler, S., *Spaceship Earth in the Environmental Age*, *1960-1990*, New York: Routledge, 2015; Moore, J. W., "Our Capitalogenic World: Climate Crises, Class Politics & the Civilizing Project", *Studia Poetica* (forthcoming).

② Moore, J. W., "Global Capitalism in the Great Implosion", foreword to W. I. Robinson, *Can Global Capitalism Endure?* Atlanta: Clarity Press, 2022, pp. ix-xxiv.

③ Ferguson, J., *The Anti-Politics Machine*, Cambridge: Cambridge University Press, 1990; Moore, J. W., "Beyond Climate Justice", in *The Way Out of the Climate Crisis*, Vienna: Walther König Press, in press.

④ Moore, "Anthropocene, Capitalocene & the Flight from World History".

⑤ Armiero, *Wasteocene*, p. 10.

⑥ Armiero, *Wasteocene*, pp. 8-9; Wallerstein, I., *The Modern World-System I*, New York: Academic Press, 1974; Moore, J. W., "Nature and the Transition from Feudalism to Capitalism", *Review*, Vol. 26, No. 2, 2003, pp. 97-172; Moore, J. W., *Ecology and the Rise of Capitalism*, PhD dissertation, University of California, Berkeley, 2007.

物意义上完成统一，这是一种自 1.75 亿年前超级大陆开始漂移后的全新方式。这就是所谓的哥伦布大交换①。（多么有趣的新自由主义措辞！）在一个世纪内，哥伦布入侵共同造成了资本主义第一次气候危机②。随之而来的“漫长而寒冷的 17 世纪”政治、经济和文化危机，通过简陋但有效的行星管理方式来解决③。这是一次大胆的气候修复。它们不仅重组了从巴西到波罗的海的生产和再生产方式，还形成了一种新的地理文化秩序——资本主义文明计划。这种新秩序以全新的三位一体的方式重塑了廉价的自然：气候阶级划分、气候种族隔离和气候父权制④。

如果行星管理的起源不在 20 世纪 70 年代，而在资本主义兴起期间——想想伊比利亚植物帝国主义和 1664 年伊夫林呼吁有效管理森林——那么，还有一段以美帝国主义为中心的中层历史⑤。这段历史已被流行的“人新世”叙事彻底抹去⑥。

虽然帝国式国家的环保主义有时被视为左派政治运动，但近来世界史学界对此有不同看法⑦。环保主义一直是精英的事——甚至在 20 世纪 70 年代美国人口基数扩大、大量职业经理人阶层急速扩大时也是如此⑧。从“废新世”的立场以及它正义地坚称“资本时代”工人身体变成有毒垃圾堆来看，再怎么强调此点也不为过。1968 年后，尤其在美国，等到污染溢出至富裕的圣巴巴拉海滩上时，“第二波”环保主义才开始关心污染，但几乎从未涉及工人⑨。加利福尼亚州的农场工人、路易斯安那州的化学工人、西弗吉尼亚州的煤矿工人、纽约工人阶级的母亲和他们的孩子、美国南部的黑人工人阶级社区——这些都是为资本“牺牲的人口”。这曾是（现在也是）一个由富人环保主义在意识形态上支持的阶级工程。对于这些环保主义者来说，工人是问题的一部分，而不是解决方案。出于充分的理由，尼亚加拉瀑布的工人阶级母亲——路易斯·吉布斯（Lois Gibbs），在 20 世纪 70

---

① Crosby, A. W. Jr. , *The Columbian Exchange*, New York：Academic Press, 1972.

② Cameron, C. M. , P. Kelton, A. C. Swedlund, eds. , *Beyond Germs*, Tucson：University of Arizona Press, 2015；Lewis, S. L. , Maslin, M. A. , "Defining the Anthropocene", *Nature*, Vol. 519, 2015, pp. 171-180.

③ Ladurie, E. L. R. , V. Daux, "The Climate in Burgundy and Elsewhere, from the Fourteenth to the Twentieth Century", *Interdisciplinary Science Reviews*, Vol. 33, No. 1, 2008, pp. 10-24；Parker, G. , *Global Crisis*, New Haven, CT：Yale University Press, 2013.

④ Moore, J. W. , "Empire, Class & the Origins of Planetary Crisis", *Esboços*, Vol. 28, 2021, pp. 740-763；Moore, "Power, Profit & Prometheanism".

⑤ Evelyn, J. , *Sylva, Or a Discourse of Forest Trees*, 4th edition, London：Arthur Doubleday & Company, 1908（reprint of the 1706 edition, 1664 original）；Robertson, T. R. , *The Malthusian Moment*, New Brunswick, NJ：Rutgers University Press, 2012；Moore, "The Capitalocene, Part Ⅱ".

⑥ McNeill & Engelke, *The Great Acceleration*.

⑦ Dowie, M. , *Losing Ground*, Cambridge, MA：MIT Press, 1996.

⑧ Moore, "Beyond Climate Justice".

⑨ Guha, R. , *Environmentalism：A Global History*, New York：Longman, 2000, pp. 69-97；Montrie, C. , *A People's History of Environmentalism in the United States*, New York：Continuum, 2011.

年代领导了拉夫运河斗争并开创了反毒运动，但她拒绝称自己为环保主义者①。

近来流行的"人新世"就带有这种长期环境想象的所有痕迹。这是一种看待和评估生命之网的方式，其特性是蔑视国内外工人，将他们视为"可悲的人"（在希拉里·克林顿的傲慢描述之后）②。当 2018 年特朗普总统认为海地和几个非洲国家是"极其肮脏的国家"以及 2015 年他认为墨西哥移民是贩毒强奸犯等"错误之人"时，环保主义者对此畏缩不前③。其实特朗普只是大声地说出了此前静默的内容。在过去一个世纪里，特别是自 1970 年以来，富人环境主义要么同意，要么不反对美帝国在全世界特别是在拉丁美洲制造"被废弃之人和被废弃之地"的政策④。该政策强烈地反对移民⑤。我想不到有哪个大的绿色组织谴责并反对美国膨胀的战争机器及其从越南综合征中血腥式的恢复过程。环保主义者可能不会说海地是个鬼地方，但是当让-贝特朗·阿里斯蒂德（Jean-Bertrand Aristide）海地民选政府连续两次被美国所支持的政变推翻时（1991 年和 2004 年），没有人伸出援手。环保主义者也不关心 20 世纪 80 年代拉丁美洲和南方其他地方结构性调整中的暴力生态，这是由美国支持的第三世界法西斯分子所促成的"慢性暴力"⑥。特朗普的越轨行为清楚地展现了美国统治阶级及其职业经理们的传统智慧，但他们没有环保主义者在面对帝国侵犯世界工人阶级时所表现出的中间派自由主义绝望。

自 1970 年以来，富人环境主义一直对美国无休止的战争和单极霸权的世界末日幻想保持沉默，因此它也是共谋。从越南到伊拉克，再到世界各地的"低强度"冲突和反叛乱行动，富人环境主义对新自由主义的资本密集型战争，可支配的劳动力、生命和景观的可怕结合都保持了沉默⑦。这都不是一个严格意义上的美国现象。德国绿党最近支持了自 20 世纪 30 年代以来一次最大规模的重新武装，以支持北约的扩张⑧。正如海地的例子所证明，世界上第一批民族解放运动在那里赢得了独立，这种帝国主义生态学有着悠久的历

① Gottlieb, R., *Forcing the Spring*, 2nd edition, Washington, DC: Island Press, 2005.

② Merica, D., S. Tatum, "Clinton Expresses Regret for Saying 'Half' of Trump Supporters Are Deplorables", *CNN*, 12 September, 2016.

③ Davis, J. H., S. G. Stolberg, T. Kaplan, "Trump Alarms Lawmakers with Disparaging Words for Haiti and Africa", *New York Times*, 11 January, 2018; Time Staff, "Here's Donald Trump's Presidential Announcement Speech", *Time*, 16 June, 2015, https://time.com/3923128/donald-trump-announcement-speech/.

④ Armiero, *Wasteocene*, p. 10.

⑤ Ehrlich, P. R., L. Bilderbach, A. H. Ehrlich, *The Golden Door*, New York: Ballantine Books, 1979; one generative discussion is Park, L. S., D. Pellow, *The Slums of Aspen*, New York: New York University Press, 2013.

⑥ Faber, D., "Imperialism, Revolution, and the Ecological Crisis of Central America", *Latin American Perspectives*, Vol. 19, No. 1, 1992, pp. 17-44; Chomsky, N., E. S. Herman, *The Washington Connection and Third World Fascism*, Boston: South End Press, 1979.

⑦ Moore, "Beyond Climate Justice".

⑧ Solty, I., "No, We Can't Afford €100 Billion for Rearmament", *Jacobin*, 25 June, 2022, https://jacobin.com/2022/06/german-rearmament-defense-budget-ukraine-olaf-scholz.

史。新自由主义时刻，不过是更新了五个世纪以来对那些胆敢挑战帝国财富、权力和贫困分配的国家实施的打压行为。

帝国的极限与增长的极限

世界历史上每一个超级大国都要为管理廉价自然的帝国式分配行为而负责。所谓的"美国世纪"也不例外。以赛亚·鲍曼（Isaiah Bowman）是美国地理学会的创始人之一，也是统治阶级的重要智库[1]。1924 年，鲍曼反思了美国加入一战所引起的资源问题："以前国际关系问题并不困扰我们，主要是因为我们在国内有大量自然资源；现在它们与我们关系密切，因为我们现在必须认真考虑首要资源，无论它们分布在世界何处。"[2]

近半个世纪后，1972 年出版的《增长的极限》也发出了类似的担忧，尽管没有用那么种族中心的术语[3]。这是一个非常灵活的框架，它延续了新马尔萨斯主义所言的"过剩"的叙述，甚至许多是生态社会主义的论述[4]。在资产阶级看来，资本主义不受阶级斗争所限制和竞争，而是由其"物质资源的存量来决定的，因为它们是增长限制的最终决定因素"[5]。

梅多斯夫妇和他们同事的开创性贡献超越了资源限制的片面决定论，直接讲述了"废新世"的情况。《增长的极限》提出的论点一直没有得到重视[6]。如果说该书整体上具有鲜明的新马尔萨斯主义色彩，那么梅多斯团队论述污染的方式则得益于蕾切尔·卡森（Rachel Carson）和巴里·康芒纳（Barry Commoner）等异见科学家[7]。其论点如下：增长会引起污染呈非线性、几何级数式增加。这也会对生物圈繁殖的质量条件产生非线性影响，包括人类和其他生命的健康。《增长的极限》写作小组有预见性地确定了毒化的质量和时间维度。"至于地球吸收污染的能力时……生态进程中的自然延迟状态有可能低估了采取控制措施的必要性，因此在无意中达到了上限。"[8]（这个问题我们将在下文讨论。）

---

[1]　Smith, N., *American Empire：Roosevelt's Geographer and the Prelude to Globalization*, Berkeley：University of California Press, 2004.

[2]　Bowman, I., *Supplement to the New World：Problems in Political Geography*, Chicago：World Book Company, 1924, p. 59.

[3]　Meadows, D. H., D. L. Meadows, J. Randers, *et al.*, *The Limits to Growth*, New York：Universe Books, 1972.

[4]　Catton, W. R., *Overshoot*, Urbana：University of Illinois Press, 1980.

[5]　Meadows, *et al.*, *Limits*, p. 45.

[6]　Parenti, C., "'The Limits to Growth'：A Book That Launched a Movement", *The Nation*, December, 2012, pp. 24-31.

[7]　Carson, R., *Silent Spring*, Boston：Houghton Mifflin, 1962；Commoner, B., *The Closing Circle*, New York：Bantam, 1971.

[8]　Meadows, *et al.*, *Limits*, p. 69.

其中的含义很清楚。决定性的生物物理矛盾并不局限于资源供应——所谓的"水龙头"问题。相反,《增长的极限》的作者们建议,所谓的"水槽"问题很可能会给"经济增长"带来特殊的棘手的问题,进一步扩大全球不平等。这正是气候危机所呈现的状态,持续的大气碳化打击了陆地和水生的"水槽",诱使其转变为地球地狱。反过来,这个地狱也在压制资本积累的真正基础——农业和劳动生产率①。

从剩余价值到剩余污染:资本主义世界-生态中过度污染的一般规律

《废新世》的显著贡献是从"被废弃之人和被废弃之地"角度探索资本极限的相关问题②。这不是指物品或物质形态的废弃物,而是指制造和不制造这些实体的关系。那么,阿米埃罗的"废新世"与作为物质本身的"废弃物"无关,而是阐释了"资新世"的表现运动和基本时刻③。与普遍的"人新世"相比,"资新世"是概念和地理美学的集合——"死亡世"(Necrocene)、"极地世"(Polemocene)、"无产世"(Proletarocene)以及"废新世"——"资新世"将资本主义作为一种权力、利润和生命的世界生态学④。对于"资新世"和"废新世"来说,资本主义不是一个具有"环境"后果的"社会"工厂,它是一个在生命之网中产生变化的阶级社会,同样也在这些生命之网中产生并变化。

作为一个有机的整体,"资新世"和"废新世"提供了关于资本主义过度污染的一般规律的更丰富的概念。这个一般规律是针对马克思对资本主义世界历史趋势和反趋势的黑格尔式预估而言的⑤。正如资本主义积累的一般规律将"痛苦积累成为必要条件,与财富积累相对应",过度污染的一般规律使越来越多的有毒积累成为资本无尽积累的"必要条件"⑥。在此前对"第一"和"第二"资本矛盾的辩证表述基础上,过度污染的一般规律在追求复杂综合体时承认这两种动力⑦。正如阿米埃罗所强调,该规律认识到意识形态和

①　Moore, J. W. , *Capitalism in the Web of Life*, London: Verso, 2015; Moore, J. W. , "Del gran abaratamiento a la gran implosión", *Relaciones Internacionales*, Vol. 47, 2021, pp. 11-52; Patel, R. , J. W. Moore, *A History of the World in Seven Cheap Things*, Berkeley, CA: University of California Press, 2017.

②　Moore, "Beyond Climate Justice".

③　Moore, J. W. , "The Capitalocene, Part I", *Journal of Peasant Studies*, Vol. 44, No. 3, 2017, pp. 594-630; Moore, J. W. , "The Capitalocene, Part II", *Journal of Peasant Studies*, Vol. 45, No. 2, 2018, pp. 237-279.

④　其他关键的讨论包括: Antonacci, J. P. , "Periodizing the Capitalocene as Polemocene", *Journal of World-Systems Research*, Vol. 27, No. 2, 2021, pp. 439-467; McBrien, J. , "Accumulating Extinction", In Moore, J. W. , *Anthropocene or Capitalocene*? Oakland: PM Press, 2016, pp. 116-137; Brenner, N. , *New Urban Spaces*, Oxford: Oxford University Press, 2019; Brookes, A. , "Three Aral Sea Films and the Soviet Ecology", October 171, 2020, pp. 27-46; The Salvage Collective, *Tragedy of the Worker*, London: Verso, 2021.

⑤　最好的介绍是: Sweezy, P. M. , *The Theory of Capitalist Development*, London: Dobson Books, 1946, pp. 11-22.

⑥　Marx, K. , *Capital*, New York: Vintage, 1977, p. 799.

⑦　O'Connor, J. , *Natural Causes*, New York: Guilford, 1998.

生物物理上“清洁”和“污染”的空间两极化——这个历史地理运动的反映是哈吉（Hage）所指望的文明计划、持续的原始积累和世界颜色线的多种表现①。它明确地扩展了福斯特关于“环境退化铁律”的概念②。福斯特观察到资本主义如何趋向于“经济可行的最高水平，……熵的退化……［对于］［资本主义］发展的任何特定历史阶段而言”③。随着熵的加剧，新一轮尝试开始将最坏的结果推向全球南方和帝国主义国家的工人阶级。随着垄断资本主义愈发陷入其“正常状态”——停滞，新一轮熵的退化则在资本主义的措施下产生，抵消了这种停滞④。这些措施必然会产生越来越棘手的政治和经济矛盾。“可预见的是，第二种矛盾的经济反响将飞速地增长——部分是在社会运动的压力下——使自然对积累过程实施终极‘报复’。”⑤

过度污染的一般规律综合了这些开创性洞见，它强调了三个时刻。第一，它规定了剩余价值和剩余污染之间辩证的不对称性，后者被认为是代谢各种废物的生物能力“过剩”所产生的有毒形式。因此，“过度污染”指的是各种社会生态系统的质变趋势，这种趋势以非线性的方式，有可能超过“经济可行的最高水平”。第二，它强调了“廉价自然”的边疆在世界积聚中的中心位置——就此，每一个商品边疆意味着废物边疆，所以它确定了飙升的过度污染和帝国废弃计划之间不可分割的联系。第三，它确定了历史上资本主义过度污染的非线性演变，这样一来，每一个接替的生态体制不仅产生更多的废物，而且也产生了新性质的和更有毒的废物。与此同时，二氧化碳和污染数量增长，推动了生物圈发生质的转变，气候危机是其最终结果⑥。正如福斯特和奥康纳在 30 年前所想象的那样，所有这些都放大了剩余资本问题，并启动了从下至上的阶级斗争的全新形式。

这些解释是从马克思辩证法基本原理展开论述的：物质不是事物，而是关系。二氧化碳只是一种化合物；只有在明确的权力、利润和生命关系下，它才会成为一种温室气体。针对流行的“人新世”，阿米埃罗的“废新世”反对占主导地位的“环境想象”的自负，这些环境想象使“环境”问题成为一种管理任务，从而割裂了其与世界阶级斗争及帝国主义式反政治的联系。由此，关注“人新世中的阶级问题”打开了我们的想象力，提供了一种新解释：作为环境生成过程的阶级斗争和帝国主义权力⑦。毒化并不是资本主义的

① Armiero, *Wasteocene*, p. 10; Hage, G., *Is Racism an Environmental Threat?* Cambridge, UK: Polity, 2017.

② Foster, J. B., "The Absolute General Law of Environmental Degradation Under Capitalism", *Capitalism Nature Socialism*, Vol. 3, No. 2, 1992, pp. 77-86.

③ Foster, "Absolute General Law", p. 85.

④ Baran, P., P. M. Sweezy, *Monopoly Capital*, New York: Monthly Review Press, 1966.

⑤ Foster, "Absolute General Law", p. 85.

⑥ Barnosky, D., *et al.*, "Approaching a State Shift in Earth's Biosphere", *Nature*, Vol. 486, No. 7401, 2012, pp. 52-58.

⑦ Armiero, *Wasteocene*, p. 6.

偶然结果；相反，资本主义通过廉价的毒化策略成就自我。这些策略必然将景观和生活方式视为可以任意处置的。"废新世"不是一种结果，而是一种权力、利润和生活的逻辑，就其腐朽和病态的核心而言，这种逻辑需要并依赖于创造被废弃之人和被废弃之地。正如阿米埃罗生动叙述的那样，"毒化"远非狭义的经济。如果某些形式类似于罗布·尼克松的"慢性暴力"，它的根本前提是帝国及其战争机器和财产生成体制①。跨越历史上资本主义的漫长弧线，这种暴力并不缓慢。

> "这里所埋之人因其工作而死——用完人就丢弃的'废新世'逻辑远远早于这个钢铁厂出现……我们应该记住那些没有埋葬权和被剥夺祖先墓地的原住民死者，没有留下任何痕迹就消失的妇女，埋于地底深处从未被找到的矿工，成千上万在穿越地中海时死去的移民。"②

支撑"废新世"核心的是一种有毒的混合物：军事化积累、文明化项目和不断生成的社会生态牺牲区。这就是"废新世"的逻辑。阿米埃罗的文本中隐含着从文明逻辑向世界历史辩证法的蜕变。简单而言，过度污染的一般规律便是每一个商品化时刻，那是一个更大的、不成比例的、潜在的毒化时刻。潜在性至关重要。因为资本主义不仅激活了新的有用的"自然中沉寂的潜能"（马克思），它还唤醒了其他潜在性，以挑战资本主义文明基础及其通过价值规律具体阐述使用和交换价值③。

后者是负向价值：生命的形式不再被管理和规训以获得盈利之机④。现在，我们只需注意到，"自然延迟"使最初"征服自然"与生命形式的激活相区分，这些生命形式越来越不受资本主义技术管理规则的影响：不受除草剂影响的超级杂草、抗生素的葡萄球菌感染、失控的超级流行病，更不用说资本引起的气候变化了。简而言之，负值不是算术——"一种减法"，而是资本主义普罗米修斯主义的辩证否定。因此，过度污染的一般规律长弧，曾经那么容易实现的征服自然，都被否定了。恩格斯的"自然复仇"之花盛开了⑤。

"废新世"的辩证法阐明了资本主义历史中过度污染一般规律的激活趋势。资本主义中许多废物本质上并不具有毒性，在适量的情况下它们的确是生产的必要伴随物。想想牲畜产生的粪便。在简单的商品生产条件下，一个小农户建造一个可移动的牛栏，让这些生物为牧场施肥，让奶牛和农夫做再生工作。与此形成鲜明对比的是，今天工业化规模的养

---

①　Nixon, R., *Slow Violence and the Environmentalism of the Poor*, Cambridge, MA: Harvard University Press, 2011.

②　Armiero, *Wasteocene*, p. 23.

③　Marx, *Capital*, p. 283; Moore, J. W., "The Value of Everything: Work, Capital, and Historical Natures in the Capitalist World-Ecology", *Review*, Vol. 37, No. 3-4, 2017, pp. 245-292.

④　Moore, *Capitalism in the Web of Life*.

⑤　Engels, F., "The Part Played by Labour in the Transition from Ape to Man", In Marx, K., F. Engels, *Collected Works*, Vol. 25, New York: International Publishers, 1987, pp. 452-464.

猪业和巨大的猪粪 "泻湖"，它们可能而且确实断裂了，它们产生了灾难性洪水，这正是 2018 年 "佛罗伦萨" 飓风之后在北卡罗来纳州东部发生的情况①。

与此同时，这种无毒废物变成粪河的量变和质变过程——这是我能想象到的对 "废新世" 的恰当描述！——还伴随着另一个更具毒性的质变过程。正如 60 年前蕾切尔·卡森所表明的那样，20 世纪化石革命已经直接毒害了人类和其他生命，以便创造更多的盈利新机会②。在目前情况下，资本以前所未有的方式用塑料、除草剂和杀虫剂渗透我们的身体，产生了莎娜·斯旺（Shanna Swan）所说的 "倒计时"——人类物种的绝对生育危机③。总而言之，"废新世" 的辩证法让地球生命开启了一系列更具毒性的、更具侵略性和更广泛的变化。这些攻击与资本主义过度污染的普遍法在具有功能和辩证的联系，它们迫使资本化和生产废物之间不相称。每一个商品边疆必然有一个更大的、变动的、更毒的边疆。每一个剩余价值量子也都有一个更大的、变动的、更毒的剩余污染量子。

因此，"废新世" 的辩证法不是 "破坏自然"——阿米埃罗明智地回避了这个术语。从波托西的银矿到美国在东亚的核战争和化学战争，"资新世" 帝国积累的生态灭绝逻辑并没有 "破坏环境"。环境本身不会被破坏，只是它们为特定生物群提供的可栖息地被破坏④。产生废弃物和荒地、创造 "被废弃之人和被废弃之地" 等帝国式做法，为无尽的累积提供了条件，创造了有利于延续世界霸权和 "良好商业环境" 的环境⑤。我将这种创造环境的动力简称为 "廉价自然"，它们塑造了谁、什么有价值以及谁和什么会受到暴力贬低。它们改变了生命之网，又反过来被生命之网所制约。

超越废物时代：大崩溃中的星球正义

这将给我们带来何种关于星球地狱中资本主义危机的革命性解释？阿米埃罗正确地坚持认为，我们的危机是一场划时代的 "社会-生态危机"。但这是什么样的危机？是资本主义的危机，还是仅为其新自由主义阶段？温室气体浓度过高的危机？我们的资本主义三

---

①　Bethea, C., "Could Smithfield Foods Have Prevented the 'Rivers of Hog Waste' in North Carolina After Florence?", *New Yorker*, 30 September, 2018, https://www.newyorker.com/news/news-desk/could-smithfield-foods-have-prevented-the-rivers-of-hog-waste-in-north-carolina-after-florence.

②　Carson, *Silent Spring*.

③　Swann, S. H., S. Colino, *Count Down: How Our Modern World Is Threatening Sperm Counts*, *Altering Male and Female Reproductive Development*, *and Imperiling the Future of the Human Race*, New York: Simon and Schuster, 2021.

④　Lewontin, R., R. Levins, "Organism and Environment", *Capitalism Nature Socialism*, Vol. 8, No. 2, 1997, pp. 95-98.

⑤　Moore, J. W., G. Avallone, "El mundo como capo de batalla: La larga historia de las crisis climaticás y la naturaleza barata en el sistema Westfaliano", prologue to Y. Molinero Gerbeau, *El medioambiente en las Relaciones Internacionales*, Madrid: Editorial Sintesis, 2022, pp. 9-21.

位一体的危机？阶级社会，还是只是其资本主义形式的危机？

我们如何回答这些问题决定了我们的政治思想。我相信，阿米埃罗和我都同意，认识到逻辑和危机趋势，是实现国际主义和社会主义的星球正义战略的必要但不充分的基础。一个人对气候危机的评价和我们的政治想象力源于对历史的评估：首先是生命之网中的阶级社会和资本主义。我们可以忽略这些历史，并以"人新世"的潮流假设这些历史①。但只有一个革命性的综合体才有用，它无畏地追求"彻底性正直"地评估资本主义一般规律，挑战处处存在的教条②。正如阿米埃罗所认识的那样，这种历史唯物主义，首先要认识到"废新世"是如何在生命之网中开展阶级斗争的辩证法。正如我们所看到的，这预示着帝国主义的问题以及"废弃化"与"废弃之人和废弃之地"的差异化统一。

针对"人新世"增长主义极限，我们可以和马克思一样辩证地解释资本主义极限。这种解释视野强调了边疆在抵制利润率下降趋势中的核心地位。这种辩证的计算聚焦于废弃物和廉价自然的边疆之间的非线性关系——这里的边疆是提供资本化程度最低的工作、食物、能源和原材料（四种廉价品）的区域。

这个问题或许可以被简要概括。在历史上，巨大的工业化浪潮与巨大的污染和毒物浪潮辩证地结合在一起。回顾过度污染一般规律的不相称性论点：每一个剩余价值量子也都有一个更大的、变动的、更毒的剩余污染量子。商品综合体的地理扩张必然意味着新的和扩大化的废物边疆。新工业化和新帝国主义自始便是统一的。正如我们已了解，这不仅是因为它无休止地搜刮四种廉价商品，也是因为它把血液变成资本——这里借用马克思的阶级诗学，它是一种炼金术，它毒害人类和其他机体，建立牺牲区和人口，倾倒最毒的废弃物。

只要废物边疆可被圈定和征服，或以其他方式服从，毒化的代价就会被实际外化。在很长一段时间里，各种形式的污染和毒化造成了偶发的及区域性的麻烦，但没有系统地阻碍世界积累。这显然不是一个持久的状态。在某些时候，废物边疆被圈定，但"水槽"也会溢出。对人类和非人类生命的损害开始被记录在全球资本的账簿之上。

但这不仅仅是"水槽"溢出的问题。那种过于线性、机械式。"水槽"正在碎裂、内爆。这是因为"废物"不是一种东西，而是一种关系，资本主义的"废新世"逻辑带来的不仅仅是数量上的扩张，还是废物在生物地理上的质变。其中一个方面是生产的急剧毒化。20世纪40年代以来的石油化工和农业革命，有毒的高科技生产，煤炭、石油和天然气等化石燃料的开采越来越有毒，战后核能综合体崛起。更不用说美国军工综合体了，它

---

① Moore, "Our Capitalogenic World".

② Williams, R., "Ideas of Nature", *Culture and Materialism*, London: Verso, 1980, pp. 67-85.

现在是世界上最主要的碳污染者之一,而且因毒害自己的士兵而臭名昭著(想想看:燃烧坑、贫化铀、橙剂)①。

废物边疆的非线性特征在气候危机中表现得最为明显。这场危机涉及过度污染一般规律下废弃物的三个面向:帝国-资产阶级圈定大气公域;温室气体的大量产出;使任何胆敢挑战美国单极霸权的人将被废弃。(五角大楼是世界上最大的温室气体的机构排放者②。)19世纪末,随着垄断资本主义的崛起,化石燃料生产的大规模扩张揭示了质的转变:从污染作为废物问题变成了过度污染是由资本造成的地球危机的关键因素。这是另一个叙事斗争。这不是一个关于圈定然后关闭废物边疆的线性故事,随之而来的是损害生命和资本成本的逐步上升。这是一个关于500年来资本主义的廉价自然战略如何内爆的故事——它划时代地逆转了自1492年以来世界积聚的成本最小化趋势。

结语:从全球垃圾场到星球社会主义

正如阿米埃罗所说,全球垃圾场的关闭是廉价污染的关系极限,是政治、土壤和作物、气候中负价值的划时代激活。这并没有终结资本主义的常规做法,资本主义在继续追求军事化积聚,即使它恢复世界积聚条件的效果在减弱。这是大革命。由于没有新的边疆,资本的矛盾转向内部,产生了前所未有的毒化和暴力的冲击,这也是格尔茨(Geertz)著名的公式——抑制劳动生产力,诱发劳动的再生产危机③。造成这样局面的原因很简单:资本主义的日常业务,它的技术创新、军事化积聚和廉价自然依赖于大边疆。那些连续的边疆运动使帝国资产阶级能够遏制马克思意义上生产成本的上升趋势,并遏制工业化和帝国主义过度开发所带来的危险阶层。它的关闭代表了一个数量和质量的转折点:一个资本主义的划时代危机。

资本主义现在正在激活新的"自然中沉寂的潜能"(再次回到马克思)。自1492年以来被毒害和管理的生命之网,正在公开反抗中。事实证明,资本主义的世界-生态不仅使无产阶级——而且也使生物阶级——成为资产阶级的掘墓人。1%的人是否会演变成一个后资本主义、技术权威的统治阶级,这是达沃斯计划及大重启计划的内容,但它还有待商榷。同样,坚持关注马克思"土壤和工人"辩证法统一体的星球社会主义也是如此。但是,如果认为资本主义能够经受住地球地狱的风暴——由"废新世"的逻辑所驱动并被

---

① 这些士兵是无产阶级,其中许多人来自阿米埃罗对环境不公的严厉控诉所强调的被废弃的地方和人群。

② Crawford, N. C., *Pentagon Fuel Use, Climate Change & the Costs of War*, Working Paper, Watson Institute, Brown University, 2019.

③ Geertz, C., *Agricultural Involution*, Berkeley: University of California Press, 1963, p. 58.

廉价自然的终结所放大——那就真的是赋予资本主义以超自然的力量。

　　替代性方案是什么？正如阿米埃罗所建议的，我们必须对抗普遍的"人新世"带来的神秘化，它将资本主义帝国资产阶级逻辑"无形化和常态化"①。叙事斗争是一场阶级斗争，但光有对抗是不够的。我想阿米埃罗会同意。为了对抗廉价自然的暴力及其对生命的无情贬值，我们必须阐明并推进一种社会主义的替代方案，使民众对投资、再生产和胁迫手段的控制民主化。显然，这不仅需要政治经济革命，还需要文化革命——要重新评价多样性、一体性与和谐的生命繁衍。这并非一劳永逸之事，而是在生命之网中进行持续不断的阶级斗争。我认为这是阿米埃罗的辩证含义：在揭开"废新世"代理人面纱的过程中，我们为革命式民主化以及在"资新世"末期重估生命、土地和劳动的价值提供了可能性。

---

　　① Armiero, *Wasteocene*, p. 26.

重新想象废物、价值与共同：一生的场景

朱莉·苏

美国加州大学戴维斯分校

马可·阿米埃罗的《废新世》鼓动我们去俯视大地而非仰望天空，以便更好地理解全球社会生态危机。这是一本对新旧思想再创作的颇具野心之作。理论、反思以及作者自己的最新观点完美地融合于书中：从作者与新冠病毒斗争的经验以及这段经历如何影响他对气候危机的看法，到他青年时代在垃圾遍地的那不勒斯的经历与社会关系如何塑造周边人群的生命机遇，再到人们如何通过抗议移入环境污染以对抗不公正。

我想沿着阿米埃罗的线索，借用他的叙述风格提供我对其观点的初步想法，并提问和推进"废新世"的概念，尤其是他所谈到的身体和共同。首先，阿米埃罗将废弃视为征服的过程而非废弃物，这是正确的。更确切而言，思考"废新世"意味着将废物作为废弃化的框架，也就是"创造被废弃之人和废弃之地的社会生态关系"（第 10 页）。特拉奇·沃伊尔（Traci Voyle）在《废地化：纳瓦霍地区铀矿开采的遗产》（*Wastelanding: Legacies of Uranium Mining in Navajo Country*）中讲述了纳瓦霍族铀矿工人中毒，他同样关注过程（"废地化"），而非美国语境下作为种族、殖民和性别类别的废弃物。

我与"废新世"的多元联系从记忆碎片中浮现。我生长于纽约市唐人街密集的城市街区，我曾像所有孩子一样认为我的成长方式是"正常的"。腐臭且敞口的巨大垃圾桶和重达 10 磅（4.54 千克）以上的老鼠随处可见。气味也是如此。或许这就是为什么废弃物会成为我第一本书《有毒的纽约：城市健康和环境正义的种族政治》（*Noxious New York: The Racial Politics of Urban Health and Environmental Justice*）的核心话题。这本书的重点是 20 世纪 80 年代和 90 年代的纽约市。纽约市的废弃物政治中有很多与阿米埃罗的研究相关联的重要内容。这两个地方的垃圾交易都是由黑手党经营，他所叙述的垃圾是一种"肮脏"的生意也同样发生在纽约市。当时这个行业正在整合为大型跨国公司，这些公司的势力覆盖社区、地区乃至国家和跨洋空间。我在后来的学术生涯中了解到，唐人街是如何以及为什么会以这样的方式而存在。它们如此存在，并非志同道合的人选择分享他们的文化和美食，而是因为 19 世纪末白人至上主义者坚称（为应对各种疾病暴发）华人及其生存的地方有病菌。嵌入《排华法案》等立法中的白人种族主义与种族主义区隔政策，

迫使华人生活在肮脏的环境之中（当他们没有被赶出他们的社区，没有被加州和西海岸的反华白人暴徒处以私刑时）。

在我的第二本书《幻想的岛屿：气候危机时代的中国梦与生态恐惧》（*Fantasy Islands：Chinese Dreams and Ecological Fears in an Age of Climate Crisis*）中，我探讨了一些与我第一本书的主题几乎相反的话题。在书中，我把重点放在我父亲的家乡崇明岛（上海的一部分）以及东滩。东滩是一个"零废弃""碳中和"的技术工程式乌托邦景观。在那里，生态问题被神奇地货币化。然而，这两本书的关注点是一个硬币的两面。在环境清洁存在之处，废弃物必须在其他地方产生。为了使崇明岛具有作为生态友好的自然景观的"价值"（不仅在东滩，还作为上海和整个中国的代名词），废弃物和污染必须消失。对我来说，全球贸易流动、污染、历史和权力在特定的地理环境与"生态梦"中被具体化，而"生态梦"的终极繁荣是要保持现有的政治、空间和经济关系。

正如阿米埃罗所指出，"废弃是一种关系，产生了目标社区，而不是仅仅选择它作为一个安置无用设施的理想场所"（第 2 页）。作为一个在此类目标社区（纽约唐人街）长大，但其家族根基却在成为反废弃物乌托邦梦想之处的人，我对废弃物的兴趣被我家工人阶级的身份认同放大。正如研究拾荒和拆船的学者们所述，贫穷要求下层阶级的人总是要靠富人的残渣生活。

韩国导演奉俊昊的奥斯卡最佳影片获奖作品《寄生虫》涉及了这些主题，并对资本主义开展了尖锐而惊心动魄的批评。在影片中，一个贫穷的家庭（金家）通过出人意料的欺骗术"渗透"到一个富有的家庭（朴家）之中。穷人家的儿子从一个朋友处获赠一块文人石，这个朋友让他接手给富人家女儿做家教的工作。他重复说这块石头是"有寓意的"，它象征着财富。搞笑的是，这块石头不（仅仅）是个隐喻，它实际上很重。美、财富和权力是隐喻的，也是物质的（和社会）。自然之力和岩石的劳动是无形的，但显然它们并非无形。岩石从哪里来，它是如何被移动的？金家的人类垃圾的象征性和具体重量是什么？随之而来的身体暴力有何意义？

这些问题涉及政治、文化、经济和环境，它们与我的近著《危险时刻的环境正义》所探讨的问题有关。我希望自己有阿米埃罗那样清晰的视野和强大的语言能力，特别是他概述的所谓的"'废新世'生存指南。规则一：永远不要离开你所属的世界；规则二：不要问自己那些多余的财富最终会在哪里终结；规则三：如果你现实中遇到了'废新世'，就逃跑吧，不要试图改变它"（第 42 页）。

我的书聚焦于那些以原则和坚强拒绝了第三条规则的人。我研究了组织者、社群和运动在面对那些挑战生命状况的环境与社会暴力时，如何通过不同形式抗争、生存、关爱和创造，为气候、环境和健康正义以及反对持续的污染与开采而斗争。这个危险的时刻对环境和正义意味着什么？我们可以从争取环境正义的斗争中学到什么？环境正义运动——是什么，谁在参与，它们在反对什么？这是一个理想的观察点。我们透过它能够理解历史和文化的力量，以及最重要的，通过运动、文化和故事来抵抗暴力、死亡、生命及身体的毁灭。该书以美国研究学术成果为基础，提出不公正的环境根植于种族主义、资本主义、军国主义、殖民主义、对原住民的土地掠夺和性别暴力。该书问道："我们要采取哪些行动才能到达一个更加环境公正的美国和世界？在黑暗时代，想象力能发挥什么作用？"它研究了关于气候干扰的文化案例，强调反资本主义、团结和反消费主义的社会艺术纪录片与电影，其内容包括了新奥尔良的"卡特里娜"飓风和波多黎各的"玛丽亚"飓风。

《寄生虫》是我书中探讨的文化生产传统的一部分，阿米埃罗在《废新世》中也是这么做的。他描述了有毒叙事的关键要素，这些叙事试图"将暴力隐蔽化"和"将不公正常态化"来指责受害者的存在，更别提生存。有毒叙事的对立面是反霸权主义的叙事。阿米埃罗描述了一些重要的例子，如"毒物自传"项目（第 24 页），以及通过意大利嘻哈艺术家阿萨提·弗兰塔利的音乐视频发现的斯尼亚维斯科萨工厂的行动和故事。

在《寄生虫》中，将金家和朴家分开的是大自然，特别是垃圾、水和洪水。当朴家的露营之旅只是被雨水冲走时，金家的地下室公寓里却充斥着从马桶里进出并从窗户流进来的污水。环境灾难——洪水、野火和飓风——伤害了所有人，但它们对最脆弱的人伤害更深。《危险时刻的环境正义》探讨了这些灾难所意味着的物质性：死亡、破坏和混乱以及对这种不公正的批评文化。环境正义运动认为这一时刻可以被避免，并为所有人，而不仅是富人，想象一个更公正的未来。

最近我母亲的去世让我将最后的想法集中在丢弃上。当她的身体每况愈下（或者用普通的说法是"日渐消瘦"）时，她的孩子、家人和更广泛的唐人街社群聚集在一起，确认她的生命和死亡。作为一个佛教徒，她的肉体会转变为另外的形式给了她极大的安慰，使她能够面对这个必然之事。作为一个生活在美国的工人阶级移民，她（和我早已去世的父亲）有很多东西没有扔掉。在极端贫困和饥荒中长大的经历迫使人们以那样的方式适应，这是没有这些经历的人所无法体会的。作为在富裕环境中出生和长大的孩子，我们现在是家庭垃圾拾荒者，翻阅他们的生活，选择现在对我们重要的记忆和材料。我们思考着没有我们隐喻性"岩石"（生养和塑造我们的父母，我们认为他们一直在那里，而且会一直在）的生活。他们的大部分东西没有任何经济或象征性价值。唯一的例外是一块文人石，它是在我父亲运势最兴旺的时候用吊车运进我们家的。我们坐在那里盯着这块石头，就像《寄生虫》中的人物一样，想知道它是用来做什么的，为了显示他们的财富、他们的爱情、他们与美丽和自然的联系？对东西的追求、无休止的消费主义、增长和物质主义到头来是没有结果的，也是无法令人满意的，但在面对我们在物质形态上的短暂时间时，思考这块石头的永恒性却是有意义的。

　　在我母亲去世后，唐人街社区称赞我母亲和她在世的时间。她的生命是有价值的，即使她的劳动没有得到补偿和承认。根据唐人街工人阶级的传统，每个人都给我们一个白色的信封，里面装着他们能够为葬礼支付的费用。这种集体行为既理解了死亡的不可避免性，也理解了我们作为一个共同体生存在这个世界之上。我想这就是阿米埃罗所说的"共同"之意。他和意大利女权主义者西尔维娅·费德里西以及其他许多人正在分享历史遗迹这些词汇的内涵。我们需要更多关于解放、共同和正义的故事，而《废新世》则示范了如何开始这种对话。

西方的废弃物?

桑德拉·斯沃特

南非史德兰波希大学

> 每周一的垃圾收集日,它在我们的社区里、在我的面前大喊大叫。当垃圾桶被放出来的时候,看到那些面目狰狞的人从垃圾中找东西吃,我的心都碎了。然后,愤怒在我心中升起。
>
> ——亚当·斯莫尔(Adam Small),反种族隔离制的南非诗人

这里不漂亮,也不好闻。这里没有树木。河流流动或变成有毒的淤泥。土壤有毒,水也不能安全饮用。仅有的鸟鸣是海鸥和那些盘旋的食腐生物的聒噪叫声。佝偻的身影在废物中穿梭。这是一部世界末日般的历史。

我很清楚这一点。拾荒者是南非生活的一个关键部分。今天大概有 9 万多名拾荒者,他们回收垃圾的规模如此大,是因为收入严重不平等及高失业率[①]。捡垃圾的前提是,有些人非常富有,以至于他们可以丢弃仍可使用的东西,而另一些人非常贫穷,回收这些垃圾对他们而言是一种划得来的选择。他们被不体面地对待——他们在回收过量垃圾方面所发挥的重要作用没有得到赞扬,而是经常受到侮辱,并在郊区和城市房主的坚持下被保安强行带走。这些房主并非排斥回收,他们只是不想看到那些回收客。这让我感到愤怒,我也被驱逐出 WhatsApp 的邻里群(他们和我都松了一口气)。我与硕士生金吉娜(Gina King)合作重建了该行业的历史,包括一份在我大学所在的斯泰伦博斯(Stellenbosch)城镇垃圾填埋场生活的群体的口述史。这项研究挖掘了种族隔离的历史和消费社会的兴起,这两者都导致了日益不同的种族化和阶级化的废弃物处理经验,并创造了一个"被废弃之人"的类别[②]。在提供一丝希望的附录中:南非拾荒者协会(South African Waste Pickers Association)在过去十年左右设法组织起来,并为策略性使用公地提供一些尊严和

[①] 四年前,世界银行将南非列为世界上最不平等的国家,在 2019 年新冠疫情之前,失业率为 38.5%(Stats SA,2019 年;世界银行,2018 年)。

[②] King, G. , *"Skarrelling": A Socio-Environmental History of Household Waste in South Africa*, MA Thesis, Stellenbosch University, 2014.

支持，以避免像其他地区一样陷入公地悲剧①。

这种语境让我以不那么学术和个人的兴趣来阅读马可·阿米埃罗的新书，我带着愤怒和悲痛的感情以及一点小希望。事实证明，这是阅读这本书的完美方式，因为这正是阿米埃罗的写作方式。

废弃关系

阿米埃罗"有能力在垃圾中找到有趣的东西"，正如另一位对世界不公正现象深感忧虑的意大利人安东尼奥·葛兰西（Antonio Gramsci）曾这样自我评价②。阿米埃罗在垃圾中找到"有趣的东西"的重要性在于，他不把它看作一个"东西"，而是把它看作一组变化的关系和一种意识形态。这种意识形态是霸权主义的；它也具有毁灭性危险，它所依据的权力等级结构像任何垃圾场一样有毒。阿米埃罗建议：

> "废新世"充斥着各种废弃关系，因为整个行星尺度的废弃关系塑造了"废新世"，废弃关系制造了被废弃的人与地方……殖民进程中固有的"他者化"实践是任何废弃关系的内核。废物的产生与制造他者、外部和"我们"的过程紧密相连。（第 2 页）

历史的垃圾桶是被遗忘者的归宿。当我们历史学家想到世界的垃圾桶——或"垃圾堆""弃物堆""灰堆"——它是一个寓言，而不是一个严峻的存在。但对阿米埃罗来说并非如此。事实上，这个隐喻是英国散文家奥古斯丁·伯雷尔（Augustine Birrell）在 1887 年发明的——"那个叫作'历史'的尘堆"。然后，列昂·托洛茨基（Leon Trotsky）把它打捞起来，为孟什维克的失败而欢呼。此后，它被不同的人回收和重新利用，例如罗纳德·里根（Ronald Reagan）预言共产主义的垮台，尤里·安德罗波夫（Yuri Andropov）预言其敌人的失败。然而，废物本身却被归入了边缘空间。废物本身是一个被忽视的历史话题——它隐约可见，但往往不被提及。正如世界上许多地方的现实情况，让废物离开人们视线，从而不再烦扰，这种做法似乎奏效。也许废物是如此可怕——是个人和政治的糟糕融合，如此无法彻底解决——以至于我们经常不面对它。

废物是一种陈腐的邪恶。它需要每日自欺欺人，它允许安抚性谎言，即废物在某种程

---

① 环境、林业和渔业部以及科学和创新部（2020 年），南非拾荒者整合指南，通过整合非正规部门建立循环经济和改善生计，DEFF 和 DST：比勒陀利亚。

② 葛兰西致朱塞佩-贝尔蒂的通信，1927 年 8 月 8 日。Gramsci, A., Letters from Prison, translated by Lynne Lawner, London：Quartet Books, 1979, p.93。

度上完全可控且不会慢慢让星球窒息。阿米埃罗为我们提供了对"人新世"这一概念的批判，因为它"所声称的中立性，它的去政治化影响，以及它对社会、历史、性别和种族差异的无视"（第 6 页）。他向我们展示"废新世"可以作为一种替代性方式。这很有用，因为它鲜明地解释了歧视性社会政治、经济和生态关系，这些关系被"人新世"的"我们"表面上的不结盟所遮蔽。他对废物的沉思同样展现了我们如何组织社会。在他对"废新世"大厦支柱的描述中，我认识到我社区里那些被修辞及武力所掩盖的男人和女人——或者正如阿米埃罗所言：这种体制创造了与废弃物打交道且被认为是废物的无价值之人。查尔斯·米尔斯着眼于种族和废弃的交集，明确指出"黑色已经有了垃圾的内涵"（第 52 页）。废弃物是狡猾的，因为它不仅仅污染物质世界，还使人与人之间的关系变得有毒。这是这本小书的长期影响：将"废新世"作为一种政治性表达。

为了推进此政治性议程，阿米埃罗向我们展示了"废物世"如何既是全球的，也是具体的——因此他讲述了巴西、加纳、那不勒斯和美国的故事。他这样做是为了揭露"人新世"作家所言的"我们都在其中"的虚假普遍主义。当然，我们都生活在"人新世"，但却以完全不同的方式体验它①。阿米埃罗提醒我们：

"我们的确都在同一艘船或同一星球上，但就像泰坦尼克号一样，武装警卫和封锁大门将尽其所能地守护划分注定要淹死之人和需要被拯救之人的边界。我实际上主张，我们越进入废新世，这种安全化和排他性就越强。"

他建议我们，在寻找权力、毒物和污染的具体纠葛时，要超越"人新世"，进入"废新世"。废弃关系是由物质污染物和有毒的元叙事强加给边缘人群的。虽然官方常常帮助隐藏这些"废弃关系"，但受此影响的人类和其他物种的身体——组织、肺、血液、细胞——提供了无法否认的内脏记录。

我喜欢阿米埃罗对"人新世"的实验性重塑。它让我想起了大约 60 年前，记者和社会评论家万斯·帕卡德（Vance Packard）在《废弃物制造者》（*The Waste Makers*）（1960）一文中帮我们建立了对此话题的兴趣。在这篇揭露消费主义及其产生的废弃物的文章中，帕卡德预言："历史学家……可能会把这个时代称为'丢弃时代'。"② 我自己创造过新名词："消费新世"（Consumptocene）。对消费的迷恋——对事物的渴望、拥有、制造、销售和购买——是另一种描述这种情况的方式（与环境污染加剧了消耗病对人体的"消耗性"影响相呼应）。这把我们带到了人类历史上最重要的转变：从狩猎采集到定居耕作——因

① 从全球南方的视角，详见《南非历史杂志》的特刊。Swart, S., "At the Edge of the Anthropocene: Crossing Borders in Southern African Environmental History", *South African Historical Journal*, Vol. 73, No. 1, 2021, pp. 1-10.

② Packard, V., *The Waste Makers*, New York: IG Publishers, 1960.

为这使得拥有成为可能。但它缺乏一个重要部分，即"被废弃之人"（阿米埃罗已经涉及），那些被当前体系所废弃的人[1]。

"消费新世"以及由此产生的"废新世"有多长的历史？12 000年前农耕的出现改变了一切。在流动的狩猎采集者中，食物可能是共享的。在游牧民族中，财产很少，而且是功利性拥有的。狩猎采集者不储存多余的东西，漫游时也不携带更多的东西，他们更具有可持续性——他们比农民和牧民更具备物质及存在的安全感——并且更少产生废弃物或行使（用阿米埃罗的术语）废弃关系。但是，定居转向意味着一个新的财产所有权制度诞生。在新石器革命中，人们缓慢且非线性地转向农业，驯化动物，并从狩猎和采集过渡到种植农作物。虽然有些社会回到了狩猎采集，或将这种生活方式一直保持到现在，但整个地球上大部分人都转向农业。这意味着曾经平等的、较小规模的、流动的社会被广泛取代，过去这些社会很少有竞争性和强迫性获取物资，所以也不常见显著的不平等和废弃物[2]。事实上，有些人认为，消费物质的欲望率先出现[3]。他们认为，狩猎采集者从事农业，不是因为人口压力或气候的变化，而是因为第一批成为农民的定居狩猎采集者（非典型）社区中出现了"基于占有的私有财产制"。突然间，随着人们转向定居，财产以前所未有的方式变得重要，因为新的国家需要大量人工来灌溉谷物，还需要各种形式的不自由的强迫劳动，以及发动战争的新倾向。大体而言，等级制度、战争、阶级、奴隶制和废弃物也随之而来。物质杀死人。

污染是这些早期定居点的一个标志[4]。我们早在埃及木乃伊发黑的肺部发现了污染物。古罗马的公民也抱怨污染物，这甚至促成了社会正义的法律，法学家亚里士多德宣称商店不能将烟排到周围房子。罗马人抱怨过"沉重的天堂"或"令人生病的空气"[5]。两千年后，正如阿米埃罗向我们展示的那样，他们的后代在意大利又有了抱怨的理由，即那不勒斯废物危机。那不勒斯曾经是"大陆旅行"的必经之地。歌德的那句"看一眼那不勒斯才死而无憾"使此地闻名于世。后来，这句话变成了"闻一下那不勒斯便会死去"。阿米埃罗将废物危机解释为各种社会上流（包括那不勒斯黑手党卡莫拉）的废物倾倒地，

---

[1] 事实上，在定居和采用农业之间存在着比我们最初意识到的更大的间隔——人们先定居，零星地采用农业，然后再强加给它。Scott, J. C., *Against the Grain: A Deep History of the Earliest States*, Yale University Press, 2018.

[2] Suzman, J., *Affluence without Abundance: The Disappearing World of the Bushmen*, Bloomsbury, 2017.

[3] Bowles, S., J. -K. Choi, "Coevolution of Farming and Private Property during the Early Holocene", *Proceedings of the National Academy of Sciences*, USA, 28 May 2013, Vol. 110, No. 22, pp. 8830-8835; Bowles, S., J. -K. Choi, "The Neolithic Agricultural Revolution and the Origins of Private Property", *Journal of Political Economy*, Vol. 127, No. 5, 2019, pp. 2186-2228.

[4] Stephens, L., *et al.*, "Archaeological Assessment Reveals Earth's Early Transformation Through Land Use", *Science*, 2019.

[5] Morrison, J., "Air Pollution Goes Back Way Further Than You Think", *Smithsonian Magazine*, 11 January 2016.

背离基本正义的行为和良好政府放弃治理。"废新世"见证了巨型垃圾堆的诞生，这个垃圾堆试图把人们也归入社会垃圾堆：通过"将慢性暴力的体制施加于受困于此的居民生活及其身体之上，同时伴随着由国家镇压机构施加的更明显的暴力"①。这样一来，他把"鼻子放在政治的中心"，为我们提供了一部关于阶级关系的感官史。

> "这股臭味正好又提醒人们皮亚努拉就是'他者'；我所了解的城市已结束，另一种空间已经就位。这种嗅觉的感知景观是一个关键探测器，它让我们看到了'废新世'的社会-生态暴力。虽然所谓的废弃物危机形成了'废新世'的边界，它将废弃物带到大都市中心，但皮亚努拉的臭味仍然停留在此地以及居住于此的人们身上。"②

在这里，阿米埃罗的故事与他个人的历史相缠绕：我们感受到他心底的悲伤，当那个靠拾荒勉强度日的少年朋友塞尔瓦托某天起"从课堂上消失，永远地离开了学校，而我却成为一名教授。这些事实说明废弃物在这里不仅是一种东西，而是一系列旨在（再）生产排斥和不平等的社会-生态关系"。这本书读起来很沉重，但时而也能在这本悲伤的书中找到一些意想不到的乐趣。环境史学科的发展得到初步的关注。我们读到新左派和20 世纪 60 年代学生运动的融合如何使历史民主化："书写纽约老鼠、巴西森林或美国西北部鲑鱼都可被接受……1999 年，我提交自己首部关于意大利某地区森林史的专著书稿的时候，一位极有影响力的历史学家讽刺道，以这种速度发展下去，学者们会开始写最无关紧要的东西。"③本着个人即政治的精神，阿米埃罗也讲述了自己与新冠病毒的斗争经历，他在谈到这一点时没有自怨自艾④。虽然此过程惊心动魄，但由于他的阶级、种族、性别和全球地位，他比较轻松地经受住了考验。读者也会喜欢作者讨喜的旁白："作为一名历史学家，我一直与自己差劲的记忆力作斗争，这种情况随着年龄增长肯定不会有所改善。"⑤

使废物衰弱?

很久以前，一位早期环境历史学家唐纳德·沃斯特敦促我们把靴子弄脏——但阿米埃

---

①　Armiero, *Wasteocene*, p. 44.

②　Ibid, p. 41.

③　Ibid, pp. 18-19.

④　我经历过新冠疫情，知道它很可怕，但我也意识到它对其他人而言可能远比对我这个住在瑞典的意大利白人教授更可怕。（第 46 页）

⑤　Armiero, *Wasteocene*, p. 16.

罗则把自己的手弄脏。他是一个历史的拾荒者。他像喜鹊一样，在我们给世界造成的巨大混乱中寻找少数闪光的案例，并利用它们来阐明更大的问题。从根本上说，读者会和阿米埃罗一样问自己："如果不公正的社会-生态关系产生了'废新世'，造成了社会垃圾场和免疫社区，那么，我们真的应该回到原来的状态？难道韧性而非抵抗性真的是一种脱离'废新世'的更好策略吗？"[①] 显然，旨在实现零废弃物的计划应该得到支持。循环利用——就像我们镇上的拾荒者一样——是通往共同的一个过渡阶段，它允许以创造性的方式解决废弃物问题，承认本地知识。他提醒我们，"共同化实践破坏了废弃逻辑，因为它们通过包容和社区建设来再生产社会价值，尽管社区也会通过他者化和废弃化再现不平等。除了分发食物，团结旅还促成了预想政治"[②]。谈到共同时，我发现阿米埃罗拒绝成为"废新世"这个新名词的"拥有者"，这令人耳目一新。他指出，是一个由朋友、同事和同志组成的网络帮助他想到了该词。此外，他明确表示：

> "我并没有声明自己发现了一个地质时代，我既不具备专业知识也没有野心去发现'废新世'的'金钉子'。'废新世'是一个完全独立于死灵/种族资本主义、殖民主义和环境正义之外的概念吗？不，它不是。这些概念之间存在深刻且有机的联系。我反对为了宣称新事物而废弃一些事或人的新自由主义信条。"

相反，阿米埃罗将废弃的历史回收到一个可利用的过去。他以诚实和受伤的希望来写作。在某种意义上，这不是一本传统专著，而是一份宣言。一个葛兰西式的呼吁。他准确地选择了正确的出版渠道。剑桥大学出版社基本原理系列是一个重要的新方式，它可以让学者们迅速分享重要想法，并激发对重要问题的深度讨论，为我们提供了讲故事这一古老艺术的可能性：

> "我们应该控制叙事生产与重构的手段，因为我们讲故事的方式影响着我们想象和建立新世界的方式，抑或是再次落入重建相同世界的陷阱之中。如果强加有毒叙事和记忆是为了使'废新世'自然化和常态化，那么游击式叙事则可揭露'废新世'并消解其废弃逻辑。"[③]

---

① Armiero, *Wasteocene*, p. 45.
② Ibid, p. 49.
③ Ibid, p. 23.

"废新世" 与意大利的政治生态学

萨尔瓦·托勒

意大利卡塔尼亚大学

马可·阿米埃罗的著作对于最近意大利政治生态学辩论的重生有重要贡献。尽管这本书为全球读者而写，后来才被翻译成意大利语，但作者的论点无疑是意大利政治生态学论争的产物，此论争涉及了民族特性与全球趋势之间辩证的关系。例如，从一场可追溯至葛兰西的辩论中可知，不平等是意大利资本主义模式的母题。阿米埃罗开始反思此类问题造成的社会-生态偏差，并寻求一种解释生态危机之中社会变化的可能性。

"废新世" 与意大利政治生态学的历史

土壤侵蚀和生物遗产的退化说明了意大利晚期资本主义现代性的持续进程。晚期国家的形成通过持久的社会生态不平等和国家生态危机等加速实现，同样，建设国家空间只能通过牺牲各类地区来实现。例如，将财富转移到北部城市，或者牺牲部分人，使之直接暴露于有毒物质，这便让高风险的工业生产被安置在那些被掠夺之地，所以风险不平等分布不断显现。

意大利案例的另一特点是南方生物存量和繁殖能力正在被缓慢侵蚀，这也说明当地生物圈繁衍资源正在减损。随着灾害发生、资源开采、高生态风险和影响健康的大型生产单位的建立，以及房地产的失控性扩张，大量移民随之涌现。发展的社会政治计划正是迈克尔·沃茨所言的"沉默暴力"。不平等和生态危机从一个停止运转的社会系统中诞生。系统性激进暴力的存在从各方面表明了社会空间及其与整个生物圈的关系。

尽管该积累过程在过去两个世纪中持续加速，但意大利的生态议题一直位于政策制定和制度干预的边缘。这部分是因为它直接被视为一个难以控制的社会问题。然而，承诺阻止任何批判性生态建议在公共叙事中任何传播，也可被视为一种强大的稳定要素，也是一种特定语境下的系统性命令，生态问题在此中被提前预设带有天然的颠覆性。

阿米埃罗的书以自传式反思开头，给读者呈现了地方权力叙事的建构过程。在此类叙事中，系统的整体性繁衍能力不应受到质疑，同样，生态系统破坏、污染、农田过度开垦、水土流失等也不是问题。正如作者在致谢中所言，在很大程度上，这本书得益于近几十年来在社会冲突和灾难后集体性改造所产生的经验。在这些经历中，人们团结一致地反对抹除记忆，并对抗主导性叙事中集体性知识生产。

有两次灾难标注了意大利政治生态学形成的时刻。这两个事件将生态危机议题带入公众辩论，同时也创造了建立集体空间以对抗危机的机会。这两个事件可以与美国的"尘暴"相提并论，因为它们能够综合地反映出复杂的社会生态危机，也反映了由此催生出的相关研究和政治经验的重要性。我们可以尝试将这两个事件视为阿米埃罗所说的"废新世"的两个"窗口"，它们将说明伤害的不平等分布以及维持社会模式时存在的剥削形式。

第一个事件是 1963 年瓦伊昂大坝之灾，它造成 2 000 多人死亡，该事件标志了关于该国技术发展和对大型工程开发模式抱有坚定信念的叙事第一次遭遇危机。阿米埃罗研究该事件多年。该事件清晰地展现了关于灾难的叙事、投资恢复行动以维持稳定的系统能力、构建自然灾害类别之间充满了矛盾。这种叙事的影响和冲突故事的存在也引发了关于科学的政治用途的大反思①。

第二个事件是 1976 年一家跨国公司旗下的工厂爆炸后产生二噁英云，该工厂位于米兰附近小镇塞维索。这场灾难重创了这个人口稠密的地区，它是一个关于风险认知和反思整个意大利批评思维的重要事件。例如，这些受创伤影响的居民，后来与前往那里支援并与多国和当地机构斗争的生态学家团体之间出现了强烈的矛盾②。这一经历比其他经历更能彰显意大利政治生态学的诞生，因为它揭示了当地政治组织在与受灾民众沟通方面无所作为。用阿米埃罗的话来说，其核心在于"废新世"的"顿悟"并没有转化为集体的反叙事，因为在这种反叙事中，灾难不是偶然的结果，而是当地资本主义积累历史的自然结果。

在塞维索案例中诞生的那个大众科学技术委员会，是与阿米埃罗的理论相关的另外一个要素，它代表了一种创新性。正是一种非结构性殖民主义的不同科学话语的建构，标记了意大利历史上所有的生态危机。

意大利政治学理论中的"废新世"

"废新世"理论也符合意大利马克思主义的反思路径，特别是它展现了在自组织政治

---

① Armiero, M., *A Rugged Nation. Mountains and the Making of Modern Italy*, Cambridge: The White Horse Press, 2011.

② Centemeri, L., *Ritorno a Seveso. Il danno ambientale, il suo riconoscimento, la sua riparazione*, Milano: Bruno Mondadori, 2006.

经验中实现的社会理论自我再生。自 20 世纪 60 年代起，一些工厂的工会开始与环境毒性作斗争①，他们将环境毒性的定义从工厂延伸到外部场景，从工人社区延伸到城市供给。关心工人健康的工会开始反思生产对环境的影响和城市中的健康问题。然而，社会运动的中断也拓宽了视野；阿米埃罗文本中的意大利政治生态学也来自大学的集体历史，那里产生了第一批将生态危机应对问题与集体知识生产相联系的期刊和组织②。像那些年发展起来的民主医学组织（Medicina Democratica）或《知道》（Sapere）杂志等，它们展现了集体形式的团结以及将区域视为一个整体的健康理念。

　　然而，透过各种政治改造案例，阿米埃罗还阐明了另外两个伟大的新奇现象，这些新奇现象来自意大利工人主义，那是自 20 世纪 60 年代初期兴起的一类马克思主义潮流。它认为，工人阶级是经济发展和创新的引擎，正是工人的斗争决定了资本主义的发展。此外，阶级不是由制度创造，而是通过自己的斗争自主建立起来的。然而，关于工人阶级的定义非常广泛，它与工厂工作无关，而是与所有资本主义雇佣劳动形式有关。甚至城市空间也被认为是生产空间。《废新世》的开篇是一个将城市作为工厂的故事，这是一个绝对的空间，其中所有形式的生命组织都有助于资本主义的增值。该思想的首次形成与社会变革理论的更新密切相关。在"废新世"中，从工厂到整个社会环境的扩大都是通过废弃关系来产生的。

　　第二个问题可追溯至意大利工人主义的历史，但近年来却成为政治生态学重生的决定性因素。《红宝书》杂志对资本主义本质的反思可以被视为一个起点。在意大利辩论中，增长首次被解释为一个政治项目，而非支撑个人幸福的必然进程。然而，在那场辩论中，资本主义发展是否存在极限的问题仍然完全停留在政治层面。除了工人阶级主观化的条件外，资本主义没有内部极限。不过，近来意大利政治生态学的复兴也参与了将生态极限视为资本主义内部因素的争论，生态极限成为一个触及整个社会再生产和生物过程的物质性极限。

　　在废弃式关系中，系统显示了自己无法以不同的方式运作。例如，利用废物重新启动积累过程的能力必然会加剧社会不平等，而且世界总是存在生产某些东西来丢弃的需求。

---

① Barca, S., Leonardi, E., "Working-class Ecology and Union Ptics: A Conceptual Topology", *Globalizations*, Vol. 15, No. 4, 2018, pp. 487-503.

② Papa, C., "Alle origini dell' ecologia politica in Italia. Il diritto alla salute e all' ambiente nel movimento studentesco", In *L'Italia repubblicana nella crisi degli anni settanta*, Rubbettino, Soveria Mannelli, 2003, Vol. II, pp. 401-415; Torre, S., "Che cos'è l' ecologia politica? Una genealogia del dibattito", In Pellizzoni, L., ed., *Manuale di Ecologia politica*, Bologna: Il Mulino, 2023.

关于废弃化的认识论

因此，废弃关系是系统的组成部分，而不是生物圈与社会之间关系的变化。资本主义必须通过产生废物来成就自身，同理，增值也只能通过产生废物来实现。这已经超出了关于不平等发展的辩论。

近年来意大利政治生态学辩论的重生，经历了一些与其他地方相似的阶段，开始尝试构建对于极限、价值、实践和关怀等概念的反思。这是一场涉及各种政治经验和研究中心的对话，并得到了气候正义运动的支持。然而，意大利生态危机的特殊性导致此类反思相当激进。第二阶段则反思了各类批判思想的关系以及产生创新类别和研究方法的可能性。

阿米埃罗的观点提供了重要的洞见。识别废弃关系可能有助于定义特定经验或案例研究并构建特定废弃化认识论。框定导致边缘化或转化为一次性商品的过程，或许是一种针对不同情况但精确的批判性方法论。该文本为我们提供了一种重新定义分析和实践、站在被废弃之人的立场上思考，并批判知识生产形式的可能性。

参考文献

Armiero, M., *Wasteocene*, Cambridge: Cambridge University Press, 2021.

Armiero, M., *A Rugged Nation. Mountains and the Making of Modern Italy*, Cambridge: The White Horse Press, 2011.

Barca, S., Leonardi, E., "Working-class Ecology and Union Politics: A Conceptual Topology", *Globalizations*, Vol. 15, No. 4, 2018, pp. 487-503.

Centemeri, L., *Ritorno a Seveso. Il danno ambientale, il suo riconoscimento, la sua riparazione*. Milano: Bruno Mondadori, 2006.

Papa, C., "Alle origini dell'ecologia politica in Italia. Il diritto alla salute e all'ambiente nel movimento studentesco", In *L'Italia repubblicana nella crisi degli anni settanta*, *Rubbettino*, Soveria Mannelli 2003, Vol. II, pp. 401-415.

Torre, S., "Che cos'è l'ecologia politica? Una genealogia del dibattito", In Pellizzoni L., ed., *Manuale di Ecologia Politica*, Bologna: Il Mulino, 2023.

Watts, M. J., *Silent Violence: Food, Famine, and Peasantry in Northern Nigeria*, Berkeley: University of California Press, 1983.

今天的世界是垃圾做的

田　松

南方科技大学

实话说，我起初并未意识到"废新世"这个概念的必要性。

作为一个垃圾学者，我对意大利学者马可·阿米埃罗的新著当然是非常感兴趣的。感谢吴羚靖提供了这个译本《废新世：全球垃圾场的故事》，使我可以迅速了解这部书。书中的案例部分，是最容易进入且容易理解的。而对于此书的叙事，我尚未整理出一个清晰的思路。

"Wasteocene"是相对"anthropocene"提出的。"Anthropocene"一般译作"人类世"，侯深教授主张译作"人新世"。从词源上考虑，这个词的希腊词根有"新"的意思，所以译成"人新世"更符合原意。不过，中文里的"新"，带有一定程度的褒义。这样一来，"人新世"就有隐含着某种人类中心主义的味道。所以我觉得，用"人类世"更为恰当。与此相应，我觉得，"wasteocene"未必要译作"废新世"，译作"废物世""垃圾世"更具反讽的力量。也不妨译作"废弃世"，中文的"废弃"同时可用作动词，更有画面感。但出于对译者的尊重，我愿意继续采用"废新世"。

一个词在提出之后，就成了公众产品，所有人都可以在使用中赋予新的意义，不必亦步亦趋地跟随提出者的原初意愿。对于人类世这个地质名词，我习惯采用一个简单的解读方式，就是："人类的力量达到了地质作用的量级。"

人类的力量达到的地质作用的量级，这几乎可以作为一个事实陈述。不过，对于这个陈述，可以有截然不同的解读。一位科学主义者可能会感到自豪：这是科学的伟力——人类终于能够战胜自然，掌控自然了！但在我看来，则是一个非常危险的事情。就像一个玩火的孩子，火刚点燃的时候，是兴奋的、激动的，一旦发现点燃了窗帘，就应该感到恐惧，应该去灭火了。

是感到自豪，还是感到危险，取决于人对于外部世界的基本想象。而这个基本想象，其实是被建构出来的。如果追根溯源，可以说，是来自基础教育。一个社会人的"三个基本"——基本的知识体系、基本的思维方式和基本的价值观——是基础教育建构出来的。在当下工业文明教育体系的三个基本中，关于外部世界的基本认知、基本理解，是数理科学所建构的。数理科学与机械自然观是相互建构的，数理科学与工业文明也是相互建构的。这是容易理解的，一个社会总是能够生产出有利于自身的意识形态，这是现代教育的基本功能。

基于数理科学和机械自然观，自然是人类观察、分析、计算、掌控的对象。人类的力量达到地质作用的量级，原本就是一部分人类所追求的目标。现在目标达成，当然要自豪并且高兴。

既然如此，恐惧何来呢？那可能是来自无意识的，来自直觉的，来自诗的，来自哲学的，来自宗教的……然而，诗、哲学以及宗教，在今天的社会结构中，并不具备关于物质世界是怎么样的这个问题的话语权。为社会提供一个对于外部世界的认知和理解，通常被认为是科学的范畴。所以，需要从科学内部寻找恐惧的资源。还好，科学自身早就产生了与数理科学相对立的知识体系，以及与机械自然观相对立的非机械的自然观。这就是博物类的科学，比如生态学、演化论（这个译法比进化论要平和）……

"人类世"的提出者之一保罗·克鲁岑所从事的工作如大气物理、大气化学现在属于数理科学，其前身与博物学能擦一个边儿。在我对"人类世"进行这番解读的时候，并未仔细探究他本人是自豪还是恐惧。这足见一个词是可以超越其提出者的。

从演化论和生态学来看，地球表面是一个生态系统，即所谓地球生物圈（或者说盖娅，那是另一种叙事方式）。人类是从这个生态系统中演化出来的，是这个系统的一部分。地球生物圈中的所有物种都是相互依存的，没有任何一个物种可以脱离其他物种而独立存在。人类也不例外。

人类从地球生物圈中诞生，成为其中的一部分并慢慢长大，获得越来越强的力量，成为其中最强大的物种（相对于哺乳类动物而言，不与细菌和病毒比）。此消彼长，人类活动的领域扩大，其他物种的生活空间便被压缩。作为一个精致的生命系统，地球生物圈当然不是静态的，不是可以随意摆布的。就如人体，演化成今天的样子，具有现在的结构，不是轻易可以改变的，断肢再植是可以的，但是把左手切下来接到右手上是不成的。

人类巨大的力量，体现在能够对地球生态系统进行结构上的改变。这种改变，并非地球生物圈自身漫长演化的结果。就像一朵花，并不是自然地开放凋谢，走完生命的全程，而是直接被人砍断了枝条。

这种巨大的力量对于地球生物圈而言则是巨大的危险。可以想象，人体内的某一个细胞，如果能够强大到足以改变人体的程度，那就是一个癌细胞。只有癌细胞才无度地繁殖，因为它不在乎自己是不是人体的一部分，事实上，它也不是人体系统的一部分，不承担人体的功能。而正常细胞作为人体系统的一部分，要为人体服务，它需要与其他细胞合作、协调，它的繁殖和成长是与其他细胞相互协调、共生的，所有必然是有限度的，而不可能具有越来越强的力量——一旦有了，就癌变了。

人类的地质力量通过两种方式展现出来，一种是突变的、爆发式的、当下可见的，如核冬天，如大坝合龙，如炸掉一个山头；另一种是渐变的、缓慢的、不知不觉的，如化肥的应用，把某些化学元素从聚集状态均匀地铺满了大地，再如氢氟烃的使用，慢慢地侵蚀了臭氧层。前者是容易警惕的，而后者则一直伴随着对人的诱惑——它的好处是当下可见的，它对地球生物圈的伤害，则是延迟的、分散的、转移了对象的。

正是人类的地质力量导致了全球性的环境危机和生态危机。人类的强大力量，是地球生物圈中一种异己的力量，毁灭性的力量，在这样的解读之下，"人类世"这个概念同样可以让人警惕、警醒。

阿米埃罗认为，"人类世"这个概念有问题，基于"人类世"的叙事有更多问题，这是他提出"废新世"的一个理由。然而，正如"人类世"这个概念一样，"废新世"这个概念一旦提出，也会在使用中被赋予新的含义。实际上，我对于阿米埃罗本人的观点并未完全厘清，不过，这却不妨碍我使用这个词，乃至解读这个词。

顾名思义，在与"人类世"对称的意义上，我把"废新世"解读为：垃圾成为现世代的标志，垃圾已经成为现世代的主导性力量。

这个解读可能会有哗众取宠、耸人听闻、妖言惑众之嫌，不过，从我的垃圾研究出发，并不意外。

2004年，我曾写过一篇文章《未来的世界是垃圾做的》；2007年，我出了一本文集《有限地球时代的怀疑论——未来的世界是垃圾做的吗?》——"吗"和问号都是出版社加的，觉得这样平和一些，稳妥一些，可以适当消除肯定句的悲观和绝望。这个书名中也出现了一个我对这个现世代的命名——"有限地球时代"（可能并非原创）。在人类漫长的演化过程中，与人类的力量相比，地球可以被认为是无限的——总是有未知的领地可以探索，而到了某一个时间点之后，进入现世代，地球已经不再有未知的区域了，所有的角落从卫星上看得一清二楚。之所以地球有限，当然是人类的力量变得强大了，强大到足以与地质作用的量级相比。只是当时我还不知道有人类世这个说法。

"有限地球"在我看来是一个强的约束。我论证，由于地球有限，所以垃圾问题无法解决，由于垃圾问题无法解决，就会越来越多，所以，未来的世界是垃圾做的；我预言，人类文明的灭亡将不是由于能源枯竭，而是由于垃圾无处安放。人类将被自己的垃圾所埋没。

我的垃圾理论，首先是建立在热力学之上的。基于热力学第二定律，即熵增加原理，一个热力学系统的运行，垃圾的产生不可能为零。所以人类的生产生活必然产生垃圾。然后，同样是由于熵增加原理，垃圾的回收不可能是百分之百。于是，我得到一个结论，所谓垃圾处理，其实是垃圾转移：

从一个地方转移到另一个地方，从一种形态转移到另一种形态。

从人们能看到的地方，转移到人们看不到的地方。

从有话语权的人们生活的地方，转移到没有话语权的人生活的地方。

如此，环境正义就内在于垃圾转移的叙事之中。

我把 2009 年命名为中国的垃圾年，是由于在那一年，在全国范围内爆发了诸多围绕垃圾焚烧厂、填埋场的群体性事件，垃圾问题上了报刊头条，并再也不会从人们的视野中隐退。而之所以会发生群体性事件，一个重要原因是，由于城市扩大，以往作为城市边缘的可以埋垃圾的远郊变成了市区，有话语权的人移居此处，使得不被看到的垃圾被看到了，于是进入了大众话语，进入了大众传媒。

2004 年，我提出了一个问题——为什么我们可以在都市的街头喝一瓶矿泉水？最终我把矿泉水作为一个隐喻，喻指城市文明里的所有物品，追溯其来源，必将归结到森林、矿藏、天然水体，而在这些物品退役之后，都将变成垃圾——固态、液态、气态以及耗散热。热是一切能量转化的最终形态，于是，全球变暖也是垃圾问题的一个表现。

这就是工业文明。工业文明如同一个巨大的机器，森林、矿藏、天然水体，也就是大自然，不断地变成各种形态的垃圾。工业文明就建立在垃圾之侧。2017 年，我把这个转化过程命名为"科技产业污废链"，并将其视为工业文明的第二个核心机制。工业社会自身不断地开发并运行着越来越多、越来越快的从"科学"到"技术"到"产品"再到"产业"的链条——科技产业链，它不是在实验室中运行的，必然在具体的社会和自然环境中运行，必然会产生社会和环境后果，其表现为源头的污染和终端的废弃，所以这个链条实际上是科技产业污废链。于是，技术越有力、文明越发达、链条运转越快，就产生越多的垃圾。垃圾，的确是现世代的标志。

工业文明是一个全球化的文明，大约是 2004 年，我提出了工业文明的第一个核心运行机制：全球化和现代化的食物链。这个食物链的运行机制是这样的：

上游优先获取下游的资源和能源，同时把垃圾送到下游去。

上游和下游是相对的，是一个分形结构。从全球范围看，欧美、日本是上游，中国、非洲、东南亚是下游；从中国范围看，东南沿海是上游，西部是下游；在美国，东西海岸是上游，中部是下游；在任何城市区域，城市中心区是上游，周边郊区是下游。这个食物链理论可以解释为什么中国、印度、巴基斯坦会接受来自欧美日本的洋垃圾，也能解释为什么所有的大城市都会有垃圾围城的现象。

考虑食物链、垃圾转移说以及热力学，任何一个有序系统，都必须有一个"外部"。比如一个人，需要新陈代谢，即从"外部"摄取食物，并把体内废弃物排泄到"外部"

去。一个城市需要"外部"，从"外部"获得粮食、清水、天然气、电等，并把各种形态的垃圾排泄到"外部"去。越是在食物链的上游，就拥有越多的外部；而越是在食物链的下游，则拥有越少的外部，同时越多地充当其上游的外部。由于地球有限，不可能有无限的外部，人类文明作为一个整体，再也无法把垃圾排到"外部"，最终被垃圾湮灭，文明灭亡。如果说这就是一个"废新世"的图景，我并不反对。

以上的叙事都是基于热力学的。现在回到生态学，实际上，不仅地球上所有的物种都是共同演化而来的，所有的物质及其相互关系也是演化出来的，是一个相互依存的整体。人类以往所使用的材料都是天然材料，构成每一种材料的每一种物质在自然界中都有与之共同演化的能够降解它的微生物，细菌、病毒、酶，这些材料来于自然，也能废弃之后归于自然。所以，传统社会少有垃圾，有垃圾也不构成问题。

但是，现代社会，人类使用的绝大部分材料，都不是天然材料，而是化工材料，是化学工业的发明，是大自然从来没有演化出来过的材料，大自然中没有与之对应的微生物，无法使之降解，这些物品在被废弃之后，就会变成永恒的垃圾。化学工业的科技产业污废链的运行，也会把森林、矿藏和天然水体变成地球上从来没有过的垃圾。

这些地球上从未有过的化学物质，如果仅仅是成为永恒的垃圾，也还罢了，它们同时还是地球生物圈肌体中的毒素，会干扰、破坏地球生态系统的运行，对地球生态系统造成不可逆的伤害，终将导致系统的崩溃，盖娅猝死，人类文明也将终结。

垃圾场是地球上最神秘的地方，甚至比深海还要神秘。在垃圾场中，地球演化史上从未有过的物质会聚集在一起，它们会产生什么样的化学反应，二次反应，三次反应，是人类任何一个实验室都无法穷尽的。在那些已经退役、封存的垃圾场中，这些反应还在继续。垃圾场会泄漏，甚至会爆发。它们是人类为盖娅种下的毒苗。

以数理科学为核心的基本知识体系也曾告知我们，阳光、空气和水是生命三要素。但是，它们都已经被人类所改变。由于臭氧层的空洞，现在的阳光不再是曾经的阳光了；各种气态垃圾使得空气的组分早就发生了变化，其中弥散着五十年前、一百年前地球上从未有过的化学物质；各种液态垃圾也使天然水体发生了同样的变化。所有这些都是化学工业的结果。

化学工业对地球生物圈的伤害，就是那种渐变的、缓慢的但不可逆的地质力量。所以，在我看来，化学工业是工业文明的原罪。自从有了化学工业，人与自然的关系就发生了一个巨大的转折、一个彻底的改变。

这是一种基于生态学的叙事。这些污染，这些对环境和生态的伤害，同样是垃圾问题的表现形态。如果把这作为"废新世"的图景，我也不反对。

对于我来说，从有限地球时代这个边界条件出发，基于热力学和生态学，或者再加上演化论，能够推演出整个垃圾理论。在这个叙事中，"人类世"这个概念不是必要的，不过，它是一个可用的、能够简明地说明某些问题的概念。"废新世"这个概念也不是必要的，同样，这个概念的确能够凸显垃圾在社会生活和人类文明中的重要程度，所以，也是一个不错的可以用的概念。

　　每一个概念后面都隐含着某种学术进路。同一个问题、同一个对象，能够有不同的学术进路，意味着问题和对象的重要性。"有限地球时代""人类世""废新世"各自代表着不同的学术进路，面对着今天这个垃圾世界。

被"废弃"的乡土?
——"废新世"视野下的农业转型

荀丽丽

中国社会科学院

"废新世"作为分析性概念的意义

马可·阿米埃罗在其《废新世：全球垃圾场的故事》[①] 中将"废新世"作为"人新世"的一个替代性的概念提出，从而展开对"人新世"的批判性反思。

2000 年，因研究臭氧损耗获得诺贝尔奖的荷兰大气化学家克鲁岑和瑞典生态学家斯托默正式提出了"人类世"的概念，宣称地球进入了一个新的地质年代。克鲁岑认为"人类世"起源于工业革命，可以追溯到瓦特改良蒸汽机的 18 世纪 80 年代。2016 年，国际地质科学联合会成立了"人类世工作组"，将标记"人类世"的"金钉子"定于 1950年，认为在 20 世纪中期后人类进入了"大加速"时期，这一时期地球的"生地化循环"开始发生根本性的改变——淡水消耗加速，化石能源使用激增，生物多样性锐减。气候变化、环境污染、海洋酸化等全球的生态危机在发出"人类世"的警告：人类对地球环境系统的影响已经超过了所有自然过程的总和[②]。"人新世"无论是作为一个科学性的概念，还是作为一个在社会文化领域激发诸多争议的政治性概念，它的意义在于带给我们一种历史的警醒：人类已经获得改造大自然的能力，并在某种程度上成为世界的"主宰"，然而却不知道何去何从。"人新世"，在地球系统科学的意义上，在地质学地层学的意义上，展现了某种历史断裂性。这种"断裂性"意味着这个概念是一记"当头棒喝"，促使人们反思人与自然的关系。正如许多批评者指出的，"人新世"内涵了人类中心主义和技术乐观主义，既然人为因素导致自然内部发生了改变，人类就应该用科学技术加以解决。"人新世"概念的提出者克鲁岑的专业就是"气候工程学"（Climate Engineering）。当然，人文

---

① Armiero, M., *Wasteocene: Stories from the Global Dump*, Cambridge University Press, 2021.
② 包茂红：《人类世与环境史研究——〈大加速〉导读》，《学术研究》，2020 年第 2 期。

学者也批判"人新世"所表达的普遍主义，指责其掩盖了种族、阶级和性别的差异，并提出许多替代性的描述性的概念，如"资本世""种植园世""男性世"等。在笔者看来，在诸多替代性概念中，"废新世"的贡献和独特之处在于，它不仅仅是一个描述性的概念，而是对"人新世"得以形成的社会机制展开思考，回答当下社会生态危机的成因，即"我们如何成为现在的我们，世界如何成为现在的世界"。在这个意义上，笔者认为"废新世"是一个更具有学术解释力的分析性的概念。在此，我们可以回到马可·阿米埃罗在行文中所展开的三个概念与命题来理解和体悟"废新世"所表述的思想核心以及主要的学术贡献。

第一，关系性。废弃物在这里并非实在的物，而是指一系列旨在生产和再生产排斥与不平等的社会生态关系。废弃关系创造了被废弃之人和被废弃之地。"废弃"是一种社会过程。阶级、种族和性别的不公嵌入社会生态关系的新陈代谢。这一关系性的思考将社会学意义的反思置于对"人新世"的反思的核心。"他者化"作为一种社会机制和分类体系，其生产和再生产的"废弃关系"本身就与殖民主义和种族主义有着内在的一致性。事实上，如果回到二战后发展中国家的历史进程，这种"他者化"的话语逻辑及社会机制内在于许多第三世界国家的现代化叙事。"后发展国家"的现代化历程通常是在创造"先进"与"落后"的对立中创造了"废弃关系"，或者说基于废弃逻辑的社会生态关系。

第二，身体性。"废新世"不同于"人新世"的表征深埋于地层之下，"废新世"的表征"废弃关系"就内在于我们，是我们身体实践的一部分，它融入了人类和非人类生物世界的"生命纹理"当中。"废新世"所关心的全球社会生态危机对"生命质感"有长期持续性的影响。

第三，共同性。"共同性"实践是在"废新世"寻求抵抗的途径。与"废弃关系"的"他者化"对立的是"共同性实践"或"共生的社区"。在这个意义上，"废新世"通过提出一个与"废弃"相对反的概念，将理论引向了行动——"我们是谁？我们应该怎么做？我必须做点什么，尽管只能做点什么"。关于"怎么做"的问题，"废新世"也敞开了一个跨学科的视野，一个融合自然科学与人文学、社会科学的思想空间。这也促使我们去反思自身的学术实践。

被"废弃"的乡土：由"废新世"看农业转型

农业是人与自然互动融合的领域，驯化自然是人类文明演化的基础。驯化植物与动物成为作物与家畜。在对"人新世"起源的辩论中，不乏学者将8 000年前农业的诞生作为

"人新世"的起点。但是，显然，笔者更加同意将工业化，特别是 1950 年之后的"大加速"时期作为"人新世"的起点。对于今天要讨论的农业现代化或农业转型而言，20 世纪后半叶是一个关键时段。这一时期，农业的工业化、化学化，农业面源污染的加剧，农业水利的过度开发，农业生物技术的进展与影响，农民、牧民和原住民的边缘化都构成了这一时期的重要特征。这些议题也无一不与我们今天所讨论的"废新世"相关，我们可以在其中看到"废弃关系"的生产与再生产，"他者化"的社会运作机制，以及边缘群体作为抵抗的"共同性"实践的成败。在中国的语境，"废新世"所启发的批判无疑更为复杂。这也潜在一个对于"废新世"概念的反思，即"废弃逻辑"是复数的，是具有社会文化多样性的，是相对的。"共同性实践"也在不同的社会与文化中表现出差异性和多样性，每个民族和文化的抵抗之路可能并不一致，不同的文化实践应该互为镜像、互为借鉴。我们不是在生产一种关于"共同性实践"的普遍的知识，而是在建构一种对话、沟通与理解的平台，这本身就是一种"共同性"。

1. "化学农业"：农业现代化中的废弃叙事

工业革命后，大量利用地下的化石燃料进行大规模工业生产，形成了大量生产、大量消费，这一模式在农业中也扩展开来。第二次世界大战之后，世界各国为了提高粮食产量开始致力于开发淡水资源，发展灌溉农业，以化肥、农药和农业机械为前提的"现代农业"快速普及。化肥和农药可以大幅度提升农业生产力，除草剂可以让农民不用再投入人力除草，各种农业机械也大大减轻了体力劳动。在中国，20 世纪 50—70 年代，改造传统农业的农业现代化是由国家自上而下推动的。国家依靠行政的系统化的组织力量，开展了大规模的水利建设，开展了农业机械化推广运动，建立了化肥、农药和农膜的工业生产体系，进行土壤改良和品种改良[①]。在农业现代化的叙事中，传统农业的几乎所有要素都是低效率的，需要被诊断的，需要被改良的，这正是一种"废弃逻辑"的实践。传统农业和农民都成为"现代化的他者"。现代农业的发展在提高产量，喂养大规模的城市化人口的同时，农业生态严重恶化。农业资源过度开发，透支严重，化肥农药过量、农膜残留、秸秆、畜禽粪便污染带来的农业面源污染加重。很多地方的土地即使施肥也无法产出粮食和蔬菜，土地"病"了。农产品中的农药残留威胁着人们的健康。

2. "集约畜牧业"："动物福利"与牧民自主性

笔者曾经在内蒙古草原做田野工作，考察中国草原畜牧业的现代转型以及与这一过程

---

① 荀丽丽：《"再造"自然：国家政权建设的环境视角——以内蒙古 S 旗的草原畜牧业转型为线索》，《开放时代》，2015 年第 6 期。

连带的社会生态变迁①。20 世纪 50 年代之后，中国人的食品结构发生了巨大的变化，畜产品和乳制品大幅度提高。传统的"草原畜牧业"向"集约畜牧业"转变。所谓"集约畜牧业"，我们可以参考露丝·哈里森（Ruth Harrison）1964 年提出的"动物机器"（animal machine）②。集约畜牧业经营就是在室内进行家畜高密度饲养，家畜被关进狭窄、阴暗的场所，限制其活动，拼命喂食，为避免生病而施打维生素，促进急速生长的荷尔蒙。这虽然满足了商品化的市场需求，但是集约经营的本质是虐待家畜，造成家畜和家禽的不健康，人们吃畜产品也就间接吃下微量的抗生素与药物。从动物福利的角度看，动物是有感知能力的众生（sentient beings），集约畜牧业是废弃关系在人类与非人类中运作的一个典范。

现代畜牧业的方式更加远离土地、远离自然，大型家畜不需要放牧，在栅栏内或室内就可以喂食。大规模的畜牧业经营所需的生产资料和饲料通常超出了草场或农场自己生产的程度，大量依赖外部购入。牧户高度依赖同时面对市场不确定性和环境不确定性的产业链条，失去了经营的自主性。进口饲料增加，国家粮食自给率下降。这种资本化经营的推进表现为饲养户的逐年减少，而每户的饲养量逐年快速增加，即资本引导下的集中化趋势构成了对小农户和小牧户的社会排斥。

3. "剥离乡土"的人与"社区建设"：小农的"韧性"、移民与城市化

在过去 20 年中，中国的城镇化率高速增长，常住人口的城镇化率从 2000 年的 36.09%增长至 2021 年的 64.72%。农业的现代化无疑也释放了大量农业劳动力，他们离开乡土，走进都市。在这一过程中，还有许多人以"被动城市化"的方式离开乡土。因为大型工程建设、生态修复与治理、扶贫等各种宏大政策，超过 1 000 万人口搬入城市周边的移民安置区。移民的迁出地，作为故土和家园，在城市化和现代化的叙事中是缺少经济价值且远离政府供给的公共服务的。农民、牧民、山民等世代与祖先那里继承而来的土地厮守而形成的与自然共生的生产生活方式也随之"废弃"。这同时也是一种更为激进的农业现代化的方式，在需要大型移民社区的周边建立了服务于都市消费的现代农业基地；丧失了土地与自主性的小农，作为农业工人在现代农业工厂里工作。

在这一部分，笔者关注"共同性实践"的概念。共同性实践的目标在于恢复人与自然共生的、互惠的、可持续的生活方式。被"废弃"的"本土生态知识"和传统的"文化习性"都应该在共同性的营造中得到重视与尊重，因为它们是社区活力的灵魂。

---

① 荀丽丽：《"失序"的自然：一个草原社区的生态、权力与道德》，北京：社科文献出版社，2012 年。

② Harrison, R., *Animal Machines: The New Factory Farming Industry*, Vincent Stuart Pubishers Ltd., 1964.

　　可喜的是，在中国我们也看到了小农的韧性，他们在顽强地重建有机的、在地的、多功能的农业生态。在"社区支持农业"（CSA）中我们可以看到"共有地"的创建，在地可循环农业生态系统的建设。草原上的牧民也在抵抗土地利用的碎片化，主动放弃围栏，制造共有地，既增加了流动性、保护了草场，又提高了畜产品的品质。社区建设是中国社会学研究的一个重要命题，"废新世"启发我们反思现代化实践中不公正的"废弃关系"，探索社区活化的道路，也是抵抗"废弃关系"、为未来赋予希望的途径。

专题研究

灾害的再生产与治理挑战
——以早期山西省"矿山地质灾害"为例[*]

张玉林

南京大学

摘　要　能源开发在一定程度上可以理解为一种新的生态环境灾害的形成过程。尽管这种灾害具有可预见性，但是本文通过对山西省 2010 年代之前相关状况的考察表明，当时复杂的行政、经济和社会等诸多缺陷交织到一起，使得在相当长时间内致灾的动力巨大。同时，有效的救灾机制难以及时形成，导致一段时期内灾害不断地再生产，受害区域和人数增加。"治理挑战"实质上意味着生存挑战，如何应对这种挑战成为异常紧迫的问题。

关键词　矿山地质灾害；灾害再生产；中国经验；山西农村；治理挑战

一、问题的提出：为什么是"矿山地质灾害"

关于中国农村的治理问题，在最近的十多年间一直受到国内学术界的高度关注，关于中国整体的治理问题的研究也经常会涉及这一问题。其中的不少成果因其内容的宏富和讨论的深入而给人较多启迪，展示了多个层面的"治理"困境或危机及其背后的制度、机制和政策缺陷。但本文选取的是一个很少受到关注的独特而又波及甚广的论题：伴随着煤炭开采而发生的"矿山地质灾害"——一种生态环境灾难——的治理。

选取这一论题的理由在于，在人口大国中国（如今的人口规模相当于 19 世纪中期即第二次工业革命开始时的全球人口规模）快速迈向工业化的过程中，整个经济和社会体系已经具备"大量生产、大量消费（耗）、大量废弃"这种"现代文明"的显著特征。为了支撑经济和社会运行，中国需要采掘巨量的矿产资源，尤其是作为能源的煤炭（2011 年全国的采掘量超过 35 亿吨，铁矿石的开采量达到 13 亿吨），而绝大多数矿山处

----

　　[*]　本文为作者承担的国家社科基金"十一五"规划课题"环境问题与社会公正的省区样本研究"（10BSH023）的部分内容。本文原载《中国乡村研究》国际版/*Rural China* 第 1 辑，荷兰 Brill 学术出版社，2013 年 4 月；国内版第十辑，福州：福建教育出版社，2013 年 12 月。此次发表时文章有删减。

于农村地带，其开采过程深度地改变了当地乡村的政治、经济和社会形态，并且以其巨大的生态环境代价颠覆着当地农民的生活和生存基础，甚至威胁着人身安全。对于这种状况的展开过程及其结果以及政治和社会层面的回应（"治理"）进行详细考察实属必要。进而，正如 19 世纪英国经济学家威廉·杰文斯（William Jevons）曾经把煤炭看作整个英国工业体系赖以运转的"基本动力"[①] 所启示的那样，在煤炭占到能源生产 2/3 以上的中国，煤炭及其采掘能够成为我们理解许多"中国问题"的有效切入点，并带来一些新的发现，对采煤造成的"矿山地质灾害"的治理实际上深受中国社会整体的生产方式和生活方式的制约，由此表现出来的困境或危机也就不仅是农村的问题。

基于这样一种思考，本文将把中国的"国家能源基地"山西省作为案例来考察，所利用的资料包括作者本人已有的研究积累[②]、近期开展的实地调查所获，以及相关的政府文献、研究著述和新闻报道资料。

二、灾害的形成：煤炭开采与"矿山地质灾害"

山西的煤炭资源探明储量约占全国的 1/3，在 15.6 万平方千米的土地上，含煤面积达 6.2 万平方千米，占全省土地面积的 40%；在目前的 119 个县级行政区域中，有 94 个区域地下埋藏着煤炭[③]；在 28 000 多个行政村中，"矿产资源型农村"5 266 个[④]。其煤炭的成规模开采可以上溯到明代，但受到需求和采掘技术的限制，直到 1949 年，年采掘量仍只有 267 万吨。此后的工业化推动了采掘量的快速增长，20 世纪 50 年代末突破了 4 000 万吨，随后波动发展，进入 70 年代又突飞猛进，70 年代末期达到了 1 亿吨规模（表 1）。

从对生态环境的影响来看，决定性的转变是在 20 世纪 80 年代初，改革开放和"能源基地建设"真正揭开了大量采煤的帷幕。此前的煤矿基本上是国有企业，除了隶属中央政府的八大统配煤矿外，还有 340 个地方国有煤矿控制着绝大部分煤炭资源，70 年代才开始兴起少量的社队煤矿，开采有限的"边角煤"。1979 年，将山西建成"全国能源基

---

① 〔美〕约翰·福斯特著，耿建新、宋兴无译：《生态危机与资本主义》，上海：上海译文出版社，2006 年，第 93 页。

② 张玉林：《中国的环境战争与农村社会——以山西省为中心》，载梁治平主编：《转型期的社会公正：问题与前景》，北京：生活·读书·新知三联书店，2010 年；张玉林：《流动与瓦解——中国农村的演变及其动力》，北京：中国社会科学出版社，2012 年。

③ 山西省统计局：《山西建设资源节约型社会问题研究》，山西统计信息网，www.stats-sx.gov.cn（2006-11-29）；王宏英、曹海霞：《山西构建煤炭开发生态环境补偿机制的实践与完善建议》，《中国煤炭》，2011 年第 10 期。

④ 王社民、杨红玉：《在分类指导中整体推进——山西省加强农村党风廉政建设纪实》，《中国监察》，2010 年第 13 期。

表 1　山西省的煤炭产量（1949—2011）　　　　　　　　　单位：万吨

年份	产量	年份	产量	年份	产量
1949	267	1970	5 298	1991	29 162
1950	380	1971	5 487	1992	29 687
1951	603	1972	5 994	1993	31 015
1952	994	1973	6 398	1994	32 397
1953	906	1974	6 796	1995	34 731
1954	1 310	1975	7 542	1996	34 881
1955	1 696	1976	7 720	1997	33 843
1956	1 930	1977	8 754	1998	31 482
1957	2 368	1978	9 825	1999	24 900
1958	3 715	1979	10 893	2000	25 152
1959	4 355	1980	12 103	2001	27 660
1960	4 412	1981	13 253	2002	36 762
1961	3 258	1982	14 532	2003	45 232
1962	3 180	1983	15 918	2004	51 495
1963	3 466	1984	18 716	2005	55 426
1964	3 597	1985	21 418	2006	58 142
1965	3 927	1986	22 180	2007	63 021
1966	4 198	1987	23 164	2008	65 577
1967	3 386	1988	24 648	2009	61 535
1968	3 664	1989	27 501	2010	74 000
1969	4 465	1990	28 597	2011	87 228

资料来源：1949—1998 年的数据见《新中国五十年统计资料汇编》第 229 页；1999—2011 年的数据见《山西统计年鉴》及《山西省经济和社会发展统计公报》各相关年度版。从有关报道推测，2002 年以后的数据可能小于实际采掘量。

地"的设想被确立为国家战略，中央政府于 1982 年设立了"山西能源基地建设办公室"，"对山西的总体要求是以较小投入获取全国的煤炭商品保障（占全国商品煤 78%—80%）和京津地区的电力缺口补充"[①]。与此相应，基于缓解煤炭供应持续紧张的局面，中央政府 1983 年正式提倡发展乡镇小煤矿。因应国家领导人的号召和中央政府的政策鼓励，山西省政府于 1984 年出台了《关于进一步加快我省地方煤矿发展的暂行规定》："要实行有

[①]　吴达才：《"热""冷"遐思——关于山西能源重化工基地建设的随感》，《山西能源与节能》，2004 年第 3 期。

水快流，大中小结合，长期和短期兼顾，国家、集体、个人一齐上的方针。"具体的分工则是"农民挖煤、国家修路"①。

在农村地区，政策鼓励和"致富"愿望的驱动使得大量乡村煤矿急剧涌现。"社队煤矿"矿井在 1980 年即比前一年增加了 1 000 多个，翌年则达到 3 000 多个②。而政策话语中的"有水快流"在地方演变为更加通俗的"要想富，挖黑库"，到 1985 年，全省乡镇煤矿已办理开采批准手续的有 5 000 处，未经批准但已开办的约有 2 600 处③，其煤炭产量占到全省总产量的 40%以上，而全省的产煤量则突破 2 亿吨，超过了外运能力。也正是在这一时期，采煤的环境影响开始突显，政府从 1987 年开始转向关闭小煤窑、实施联合重组等，也曾因私挖滥采"抓过不少人"，但效果有限④。

进入 90 年代，邓小平的"南方谈话"掀起了第二次改革开放浪潮，股份制企业和个体私营经济发展受到鼓励，这为山西的煤炭采掘进一步注入了动力：乡镇煤矿的产量1996 年达 1.63 亿吨，占全省产量的一半，超过了国有统配煤矿⑤，而全省地方的"有证煤矿"（含证照不全）1997 年达到 10 971 座，形成了"多、小、散、乱"的格局⑥。不过，受到石油大量进口和东南亚金融危机等因素的冲击，煤炭市场自 90 年代中期陷入低迷，政府则趁机掀起了又一次整顿浪潮：在 1998—1999 年的两年中取缔、关闭私开煤矿和布局不合理的煤矿达 3 000 多个⑦。但也正是在这一低迷期，乡村集体煤矿开始大量转让或承包给个人——包括在当地从事煤矿工程建筑而被拖欠了工程款的浙江人。这为2001 年煤炭市场快速升温、价格暴涨之后"煤老板"的大量涌现埋下了伏笔。

煤炭市场的升温与中国正式加入世界贸易组织（WTO）、境外资本大量涌入、工业化的列车进一步提速有关。新世纪的"世界工厂"具有不可遏制的能源需求，带动了山西采煤量的剧增：在 2003—2007 年接连突破 4 亿吨、5 亿吨、6 亿吨大关。而在经过 2009年的"煤炭资源整合"之后，形成了烈度更强的开采：2010 年达到 7.4 亿吨，相当于 20世纪 70 年代十年的全省采掘量以及 1900 年的全球采掘量；2011 年更是飙升到 8.7 亿吨，

———————————

① 董继斌：《山西能源基地建设十周年回顾》，《能源基地建设》，1994 年第 2 期；吴达才：《"热""冷"遐思——关于山西能源重化工基地建设的随感》，《山西能源与节能》，2004 年第 3 期；苗长青：《"一柱擎天"惹人愁——山西实施能源重化工基地发展战略的回顾与反思》，《党史文汇》，2006 年第 1 期。

② 戎昌谦、唐晓梅：《对山西社队企业调整的几点看法》，《经济问题》，1981 年第 2 期；石破：《山西煤炭："黑金"掘进 30 年》，《南风窗》，2008 年第 19 期。

③ 李承义：《山西乡镇煤矿企业经济效益及发展对策》，《中国农村经济》，1986 年第 12 期。

④ 李北方：《煤权之祸》，《南风窗》，2006 年第 21 期。

⑤ 吴达才：《"热""冷"遐思——关于山西能源重化工基地建设的随感》，《山西能源与节能》，2004 年第 3 期。

⑥ 周洁：《浓墨重彩写辉煌——改革开放以来山西煤炭工业发展回顾》，《前进》，2008 年第 10 期。

⑦ 同上。

是当初设想的最大采煤量的 2.3 倍①。

长时段的汇总数据显示了煤炭采掘量的加速度膨胀：1949—1978 年的 30 年间总计 12 亿吨，1979—2000 年的 22 年间为 54 亿吨，而在 2001—2011 年的 11 年间就达到 62.6 亿吨。由于 21 世纪以来地方政府和煤矿存在少报产量的倾向，第三阶段的采煤量实际上更大。

规模越来越大的采掘当然为中国经济的长期高速增长提供了动力。山西的煤炭产量长期占到全国的 1/4 左右，省际调出量则始终保持在全国的 3/4 左右，它被源源不断地输往全国的 20 多个省份，特别是华北和华东地区。可以认为，中国的工业化列车在很大程度上是由山西的煤炭所驱动，在 21 世纪的"世界工厂"，"能源基地"山西实际上成了动力车间或锅炉房。

然而，正如大量经验资料显示的那样，煤炭采掘业是一个多重意义的"要命产业"。首先，产权制度的混乱和煤矿伴随的巨大利益，使得围绕采矿权和煤炭资源的争夺异常激烈，引发了令人震惊的血案，诸如孝义市两个村庄的"火并案"、保德县冀家沟村的"忻州第一案"以及临县的"白家峁血案"②；其次，在采掘的过程中，获得超额利润的冲动造成经常性的安全措施落空，大量矿工丧生于频发的"矿难"，1980—2004 年全省有 17 000 多名矿工魂断井下③；最后，高度依赖煤炭的畸形产业结构具有高度的不稳定性，在市场萧条时容易引起整体经济衰退。这里要强调的是它的另一种"要命后果"：大面积的水资源破坏和水源枯竭，大范围的地裂和地面沉陷，以及耕地废弃、房屋倒塌、人员伤亡。

根据调查，至迟在 20 世纪 60 年代后期，山西的一些矿区已经有村庄因地陷和房屋倒塌而被迫搬迁，80 年代出现了更多的关于村庄塌陷的报告，90 年代则进入了灾害爆发期。根据 1998 年的一项不完全统计，全省煤炭采空区面积已达 1 300 平方千米，土地塌陷面积 520 平方千米；因采煤漏水造成 18 个县的 300 多个村庄、26 万人丧失饮用水源，39 万亩水浇地变成旱地；塌陷、破坏和煤矸石压占耕地 112.5 万亩；9 亿多吨煤矸石堆积成 106 座煤矸石山，其中 40 多座自燃，由此产生大量的废气、二氧化硫和烟尘，污染着周

---

① 有报道显示，在开始能源基地建设时，曾经讨论过山西"究竟挖多少煤是顶峰"的问题，"最终结论是 4 亿吨"。见《南方周末》2009 年 4 月 29 日。

② 相关报道分别见《中国新闻周刊》2003 年第 13 期、《南方都市报》2009 年 10 月 22 日、《中国青年报》2009 年 11 月 11 日。

③ 苗长青：《"一柱擎天"惹人愁——山西实施能源重化工基地发展战略的回顾与反思》，《党史文汇》，2006 年第 1 期。

围的水、土壤和空气①。在著名的"煤海"大同市境内，1997年就发生采空区塌陷事件37起，有9人在塌陷中丧生②。

到了2005年，全省矿区面积达19 847平方千米，其中采空区5 115平方千米，地表沉陷2 978平方千米，而且塌陷面积还以每年94平方千米的速度扩展；由此导致的地质灾害分布面积达到6 000平方千米，涉及1 900多个自然村、220万人；水资源遭到破坏的范围则为20 352平方千米（占全省总面积的13%），全省3 000多处井泉枯竭，作为许多河流水源的19个岩溶大泉中有4个干涸、7个流量衰减，导致8 503个自然村、496.73万农村人口和54.72万头大牲畜饮水困难。另据截至前一年的十年间的"不完全统计"，塌陷造成500多人伤亡③。回顾两百多年来工业化导致的环境问题的历史④，可以断定，发生在三晋大地上的这种灾害，其规模之大、范围之广、烈度之强都达到了一定的程度。

在政府的文献中，上述灾害被称为"矿山地质灾害"。如果按照中国传统的灾害分类习惯，这种属于人为扰动形成的灾害。从物理的角度来看，一旦对土地或山野"开膛破肚"，采掘和搬运出"沉睡"于地下的大量"资源"，必然引起地质变动，进而破坏地表生态环境、威胁当地居民的生活和生存。而当采掘的力度和规模足够大，造成的灾害就会非常严重。这也就意味着，灾害的产生是必然的和可以预见的，采矿就意味着灾害的生产和再生产。但是要满足现代社会的需要，又不可能完全放弃采掘，除非回到原始时代。面对这种现代宿命，较为理想的选择是，尽量控制开采的方式和规模，将其生态环境后果、社会经济后果和人身安全后果控制在最低限度，同时采用一切可能的手段，对已经发生的破坏及时治理和恢复，对因此受害的社会成员进行补偿、赔偿和救济。但是在山西，多种政治、经济和社会因素的结合使"理想"无法变成现实。

首先，"国家能源基地"的角色使山西的煤炭采掘量必须随着中国经济对能源需求的增加而增加，而且这种增加是超越了常规速度的高速度。众所周知，追求高速度背后的历史动力是近代史赋予的"落后就要挨打"的集体记忆，这种记忆自1949年以来一直推动着中国"赶超"，而赶超的主要手段就是工业化和经济增长。经济必须高速增长，山西也就无法摆脱"能源基地"的紧箍咒，必须拉动中国前行。正如山西的一些官员也曾慨叹

---

① 王宏英：《山西省能源基地建设可持续发展》，《能源基地建设》，2000年第1—2期合刊；曹金亮等：《山西省矿山环境地质问题及其研究现状》，《地质通报》，2004年第11期；秦文峰、苗长青：《山西改革开放史》，太原：山西教育出版社，2009年，第392页。

② 《瞭望》2004年第47期。

③ 此处资料综合了《经济观察报》2005年11月6日；《山西晚报》2005年4月20日；人民网2004年9月21日；郭建立：《新形势下山西煤炭采区矿山地质环境保护对策探讨》，《科技情报开发与经济》，2011年第8期。

④ 〔美〕克莱夫·庞廷著，王毅等译：《绿色世界史：环境与伟大文明的衰落》，上海：上海人民出版社，2002年；McNeill, J. R., *Something New Under The Sun: An Environmental History of the Twentieth-Century World*, 2000/2011，日译本见《20世纪环境史》，海津正伦、沟口常俊监译，名古屋大学出版会。

的那样，采煤变成了一种"政治任务"。而为了确保任务的实现，80 年代以来配备的"基地"主政者大多出自煤炭行业，以至于"走了一个挖煤官，又来一个挖煤官"，至于市县和乡镇，许多主要官员也都是煤炭系统出身，在90 年代，各县甚至专门配备了"挖煤副县长"①。

当然，指出宏观层面的历史和现实动因，并不能替代中观和微观层面的政治与社会动力分析。不仅"中央需要煤炭"，山西的各级政府也越来越离不开煤炭。长期重视单一煤炭产业致使山西的经济体系到90 年代已经锁定在煤炭之中，不仅经济增长主要依赖采煤量及相关产业（如焦炭行业）的扩张，财政体系也成为典型的"煤炭财政"。进入21 世纪之后，煤炭工业收益占到全省可用财力的一半，91 个产煤县财政收入的40%—50%、36 个国家级重点产煤县财政收入的70%以上来自煤炭②；而且，基于财税体系的划分，愈是地方和基层，就愈加依赖地方煤矿和"小煤矿"。新华社的一篇报道曾经指出：在许多县区，"地方政府为了得到预算外资金，就公开支持'黑口子'生产和黑煤运输，私自印制本辖区内使用的车辆通行凭证"③。

对煤炭和煤矿的需要，同样适用于权力体系的部分分支和个体官员。近年来因为种种偶然因素煤炭局长、反贪局长以及"人民警官"成为"煤炭富豪"的大案，只不过露出了"冰山"的一角。比如，在产煤大县汾西县，在2005 年"最少有上千个黑口子"，而好多有煤的山沟都被当地民众称为"公检法一条沟""乡里根本管不了"④。

在这样的格局中，无论是国有煤矿还是个体"煤老板"，为了完成更高的生产和利润指标、追求更多财富，都为挖掘机朝着更深更远处掘进注入了动力，由此导致公然的"私挖滥采"和不会被视为问题的大量开采。而在开采过程中，国有煤矿可能会对矿工的安全有较多考虑，但对外部环境影响的考虑却不可能"文明"。至于那些必须向权力部门和权力者交租⑤的"煤老板"，则必然要通过加倍开采寻求补偿，从而也就更容易漠视矿工的生命和外部的环境；而"一有矿难，全省小煤矿都关闭"的惯用手法，也会让未来预期不确定的矿主加速采掘。而在这一过程中，如同大多数"矿难"调查结果显示的那样，监管机构往往闭上或被蒙上了眼睛⑥。当然，"出一场矿难，倒下一批干部；抓一个

①　《南方周末》2008 年10 月23 日、《经济观察报》2005 年10 月31 日。

②　《南方周末》2009 年4 月30 日。

③　孙春龙：《官煤产业链黑幕》，《瞭望东方周刊》，2005 年第45 期。

④　同上。

⑤　这几乎成为一种制度性的租金，虽然租率并不固定，往往随着权力的大小而升降。这方面的精彩记述可参见：石破：《"煤窑文化"的政府转型》，《南风窗》，2006 年第21 期。

⑥　代表性案例是2006 年暴露的"安监系统腐败窝案"：一年内有7 名局长先后落马，被指控的主要罪名都是"受贿"或"巨额财产来源不明"。相关报道见《中国青年报》2006 年9 月14 日。

矿主，咬出成群官员"① 之类的连锁效应，也会让官与商双方都感到风险，但"风险"仍然是小概率事件，直到"三年内换了四任市长"甚至举国震惊的"重大责任事故"之后连续撤换两任省长。

在这种状况下，挤压在"社会"下层的当地农民，不具备基本的制衡能力。他们通常被排斥在整个过程之外，直接关系到其安全和利益的国家的煤炭政策自然不会征求他们的意见，国有煤矿何时进入村庄的地下以及开采多少和如何开采也都似乎与他们无关。原本属于村庄的集体煤矿大多在 90 年代就已经承包或卖给了个人，而基于"出事后当地人不容易打发"的算计，矿区的农民很少会被当地煤矿雇用。在这种状况下，最划算的选择就是以合法或非法的方式承包一个煤矿。而当灾害造成之后，其高度分裂的零散状态难以形成有效的集体行动，因为名义上代表其利益的村支书和村主任，在多数情况下正是私挖滥采的"急先锋"或"内应"。以作者 2012 年夏天走访过的大同市南郊区 6 个"沉陷村"的情况而言，所有村庄的书记和主任早已先于大部分村民搬离村庄。在其中的口泉乡曹家窑村，留下的最后一位村干部也已于近期出走，只有一个"农民权益保障促进会"的牌子还悬挂她家空房的山墙上，而村中仅剩的 20 余人都是缺少多重意义的"活动能力"的老人、妇女和穷人。

这样，我们能够发现，在煤炭开采及其伴随的生态环境影响方面，当时几乎所有的领域和环节都具有推进煤炭开采的动力和对生态环境的破坏性。这些破坏性的力量共同形成了合力，在山西的大地上造就了灾难。而当灾难与产量一道快速增长，在采煤必然导致采空、采空必然导致塌陷这样一种算得上自然规律的背后，确实存在着社会机制的加倍效应。

三、灾害的治理："惠民工程"的实践挑战

"山西省煤炭工业可持续发展政策研究环境专题小组"的一项研究显示：1978—2003年，全省采煤造成的环境污染、生态破坏等损失合计达 3 988 亿元，但投入治理的资金仅有 13.85 亿元②。这似乎能够表明，在由煤炭行业出身的官员较多主政的山西省，政府更重视采煤③，而不是其生态环境后果和社会经济后果。与此相关，尽管灾害在 90 年代末

---

① 李其谚等：《大同原副市长落马幕后》，《财经国家周刊》，2010 年 5 月 10 日。

② 《山西晚报》2005 年 4 月 28 日。

③ 苗长青曾提到："片面重视发展能源工业的做法是与当时一些领导同志的指导思想分不开的。比如，当时有人提出了经济结构调整的问题，但遭到省里一位负责同志的批评：'搞什么结构调整，山西的主要任务是挖煤，支援全国经济建设。'"（苗长青：《"一柱擎天"惹人愁——山西实施能源重化工基地发展战略的回顾与反思》，《党史文汇》，2006 年第 1 期。）

已经变成严重的生态问题、生存问题和社会问题，但无从看到系统的治理和救助方案。唯一的例外可能是 2000 年晋城市"城区"制定了土地塌陷治理规划，但由于资金难以保障，可治理的只有少数实力雄厚的村庄，而随着后来煤价飙升，"更是私采滥挖、越层越界屡禁不止，地灾也就愈发严重了"[1]。

事态的转机是在 2002 年中央政府的促动之后，包括山西在内的全国采煤沉陷区治理问题纳入了中央政府的议事日程。国家发展改革委 2004 年 6 月下发的一个通知[2]显示，"由于历史遗留的采煤沉陷区范围广、破坏严重，不仅给沉陷区居民生活带来困难，威胁到部分居民生命财产安全，而且经常引发群体性事件影响社会安定，党中央和国务院领导对采煤沉陷区治理工作十分重视，多次深入采煤沉陷区进行调研"，并批准了原国家计委和发展改革委的相关请示报告。而根据国务院批复的文件精神，发展改革委曾于 2002 年底专门开会要求有关省区开展治理的前期工作，但各地进展差别较大，"为尽快解决沉陷区群众居住和生活困难，维护社会安定"，特明确规定："经国务院批准，从 2003 年起力争用三年时间，完成原国有重点煤矿历史遗留的采煤沉陷区全部受损民房、学校、医院的搬迁或加固，以及供水、道路等设施的维修"。

按照通知要求，治理工程应该在 2005 年底完成。山西省政府于 2003 年组织万余人次对九大国有煤矿矿区 1 000 多平方千米采煤沉陷区内的居民受损情况进行了调查，制订了治理方案[3]。但不知何种原因，"九大国有重点煤矿沉陷区治理方案"在应该完成的年度才上报，经批准后翌年启动；计划安置灾民 18.1 万户、60 万人；总投入资金 68.66 亿元，其中，中央政府负担 40%，省、市、县（区和县级市）三级政府共同负担 25%，相关煤矿负担 26%，个人支付 9%。治理方案包括：集中建设居民住宅 587.8 万平方米，安置沉陷区居民 97 965 户；维修加固住宅 294.8 万平方米，受益居民 64 920 户；针对农村居民的货币补偿近 91 万平方米，涉及 18 133 户；另有学校、医院及道路、桥梁、供排水等城乡基础设施的新建或维修加固等。

从上述规划可见，这项迟迟出台的救灾方案存在四个缺陷：第一，"原国有重点煤矿历史遗留的采煤沉陷区"并不包括国有非重点煤矿和大量的地方煤矿沉陷区，因而存在明显的所有制差别；第二，考虑到灾害完全是煤矿企业和政府的监管不力造成，让受灾居民承担 9% 的资金，显然是将部分责任转嫁给了受害者；第三，虽然山西省负责这项工程的机构在其官方网站标明的是"山西省国有重点煤矿沉陷区综合治理"，但实际的治理限

---

①　《山西日报》2008 年 9 月 5 日。

②　国家发展和改革委员会：《关于加快开展采煤沉陷区治理工作的通知》（发改投资〔2004〕1126 号）。

③　刘鸿福：《山西地方煤矿采煤沉陷区综合治理的冷思考》，http://www.txsxmr.com/txsxmrmore.aspx?id = 198&ejclass = 28&classtype = 7。九大矿区为大同、轩岗、万柏林、古交、汾西、霍州、潞安、晋城和阳泉。

于居民搬迁、住房加固和基础设施的修复，并不包括耕地复垦、水源问题的解决以及广义的生态修复，这样，沉陷区的农民在治理后仍然难以恢复生存基础，那些完全丧失了耕地的"失地农民"则有更大的后顾之忧；第四，就作为治理重点的住房问题来看，解决办法是按照房屋损毁程度分为四等，其中 A、B 两类补助修理费，C、D 类中的城镇居民迁至新建的居住小区（住房标准为 60 平方米），对农民则提供重建费（每平方米 450 元）和宅基地由其自建，但上限为每户 50 平方米。这也意味着，虽然同为灾民，但受灾影响更重的农民与城镇居民之间的被区别对待非常明显。

按照规划，山西的治理工程应该在 2008 年结束，新华社当年 3 月 31 日的一篇报道确实也显示它"将在 2008 年年底基本结束"。不过，正式宣布"治理任务全部完成"是在又过了三年之后，在 2011 年 1 月召开的山西省人代会上省长所做的《政府工作报告》中。但随后刊载于《中国矿业报》4 月 11 日的一篇报道显示，实际进展并非如此。报道说："山西省把国有重点煤矿采煤沉陷区治理作为惠及民生的一件实事，连续多年举全省之力推进实施，治理工程取得阶段性成果。截至目前，已完成新建和维修住宅面积 670 余万平方米，搬迁家庭和维修加固房屋共近 10 万户，惠及 30 余万人。"

将报道的完成情况与规划方案加以比较（表 2）可以看出，已完成项目占规划目标的比例分别为：住宅建设面积的 77%，搬迁安置居民的 66%，维修加固面积的 75%，涉及户数比例相同。从报道所言"搬迁家庭和维修加固房屋共近 10 万户，惠及 30 余万人"可见，似乎有不少家庭未能"受益"。考虑到报道可能漏掉了货币补偿部分，假定货币补偿涉及的户数和人口全部到位，总"受益"户数也只有 73%，涉及的人口则不会超过75%。也就是说，由中央政府确定的、到 2005 年就应该完成的"国有重点煤矿采煤沉陷区治理工程"，在拖延了六年之后，至少仍然还有 27% 的受灾户和 25% 的受灾人口没有"受益"。但随后不再有相关的消息，工程似乎随着《政府工作报告》的审议通过而画上了句号。

表 2　山西省"国有煤矿采煤沉陷区综合治理工程"计划与完成状况

	新建住宅（万 m²）	搬迁户数（万户）	货币补偿（万户）	维修住宅（万 m²）	涉及户数（万户）	覆盖人口（万人）	投资总额（万元）
规划目标	587.8	9.80	1.81	294.8	6.49	60.0	686 629
完成情况（2011 年 4 月）	450	6.5	—	220	4.84*	>30	—
完成率	77%	66%	—	75%	75%	>50%	—

资料来源：规划目标见"山西省国有重点煤矿采煤沉陷区综合治理网站"（http://cx.sxei.cn/gzdt.asp）；完成情况见《中国矿业报》电子版 2011 年 4 月 11 日的报道"山西 30 余万人告别采煤沉陷区"。*处数据为笔者推算得出。

这种拖延状况在全国最大的采煤沉陷区（2005 年已达 500 平方千米）大同市似乎更加明显。2005 年，大同市南郊区和左云、新荣、浑源三县已有 375 个村庄属于"地质灾害严重村"，受灾农民达 69 959 户、23 万人。按照规划，大同市将建起一个庞大的住宅区用来安置 45 625 户灾民，拟建的住宅面积占到山西省的一半。但在实施过程中，"沉陷区治理"与大同煤矿集团的"棚户区改造"工程并到了一起，而"两区工程"先期建起的房子被优先安排给了"棚户区"的矿工，从而导致大量沉陷村农民的搬迁被悬置。在左云县，纳入治理规划的有 47 个村，到 2011 年 5 月只有 8 个村实现了搬迁、2 个村和区域实施了治理①。

那么，"地方煤矿沉陷区"的治理状况又如何呢？国家发展改革委的前述通知规定："对于地方国有煤矿和乡镇煤矿历史遗留的采煤沉陷区治理资金由省、市、县政府和企业、个人共同筹措解决，中央原则上不予补助。"在山西省，由于地方煤矿数量众多，且多数处于村庄附近、开采多为浅层、技术落后，造成的灾害范围远远超过国有重点煤矿。《山西日报》（2009 年 3 月 7 日）曾报道说："据初步测算，全省地方煤矿采煤造成的沉陷区为 3 000 余平方千米，受灾人口超过 160 万，在全国最为严重。"尽管如此，在制订国有重点煤矿沉陷区治理方案的时候，山西省政府并没有将受灾人群更大的地方煤矿沉陷区纳入治理和救助的范围。

不过，似乎是陆续发生的塌陷造成人员伤亡的事件②，特别是 2006 年 8 月宁武县西马坊乡采空区塌陷造成 18 人死亡的重大事故触动了新的主政者，山西省政府于当年推出了又一项覆盖范围有限的治理规划：从 2007 年起，力争用三年左右完成"采矿权灭失地"③ 676 个村庄的塌陷、房屋损坏和地下水疏干等严重地质灾害的集中治理任务。在 2007 年初召开的山西省人代会上，省长宣布当年治理 201 个村，解决 4.8 万户、17 万农民的住房和饮水严重困难问题，并作为"向全省人民承诺要办好的 12 件实事之一"。随后制订了实施方案，成立了领导机构，召开了动员大会，并由常务副省长分别与各市的分管副市长签订了"目标责任书"，"一场农村地质灾害治理工程的大幕"就此拉开④。

按照规定，治理资金主要由地方各级政府分担，"受益人"适当负担，而当年所需要的"政府补助资金"共 11.9 亿元，由省、市、县三级按照 5：3：2 的比例分担，资金出

---

① 《大同日报》2011 年 5 月 18 日。

② 据山西省国土资源厅 2006、2007 年度《地质灾害防治方案》所载的"不完全统计"，2005—2006 年发生突发性地质灾害 68 起，死亡 43 人，"采矿强度加大使矿山地质灾害进一步加剧"。而宁武县的塌陷事故造成的死亡人数之多为全国同类事故所罕见（《经济参考报》2006 年 8 月 16 日）。

③ 所谓"采矿权灭失地"，是指由于煤矿关闭找不到责任主体或因多家煤矿交叉开采而责任主体不清的状况，它意味着无法找到相关企业来承担治理资金，因此只能由政府来"买单"。

④ 《经济参考报》2007 年 6 月 15 日、《中国矿业报》2008 年 2 月 19 日。

处主要从各级财政收取的探矿权、采矿权使用费和价款中安排。具体措施包括搬迁 193 个村（31 503 户），修缮住房 8 个村，旧村土地复垦 2.5 万亩，新水源地建设 199 项，采取工程措施治理地质灾害 35 项。资金补助标准是：避让搬迁每人 5 000 元，危房修缮每人 1 200 元，打井每米平均 2 000 元，造地每亩 5 000 元①。

这项工程算是因"采矿权灭失"而无法找到相关企业承担治理责任的情况而最终由政府"买单"。惟其如此，它覆盖的灾民也就只有 20 多万，而对于 160 多万受灾人口中的其他灾民如何救助，也就没有考虑。后者似乎属于能找到责任主体，按照"谁破坏、谁治理"的原则，应由相关煤矿解决，虽然这在实践中经常落空。另外，政府的最终"买单"仍然有限，因为正如国有重点煤矿沉陷区的治理一样，它同时要求"受益人适当分担"。而据后来的报道，由于新居住点需要征地、建房和水电暖设施的配套等，每人5 000元的搬迁补助根本不足，除了各县要自筹大量资金外，搬迁村民也必须出钱，最多的出到了 2.7 万元。而对于那些担心找不到就业门路的村民来说，"这笔支出太沉重了，有人干脆迟迟不搬新居"②。当然，与前述国有煤矿沉陷区治理相比，它增加了旧村土地复垦、新水源地建设和工程措施治理，但同样没有解决搬迁居民的后顾之忧。

关于工程的进展状况，尽管有报道说"部分市、县和广大人民群众存在着等待和观望的思想，至 8 月底，许多治理工程没有取得实质性进展"，但经过后来的动员和突击，最终超额完成了当年的计划③。2008 年 4 月又下达了第二轮治理方案：集中治理 100 个村，涉及 1.6 万户、6 万农民，并列为当年要办的"10 件实事之一"。而"山西省农村地质灾害治理工程领导组办公室"在 2009 年 2 月下发的相关通知④中提到："通过两年来的工作，全省采矿权灭失地因采矿造成的村庄塌陷、房屋损坏和地下水疏干的 6.7 万户、25 万农民的住房安全问题和严重饮水困难得到有效解决，农村地质灾害治理工程工作取得了阶段性成果。2009 年，省领导组要求各市再接再厉、努力工作，全面完成 2007、2008 年工程项目的收尾工作，使这项为群众办的实事真正落到实处。"

通知没有交代 676 个村庄中有多少得到了安置，但据新华社后来报道，"两年多里一共解决了 305 个村、23.1 万人的住房和饮水问题"，省、市、县三级财政总计投入资金 18 亿元⑤（这意味着平均到每个灾民不足 8 000 元）。而按照当初的计划，还有 371 个村庄需要治理，涉及的人数也应该超过新华社报道的 23.1 万人和"晋农灾治办"所说的 25 万

---

① 山西省财政厅：《山西省农村地质灾害治理工程资金管理办法》（财政厅晋财建〔2007〕132 号）。

② 《半月谈》2009 年第 8 期。

③ 据《中国矿业报》2008 年 4 月 1 日报道，"当年已让 206 个村、5.1 万户、20 万农民群众从中受益"。

④ 山西省农村地质灾害治理工程领导组办公室：《关于做好 2007、2008 年全省农村地质灾害治理工程收尾工作的通知》（晋农灾治办〔2009〕1 号）。

⑤ 《半月谈》2009 年第 8 期、《半月谈内部版》2010 年第 11 期。

人。但通知没有提到对这些村庄的治理计划，此后也终无下文。至此，这项被定位为"省委、省政府落实科学发展观、着眼改善民生的一项重大决策部署"（晋农灾治办〔2009〕1号语），在同样只是取得了"阶段性成果"——按照村庄数计算的"完成率"只有45%——之后，也同样不了了之。

由于缺少对相关政策过程的详细了解，难以说清为什么被赋予了巨大政治意义的两项"惠民工程"都成了十足的"半拉子工程"。不过，在山西省政府宣告"农村地质灾害治理"工程进入收尾阶段后一个月，在北京召开的全国人代会上，山西省的17名全国人大代表联名提交了一个提案，要求中央政府"将山西地方煤矿采煤沉陷区治理列为国家试点给予支持"①。所谓的支持当然意味着政策和资金支持，而在中国的行政话语中，"政策支持"当然也意味着资金的再分配。这容易让我们推测，直接的或首要的原因是治理工程遭遇了资金短缺。

资金短缺的诱因似乎是山西省政府2007年开始推进的"煤炭资源整合"，这切断了许多县市的大部分财源。如前所述，由于采煤大县（当然也是采煤沉陷大县）的财源主要来自地方煤矿，当山西省政府大力推进煤矿的兼并重组之后，许多县市的中小型煤矿被大型国有煤矿"整合"，或者停产而等待重组。例如原来的千万吨产煤大县左云县，"近一年内只有一座煤矿在生产"②。在紧邻左云的大同市南郊区，国有煤矿沉陷区治理工程原计划投资7.8亿元，用于安置71个村的搬迁，在计划立项时，基于南郊区财源丰厚而由该区政府承担了多数资金，但工程开始不久即遭遇"煤炭资源整合"，导致多数地方煤矿关闭，留下的18座也全部停业而等待重组，区级财政因此丧失了大部分财源，权力机构的正常运转已出现困难，治理资金也就缺少着落，而搬迁费用到2009年已经飙升到21亿元。该区的官员为此呼吁：希望省政府给予资金配套和政策扶持③。

不过，在资金短缺的背后，应该存在更深层的原因。首先，它与各级政府之间的事权与财权分配的失衡有关。高层政府掌握了更多的财源，而将更艰巨的任务交给市县，必然造成后者的资金短缺。其次，退一步说，任何一个（级）政府几乎都会面临"资金短缺"的难题，关键在于有限的资金优先用于何处，其轻重缓急之分当然从属于"重大决策部署"。

简要考察2006年前后山西接连推出的一系列"煤炭新政"的实施情况，可以确信上述推论的合理性。所谓的"煤炭新政"包括：关闭小型煤矿，实施"煤炭资源整合"；推

①　《山西日报》2009年3月7日。
②　《南方周末》2009年11月5日。
③　见《大同日报》2011年5月18日的相关报道，以及民盟山西省委参政议政部的调研报告（http：//www.sxmm. org. cn/main/Article. asp?LocaTxt＝％，2009年7月28日）。

行限产政策，"十一五"期间实现"零增长"，期末控制在 7 亿吨左右；经国务院批准实施"煤炭工业可持续发展政策措施试点"，并为此制订了《山西省煤炭开采生态环境恢复治理规划》，旨在建立生态补偿机制，做到"渐还旧账，不欠新账"，"争取用十年左右使全省矿区生态环境明显好转"。如果这一系列措施得以实施，无疑会产生显著的防灾救灾效应。但是从结果来看，三项政策中只有"煤炭资源整合"借助超强度的行政手段超额完成了目标，原来的上万家煤矿企业到 2009 年底减至 1 053 家（这强化了"国有煤矿"或大型煤炭集团的垄断，但并没有彻底遏制"黑口子"）；"限产政策"很快流产，2010 年的采煤量比限产之前增加了 2 亿吨；而"可持续发展"试点征收了数百亿元的"煤炭可持续发展基金"和"矿山生态环境恢复治理保证金"，但实际用于生态恢复治理的大约只有三成①。

在这样一种背景下，我们能够看到许多沉陷村的"地质灾害治理工程"在实践中发生着怎样的变形。为了弥补资金的不足，县乡政府以默许"采煤"来换取承包商的"治理"，而对于资本来说，这当然意味着巨大的商机，"一旦被列入 676 个村庄的名单，就等于拿到了露天采煤的许可证"②。于是，这就导致了新的产能、赢利机会和灾害。迄今已被报道的案例有：山阴县吴马营乡、乡宁县尉庄乡、交口县窊则山村、汾西县李家坡村、沁水县上峪村以及盂县上曹村。在这些地方，地质灾害治理工程或搬迁后的"土地复垦"全都伴随着对煤炭资源的私挖滥采，以至于"新的地质灾害正在形成"。其中，上曹村原先已被破坏的耕地迟迟不见复垦，而未被破坏的 1 000 亩耕地变成了承包商的露天煤矿，经过四年多的"治理"后变得千疮百孔③。

四、结语：如何理解"治理挑战"

从本文的考察可以看出，就"矿山地质灾害"这种生态环境灾难的形成及其治理而言，如果破坏的动力巨大而拯救的动力不足，"治理"的速度将赶不上破坏的速度。它的直接后果当然是灾害或灾难的扩大再生产：到 2011 年的夏天，山西省采煤沉陷区的"受

---

① 据山西省发展改革委负责人介绍，从 2007 年 4 月试点开始至 2009 年 11 月底，全省累计征收煤炭可持续发展基金 416.2 亿元，实际用于"跨区域的生态环境综合治理"的为 113.5 亿元（http://www.sxdrc.gov.cn/lddt/ldjh/201108/t20110812_49066.htm），即只占征收额的 27.3%；另据新华社 2010 年 9 月 29 日报道，截至当年 8 月，"山西省重点煤炭集团共提取矿山生态环境恢复治理保证金 103 亿元，使用 33 亿元"。

② 《21 世纪经济报道》2010 年 12 月 31 日。

③ 相关案例见 http://tv.people.com.cn/GB/166419/14412952.html（2011 年 4 月 18 日）、《时代周报》2011 年 11 月 3 日、《新民周刊》2011 年第 43 期、《中国经济周刊》2011 年第 41 期、《中华工商时报》2009 年 4 月 30 日、《中国产经新闻报》2011 年 3 月 2 日、http://www.kjfnews.cn/a/xinwendiaocha/20120614/6424.html；http://jjsx.china.com/c11/0323/17253591425_3.htm。

灾人口达到了 300 万"①。也就是说，灾民的规模比开始"治理"之前的 2005 年又多出了 80 万人。

对于沉陷区的农民来说，"矿山地质灾害"所包含的实际内涵——水源枯竭，土地开裂或塌陷，耕地无法耕种，房屋开裂或倒塌，在危房中度日如年，乃至要面对地裂缝中冒出的有害气体——意味着名副其实的生存危机，也是一种总体性危机。当然，由于村庄内部的分裂和村庄之间缺少联系，为了摆脱这种危机而进行的呼救和"抗争"总是局限在单个村庄中的小群体，乃至个人。这样，生存挑战会引发一些"群体性事件"，从而在更大范围内汇聚为一种社会效应。

不过，对政治稳定性构成威胁的"治理挑战"确实已经非常明显。种种状况及其背后的制度、机制和逻辑都充分表明，尽管目前仍然处于"转型"的过程中，但是问题的发生和表现出来的危机状况确实不是有学者所说的"转型挑战"，而是真正的"治理挑战"。当然，也正是这样的"治理挑战"，客观上成为新时代山西乃至全国环境治理和生态文明建设的重大驱动力。

参考文献

曹金亮等：《山西省矿山环境地质问题及其研究现状》，《地质通报》，2004 年第 11 期。

董继斌：《山西能源基地建设十周年回顾》，《能源基地建设》，1994 年第 2 期。

黄宗智：《改革中的国家体制：经济奇迹和社会危机的同一根源》，《开放时代》，2009 年第 4 期。

〔美〕克莱夫·庞廷著，王毅等译：《绿色世界史：环境与伟大文明的衰落》，上海：上海人民出版社，2002 年。

李北方：《煤权之祸》，《南风窗》，2006 年第 21 期。

李成先等：《山西省地方煤炭工业技术现状和发展趋势》，《科技情报开发与经济》，1995 年第 5 期。

李承义：《山西乡镇煤矿企业经济效益及发展对策》，《中国农村经济》，1986 年第 12 期。

李径宇：《山西矿难的真相》，《中国新闻周刊》，2003 年第 13 期。

秦文峰、苗长青：《山西改革开放史》，太原：山西教育出版社，2009 年。

戎昌谦、唐晓梅：《对山西社队企业调整的几点看法》，《经济问题》，1981 年第 2 期。

山西省统计局：《山西建设资源节约型社会问题研究》，山西统计信息网，2006 年，www.stats-sx.gov.cn 2006-11-29。

石破：《山西煤炭："黑金"掘进 30 年》，《南风窗》，2008 年第 19 期。

宋凯：《论山西矿山生态环境现状及治理》，《吕梁高等专科学校学报》，2010 年第 4 期。

孙春龙：《官煤产业链黑幕》，《瞭望东方周刊》，2005 年第 45 期。

王宏英：《山西省能源基地建设可持续发展》，《能源基地建设》，2000 年第 1—2 期合刊。

王宏英、曹海霞：《山西构建煤炭开发生态环境补偿机制的实践与完善建议》，《中国煤炭》，2011 年第 10 期。

---

① http://www.chinanews.com/gn/2011/08-11/3252161.shtml。

王社民、杨红玉：《在分类指导中整体推进——山西省加强农村党风廉政建设纪实》，《中国监察》，2010
　　年第 13 期。

吴达才：《"热""冷"遐思——关于山西能源重化工基地建设的随感》，《山西能源与节能》，2004 年第
　　3 期。

俞可平：《中国治理变迁 30 年：1978—2008》，北京：社会科学文献出版社，2008 年。

〔美〕约翰·福斯特著，耿建新、宋兴无译：《生态危机与资本主义》，上海：上海译文出版社，2006。

张玉林：《中国的环境战争与农村社会——以山西省为中心》，载梁治平主编《转型期的社会公正：问题
　　与前景》，北京：生活·读书·新知三联书店，2010 年。

张玉林：《流动与瓦解——中国农村的演变及其动力》，北京：中国社会科学出版社，2012 年。

周洁：《浓墨重彩写辉煌——改革开放以来山西煤炭工业发展回顾》，《前进》，2008 年第 10 期。

走向拒绝废弃的共同体——广东珠三角 工伤工人的自我赋权与群体服务

黄 瑜

中央民族大学

摘 要 本文援引"废新世"的概念，探讨广东珠三角的工伤工人如何克服自责与歧视从而转变为反对资本逻辑的积极行动者。"废新世"对自诩客观的"人新世"思想进行了挑战，让我们看到像工伤工人这样的废弃品是资本主义"社会–生态关系"下的产物。不过，因为解放的主体不是先天形成的，工人的赋权只有在争取"共同化"的抗争中才能造就。在社工机构的帮助下，工伤工人开展了个体的法律维权以及争取改善工作场所安全的群体行动。工人们的经验证明了"共同化"是打破"废新世"的一条重要路径。他们的经验将有助于我们探索一条超越"人新世"的红绿联盟之路。

关键词 废新世；生态马克思主义；工伤与职业病

一、问题的提出

2015 年 9 月初的一天，南方地区仍沉浸在高温当中。S 机构在一个公园里组织了一个庆祝中秋的活动，那是我第一次接触工伤工友。刚到的时候，眼前出现的是几十个四肢残缺的工人，我心里不免感到一阵震撼。接下来开始文娱表演，一个叫小芳的女孩用美妙的嗓音为大家奉献了一曲振奋人心的歌曲《绿旋风》，歌曲讲述的是边塞战士奋勇杀敌的故事，歌词唱道："钢铁的熔炉中锻打出英雄汉，枕戈待旦的营盘里卧虎又藏龙。"曲毕大家都热烈鼓掌，高呼"再来一个"！小芳也兴奋得汗流直淌，她脱下长袖衣，略带羞涩地向大家举起手。我一看，她的右手的大拇指只剩下一节，其他四个手指全没了。当时我就泪目了，但是马上听到她激动地说，这是她受工伤一个月以来第一次唱歌，今天也是受工伤后最开心的一天。她边笑边哭，说感谢 S 机构，这里是她唯一感到温暖的地方。

这个片段一直留在我的脑海里，从那以后，我开始接触广东珠三角像 S 机构那样帮助工伤职业病工人的组织，但产生了更多的疑问：为何之前根本不知道原来有这么多工伤工人？他们受伤的原因是什么？机构举办了什么样的活动，让他们感受到温暖？工友们从一开始大热天穿长袖衣服，遮挡残缺的身体部位，到后来敢于把断手指向老板，这个转变是如何发生的？机构和工友的行动对于推动劳动安全有什么贡献？

本文引用"废新世"的概念，探讨广东的社工机构如何帮助工伤职业病工人拒绝"废弃"的身份，并通过建立共同体来帮助工人勇敢地争取个人及群体的权益。阿米埃罗和德·安吉利斯①提出我们应该把"人新世"看作"废新世"，因为工业革命不仅创造了价值，更产生种种无价值的废弃品，包括垃圾场、污染之地和生病的身体。"由于废弃是一种重构不平等权力的社会关系，所以它本质上是政治的，而非技术的。"② 但是，"废新世"的叙事恰恰不是为了对废弃关系进行合理化，而是要探讨如何在资本主义的生产关系中，超越"价值–无价值"的二元对立，从而对资本的逐利性进行反思。更重要的是，在对抗废弃时，"废新世"所指向的未来不是回收（recycling），而是人类关系的共同化（commoning）。本文所探讨的就是社工机构如何建构一个破除"废新世"（sabotaging the Wasteocene）的"共同体"，从而帮助工友走向自我赋权和群体服务的道路。这将有助于我们思考劳工运动和环境运动结合的可能性。

二、文献回顾："废新世"与"共同化"

近 20 年以来，气候变化日渐成为广泛关注的议题，"人新世"的概念也开始流行起来。这个概念最早由诺贝尔化学奖得主克鲁岑提出，他认为，我们应该把人类视为一种能够影响整个地球的地质力量。尽管他的主张体现了自然科学家对社会问题的关注，但他的观点后来却受到社会科学方面的批判③。马克思主义学者认为"人新世"概念把人类视作一个无差别的整体，这种自诩客观性的视角，实际上体现了一种去政治化的叙事方式，因此它忽视了阶级、性别和种族等差异的影响④。摩尔甚至倡导我们使用"资本世"这个概念，以更精准地确认生态破坏的主谋⑤。

① Armiero, M., M. De Angels, "Anthropocene: Victims, Narrators, and Revolutionaries", *South Atlantic Quarterly*, Vol. 116, No. 2, 2017, pp. 345-362.

② Armiero, M., *Wasteocene: Stories from the Global Dump*, Cambridge University Press, 2021, p. 12.

③ Mathews, A. S., "Anthropology and the Anthropocene: Criticisms, Experiments, and Collaborations", *Annual Review of Anthropology*, Vol. 49, 2020, pp. 67-82; Pulido, L., "Racism and the Anthropocene", In Mitman, G., M. Armiero, R. S. Emett, eds., *Future Remains: A Cabinet of Curiosities for the Anthropocene*, 2019.

④ Foster, J. B., *Capitalism in the Anthropocene: Ecological Ruin or Ecological Revolution*, Monthly Review Press, 2022; Saito, K., *Marx in the Anthropocene: Towards the Idea of Degrowth Communism*, New York: Cambridge University Press, 2023.

⑤ Moore, J., ed., *Anthropocene or Capitalocene? Nature, History, and the Crisis of Capitalism*, Oakland (CA): PM Press, 2016.

　　在"资本世"概念的基础上，阿米埃罗和德·安吉利斯提议将这个新纪元称为"废新世"①。他们认为从废弃物的角度出发，更有助于我们理解资本主义生产的矛盾性。"废新世"主要从两个方面批判"人新世"：首先，"废新世"认为不是二氧化碳排放造成生态危机，而是产生二氧化碳排放的"社会-生态关系"②；其次，主流社会往往借用"人新世"的话语来指责边缘群体破坏生态环境，但"废新世"则指出，系统之所以出现危机，恰恰是因为财富的积累是通过一个他者化的过程来实现，边缘群体的利益被无情地剥夺。

　　除了对"人新世"加以批判，"废新世"的概念也有助于我们在马克思主义理论的框架下对废弃物进行更深入的理解。当前，不少学者从批判消费主义的角度出发，指出"洁净""方便"的理念如何诱导人们使用一次性物品，造成"垃圾社会"的产生③。后来，马克思主义学者认为这个基于道德的叙事框架把废弃物视为消费主义的产物，从而把生产的问题割裂开来。批判废弃物研究致力于揭示废弃物如何在回收和再商品化的过程中被卷入多种"价值增殖方式"（modes of valorization），从而让我们注意到"物质和能量如何被占有、改造及管理"④。

　　但是，尽管批判废弃物研究把价值作为分析的焦点，它也高估了资本的积累能力，并忽视了一个事实：不是所有废弃的人和物都会进入再商品化的过程。正如阿米埃罗所述："废弃意味着要区分什么有价值，什么没有价值。"⑤ 奥康纳在名篇《资本主义的第二重矛盾》一文中也指出，资本对利润无止境的追求导致自然资源和人类生活的严重摧残，最终会反过来砸自己的脚，破坏自己的"生产条件"⑥。

　　最后，"废新世"不只是一个勾连废弃物与正义的摇椅理论，更是一个行动的纲领。阿米埃罗在批判自由主义的废弃物研究时认为："废弃的克星不是回收，而是共同化。"⑦"废新世"的概念超越了"人新世"对地理时间的抽象记录，转而把身体作为分析框架，

　　① Armiero, M., M. De Angelis, "Anthropocene: Victims, Narrators, and Revolutionaries", *South Atlantic Quarterly*, Vol. 116, No. 2, 2017, pp. 345-362.

　　② Armiero, *Wasteocene*, p. 11.

　　③ Hawkins, G., *The Ethics of Waste: How We Relate to Rubbish*, Lanham, MD: Roman & Littlefield, 2006; Muecke, S., "Devastation", In Hawkins, G., S. Muecke, eds., *Culture and Waste: The Creation and Destruction of Value*, Lanham, MD: Rowman & Littlefield, 2003; O'Brien, M., *A Crisis of Waste? Understanding the Rubbish Society*, London: Routledge, 2007.

　　④ Schindler, S., F. Demaria, " 'Garbage is Gold': Waste-based Commodity Frontiers, Modes of Valorization and Ecological Distribution Conflicts", *Capitalism Nature Socialism*, Vol. 31, No. 4, 2020, p. 52-59.

　　⑤ Armiero, *Wasteocene*, p. 10.

　　⑥ O'Connor, J., "Capitalism, Nature, Socialism: A Theoretical Introduciton", *Capital*, *Nanture*, *Socialism*, Vol. 1, No. 1, 1988, pp. 11-38.

　　⑦ Armiero, *Wasteocene*, p. 12.

使得 "身体成为一个压迫与解放并存的空间"①。但是，与近年来政治生态学中所流行的 "活力物质主义" 概念不同②，身体在此并非天生就具备自主能动性，相反，废弃人/物的革命潜力只有通过 "共同化" 的实践才能被激活。比如，在新冠疫情期间，意大利的几个城市组建了 "人民团结旅"，人们在此分发食物和药品，宣扬反新自由主义的话语，甚至占领一些废弃的楼房来组建自治的社区。"共同化实践破坏了废弃逻辑，因为它们通过包容和社区建设来再生产社会价值，尽管社区也会通过他者化和废弃化再现不平等。"③

"废新世" 这一概念有助于我们看到，环境危机的根源在于，资本的利润是建立在对可抛弃的身体进行压榨的基础上的，因此，只有当底层人民联合起来才能推动社会改变。但是，由于革命的主体不是先天自发形成的，我们就需要深入分析边缘群体如何从一个 "自在阶级" 变为 "自为阶级"，以打破 "废新世" 的统治。目前，相关的民族志研究还是比较有限的，我的研究将通过展现工伤工人的觉醒与斗争来填补这个空白。

三、珠三角工厂的安全隐患

1992 年南方谈话之后，广东的外资引进进一步加速，农民工的流动也大大加快。以东莞为例，外来工的人数从 1986 年的 15.6 万猛涨到 1995 年的 142 万。但是，经济的高速发展是以农民工的牺牲为代价的。1993 年，深圳致丽玩具厂发生大火，造成 84 人死亡，许多女工因为无法从封闭的门窗逃脱而窒息身亡④。幸存者小英在家书中写道：

> "她们那个时候的工厂把工人基本上视作机器的一部分而已，没有独立的人的存在。她们的车间那个窗子全都是铁条焊死，之后用铁网网住，怕那些工人把玩具扔出去，就弄成全封闭的，基本上当成了一个笼子一样把工人关在里面，缺乏对人的尊重。"⑤

这个事件暴露了经济高速发展背后的人命代价。1995 年《劳动法》正式颁布实施，但是该法律实际上并没有为农民工提供法律保护，这很大程度上是因为民工的身份并不明

---

① Armiero, *Wasteocene*, p. 11.

② Bennet, J., *Vibrant Matter: A Political Ecology of Things*, Durham, NC: Duke University Press, 2010, p. xvi.

③ Armiero, *Wasteocene*, p. 49.

④ Chan, A., *Chinese Workers under Assault: Exploitation and Abuse in a Globalizing Economy*, New York: Routledge, 2001.

⑤《不能忘却的致丽大火——用生命换来〈劳动法〉》，2015 年，http://m. wyzxwk. com/content. php?classid=25&id=355103。

晰，介于工人和农民之间[①]。随后，国家为了改善劳动条件和职业安全，相继颁布了《职业病防治法》（2001）、《安全生产法》（2002）、《工伤保险条例》（2003）等重要的法律法规。但农民工作为流入地的"外来人"，权益难以得到维护[②]。另外，政府部门也没有设立生产安全检测和执法的有效机制[③]。

有学者称这段时期的发展模式为"以廉价劳动力资源为代价的工业化"[④]，具体体现为工伤事故频发。整个珠三角地区的手外科中心由改革开放初期的零家发展到 2000 年初的 30 家[⑤]。据一个 2001—2003 年开展的工伤者调查，70% 以上的企业没有为职工购买工伤保险[⑥]。

工伤事故出现的主要原因包括：企业使用老化的机器，且缺乏岗前培训；劳动时间长，工人常常在疲惫的状态下操作机器；企业使用有毒有害的化学品等。据统计，企业定期对员工做安全生产培训的只占 20.3%，超过半数的企业对工人的劳动保护用具提供得不够[⑦]。我的调研发现，东莞某鞋厂在 2010 年以前，操作皮革裁断机的工人当中，每年每百人有超过十人手指损伤。在 2010 年后，工厂购买全新带红外线保护装置的机器，工伤的发生率大大下降，这说明工厂如果想减少工伤事故，不是做不到的。

另外，长时间连续工作也是造成职业伤害的重要原因。珠三角只有 30% 的农民工每天工作 8 小时，40% 每天工作 12—14 小时，47% 的工人根本没有假期[⑧]。工伤事故发生多数是超时加班，工人因疲倦而注意力分散。我随 S 机构到医院探访遇到一个工伤工人，进五金厂 7 个月受伤，右手小指骨折。她说厂里有时候一个月休息 1—2 天，有时候不休息。每天工作 10 小时，一周 7 天。她出事的时间是凌晨，机构的齐大哥说一般冲压不应该上夜班。

最后，企业使用有毒有害的化学溶剂，却对劳动者的安全健康不重视。2004—2005

---

① Ngok，K.，"The Changes of Chinese Labour Policy and Labour Legislation in the Context of Market Transition"，*International Labour and Working-class History*，Vol. 73，No. 1，2008，pp. 45-64.

② 谭深：《外来女工的安全与健康》，载李真主编：《工殇者：农民工职业安全与健康权益论集》，北京：社会科学文献出版社，2005 年，第 27—50 页。

③ Zhu，Y.，P. Y. Chen，W. Zhao，"Injured Workers in China"，*International Labour Review*，Vol. 153，No. 4，2014，pp. 635-647.

④ 仲大军：《农民工与中国工业化——以廉价劳动力资源为代价的工业化何时休》，载李真主编：《工殇者：农民工职业安全与健康权益论集》，北京：社会科学文献出版社，2005 年，第 195—204 页。

⑤ 谭深：《外来女工的安全与健康》，载李真主编：《工殇者：农民工职业安全与健康权益论集》，北京：社会科学文献出版社，2005 年，第 27—50 页。

⑥ 谢泽宪：《工伤事故六问》，《社会科学报》，2004 年 2 月 19 日第 2 版。

⑦ 同上。

⑧ 和经纬、黄慧：《珠江三角洲地区农民工维权非政府组织：描述性分析》，《香港社会科学学报》，2008 年第 35 期，第 41—71 页。

年，引起广泛关注的职业病群体事件是生产 GP 超霸电池的金山官司四家工厂，500 名工人确诊镉超标，28 人轻度中毒。尽管工人合力争取，但是当地法院无视省职业病防治院的诊断，拒绝承认上诉人被确诊为职业病，因此，厂方也拒绝作出相应的赔偿。2006—2010 年，广东省职业病总数持续上升，从 281 例增加到 565 例，其中引起慢性职业中毒以苯为主，引起急性职业中毒主要以三氯乙烯为主①。

这个时期经济发展的路径折射了资本只是把工人当作价值获取的一个工具，而无视工人的健康及安全。但是，工人也不是逆来顺受的主体，随后就爆发了"停工潮"，使得政府在 2008 年开始实施《劳动合同法》②。《劳动合同法》迫使用人单位承认与劳动者之间存在劳动关系，改善了农民工的权益。2010 年通过的《社会保险法》为农民工提供了基本的社会保障，使得企业购买工伤保险成为法定义务。据统计，佛山南海区工伤人数在 2009 年达到高峰，而后以约 10% 的比率逐年下降③。但工人的劳动条件改善并非一蹴而就。据佛山某工伤服务机构统计，2010—2012 年探访的 2 359 人中，1 151 人没有签订劳动合同，75% 的工人没有接受过任何的劳动培训就直接上岗。

在珠三角地区，劳动法规的出台催生了不少工伤服务机构的诞生。和传统的工会组织不同，这些机构践行"社区工会主义"（community unionism）的原则，其据点不是建立在工作场所，而是在工人居住的社区④。这样的地理分布可以克服传统工会只针对某一企业或者某一产业的局限性，从而接触到更多的工人，尤其是非正式的工人。另外，这些机构的活动也比较多元，除了提供法律援助以外，也很重视工人的文化和社会活动，希望帮助工人构建一个团结的共同体。

本文主要基于作者 2015—2018 年在广东珠三角进行的调研，探讨了五个工伤社工机构的服务，主要展示它们如何通过创造一个工伤工友的共同体，使工友实现自我赋权并进一步成为为群体服务的积极分子。本文出现的机构及受访者列表如表 1 所示。

---

① 全球化监察：《为健康与尊严而抗争：镉受害女工维权史》，香港：全球化监察有限公司，2009 年。

② Chan, C. K.-C., "The World's Factory in Transition: Diversifying Industrial Relations and Intensifying Workers' Struggles in China", *The China Review*, Vol. 20, No. 1, 2020, pp. 1-17; Gallagher, M., "Legislating Harmony: Labor Law Reform in Contemporary China", In Kruvilla, S., C. K. Lee, M. E. Gallagher, eds., *From Iron Rice Bowl to Informalization: Markets, Workers, and the State in a Changing China*, Ithaca: Cornell University Press, 2011, pp. 36-60.

③ 王佳慧：《"中国制造"隐痛：工伤阴影下的女工》，《新京报》，2016 年 5 月 13 日。

④ Chan, C. K.-C., "Community-based Organizations for Migrant Workers' Rights: The Emergence of Labour NGOs in China", *Community Development Journal*, Vol. 48, No. 1, 2012, pp. 6-22; Fine, J., "Community Unions and the Revival of the American Labor Movement", *Politics & Society*, Vol. 33, No. 1, 2005, pp. 153-199; Wills, J., "Community Unionism and Trade Union Renewal in the UK: Moving Beyond the Fragments at Last?", *Transactions of the Institute of British Geographers*, New Series, Vol. 26, No. 4, 2001, pp. 465-483.

表 1　机构及受访者

机构名称	受访者
S	李哥（负责人）、小芳（志愿者）、齐大哥（志愿者）、小马（志愿者）
L	施大哥（负责人）、小刚（工作人员）、小伍（志愿者）
F	张大哥（负责人）
M	陈大哥（负责人）
H	华姐（负责人）、小颜（志愿者）

四、在共同体中实现自我赋权

1. 重拾自尊

人类学家罗伯特·墨菲（Robert Murphy）在步入中年的时候突然被检测出神经肿瘤，最后恶化至四肢瘫痪。他在《静默之身》这本自我民族志中痛苦地描述了残障者如何被"他者化"的过程。病人不仅仅需要面对肢体的缺损，更需要与"社会残障"（social disability）作斗争。"在与残疾有关的所有心理综合征中，最普遍也最具破坏性的是自尊的根本丧失。"[1]

自尊的丧失在许多工伤工友身上有明显的体现。L 机构的施大哥谈到，受伤后在医院里和在工厂上班很不一样，"常常感觉有点边缘，自我感觉边缘化，然后整体状态是失眠的，晚上就很清醒，睡不着觉，白天就剩你一个人"。S 机构的李哥谈到刚刚受工伤时，住院的前几天他不说话，也不看电视，天天以泪洗面。"想想今后该怎么过啊！一只手不能干活。本来两只手完好就挣不了多少钱，现在只剩一只了，怎么办？"[2]

来自家庭的压力更加重了工伤工友的压力和自责。H 机构的华姐回忆[3]：

"我 2005 年受伤。出来三四年了，前几年工资很低，家里弟弟妹妹上学，我妈一直要治疗，我爷爷奶奶也生病，都是我爸一个人负责。2005 年的时候，工资才开始高一点，我开始觉得可以给家里多一点钱，多减轻家里的负担。手一受伤我就觉得惨了，我怎么跟我父母交代？……他们把我养那么大，我还没有让他们享福，他们反而又要养我了。"

---

① 〔美〕罗伯特·墨菲著，邢海燕译：《静默之身：残障人士的不平凡世界》，上海：上海教育出版社，2022年，第 97 页。

② 2015 年 10 月 15 日访谈。

③ 2015 年 12 月 6 日访谈。

这种自我贬低的自尊，往往容易发展成愤怒。墨菲指出残障人士的愤怒有两种形式："第一种是存在主义的愤怒，是对已为定数之命运的深入骨髓的怨恨；另一种是为了抵抗命运而发出的声嘶力竭却徒劳无用的怒吼。"①

有一次，我随 S 机构的工作人员到当地一家骨科医院进行探访宣传，遇到一位 20 多岁的女工，她 3 月份进厂，10 月初就受伤了。原因是厂里的机器老化，冲床的螺丝掉了，冲床压下来，导致她的右手小指骨折。我们进病房的时候，她的情绪十分低落，基本不太搭理我们。后来她丈夫来了，愤怒地说："打工的人最大的愿望是，平平安安回到家。出门的时候怎样，回家的时候还是怎样。你说你赚到 100 万也没有用，手没有了，怎么办？你说我给你 100 万，把你的手砍下来，你愿不愿意？！"

工伤工友的心理创伤不仅发生在受伤的初期，还会一直持续到后面，尤其是在诉讼维权期间会受到其他工友的排挤。何欣和吴蕾对返乡工伤致残农民工的调研发现，"除家庭外，工伤致残的返乡者基本没有其他强有力的社会连接与社会支持。'躲都来不及，怕你找他麻烦'是普遍的共识。"② 小刚是一名五金电子厂的工人，2003 年初中没有毕业就离开河南老家不远千里赴东莞打工。他曾经努力想改变自己底层的工作状况，每天下班后都留在车间钻研学习，自学了钣金冲压教材，又凑钱买电脑自学 AutoCAD 和 Pro/Engineer 等软件，从一名冲压工提升为架模员、普师和车间师傅，短短几年工资从 500 元涨到 3 000 元。正当他业绩累累，有望成为工厂历年来第一个从一线工人提升为办公室设计师的时候，他被确诊为"职业性慢性中度苯中毒"（血小板减少症），俗称白血病前期。这时候，此前一直对他充满敬意的工友突然都开始躲着他，甚至有人嘲笑他身体太弱。工厂老板也拒绝支付他的医药费和工伤赔偿，他只得走法律程序。但是由于厂方在工资条上造假，他需要工友出面作证，证明他的收入是师傅级别的。最后 100 多位同事只有一人出庭作证。在万念俱灰的情况下，他遇到了 L 机构和许多共同面临争取赔偿的工伤工友，才在共同体中获得了继续斗争的力量。

工伤工友从一个四肢健全的人突然遭遇工伤，成为残障人士，这是一个经历"废弃"的过程，让他们经历种种社会歧视和不公，但是受伤工友的抱团，使得大家从彼此扶持中获得力量，也产生了为生命斗争下去的勇气。

2. 公正意识的建立

在接触法律之前，许多工友受伤后首先认为事故是自己"不小心"所造成的。小刚

---

① 〔美〕罗伯特·墨菲著，邢海燕译：《静默之身：残障人士的不平凡世界》，上海：上海教育出版社，2022年，第 115 页。

② 何欣、吴蕾：《返乡工伤致残农民工生存状况研究》，《人口研究》，2015 年第 1 期。

进厂不久，干冲压工受了伤。"当时打得很深，血就爆出来了，满身都是。"厂里没有送他去医院，只是给消毒水清洗。"然后厂里管理人员会说，你怎么这么不小心，觉得我们要给他带来麻烦的那种感觉，影响工作。"[1] M 机构的陈大哥还记得，2007 年他在电子厂上班时受了工伤，厂里规定受工伤还要罚款。

几个机构在法律讲座中，通常首先就会介绍工伤保险条例第 14 条规定的"无过错责任原则"，也就是说，只要是在工作时间和工作场所内，因工作原因受到事故伤害的，就应该认定为工伤，不管员工是否存在过错。

为了让更多的工友了解"无过错责任原则"，L 机构还在工业区组织民众剧场，让工友志愿者出演话剧《阿丽的故事》。剧中，打工妹阿丽在了解了法律知识后，不再以泪洗面自我指责，她勇敢地在老板面前伸出之前不敢见人的断指手掌，大声地宣告"无过错责任原则"，痛斥老板推卸责任的行为。现在，断指成为一个有力的武器，直指老板对工人的无情对待。

在工伤的责任判定中，工友们经历了从"不小心"到"无过错"的转变，走出了自卑和自责。但是，要真正认识工伤事故发生的原因，还是要回到资本主义的本质问题：劳资矛盾。20 世纪 80—90 年代，在发展主义经济学视角下，劳工仅仅被视为一种生产要素或比较优势要素。在 2004 年"劳工荒"第一次出现之前，工厂认为农民工可以像活水一样从农村不断补充，因此工厂无须承担劳动力再生产的任务。费德里西指出劳动力再生产是一个历史性的概念，并不一定是资本再生产的必然要素[2]。恩格斯和马克思发表的《英国工人阶级状况》和《资本论》（第一卷），描述了在"无限延长劳动时间"的积累规律之下，劳动力再生产缩减到最低点，工人阶级几乎无法再生产自身，平均寿命只有 20 岁，由于过度劳累而死于青年时期。直到 19 世纪末，资产阶级才开始对劳动力再生产进行投资，这与积累形式从轻工业到重工业的转变有关，因此，此时需要的是有更高强度劳动纪律以及不那么消瘦的工人。

但是，工人在理解资本积累的逻辑之前，他们当中有不少人往往会以一种道义经济的视角来看待劳资关系。机构的社工帮助他们认清这一事实，工人受伤后对老板而言就失去了利用价值，受伤的身体也瞬间变为废弃之物。

H 机构的志愿者小颜也通过参加机构的一次次活动，在劳资关系的认识上有了很大转变：

---

[1] 2015 年 12 月 13 日访谈。

[2] Federici, S. , "The Reproduction of Labour Power in the Global Economy and the Unfinished Feminist Revolution", In Atzeni, M. , ed. , *Workers and Labour in a Globalised Capitalism: Contemporary Themes and Theoretical Issues*, New York: Palgrave Macmillan, 2014, pp. 85-107.

  "机构给我最大的收获是让我思想产生一个很大的拐弯……我之前就说了，我认为老板给多少，我就应该拿着，我不应该去找老板多要……而现在就不一样了，现在觉得我做了那么多的事情，创造了那么多的收益，那我就应该去跟你分享这一份收益，这个是我应得的呀。"

3. 助人自助

  机构常常组织法律讲座，但不是采取自上而下的灌输式教育，而是对话行动。保罗·弗莱雷（Paulo Freire）在代表作《被压迫者教育学》一书中比较了两种教育：一种是作为压迫手段的"储蓄式"（banking）教育。在这种理念的指导下，"知识是自以为博学的人对在其眼中一无所知的一种恩赐。把他人想象成绝对的无知者，这是压迫意识的一个特征，它否认了教育与获取知识是探究的过程。"[①] 与之相反的是提问式教育，这种方式摈弃了教师单向的讲授，而表现为双向交流。"学生——不再是温顺的聆听者——现在通过与教师进行对话成为具有批判意识的共同探究者（co-investigators）。"[②] 提问式教育指向的是对话行动理论（dialogical theory of action），在此"各个主体间相互合作，以改造世界"[③]。因此，对话行动的目的是营造工伤工友的共同体，以打破被压迫者主体性丧失的状态，让工伤工友有勇气站出来，直面不公正的制度。用李哥的说法，机构的目的"不是让工友和老板'闹'，而是激发他的斗志，目标是今后的社会对所有人都公平公正"。

  几个机构都把"助人自助"列为他们的服务宗旨。H机构的负责人华姐这样说：

  "比如说一个工友受伤了，然后他说要写一个投诉书，如果他能写字，我们不会帮他写……在这个过程中，有些工友他自己经历过、去争取的，或者做义工做得比较多的、时间比较长的，他身边的人再发生这样的事情，或者他自己再发生这样的事情，他基本上都能够处理。"

  机构举办的各种讲座和培训，主要不是通过工作人员的信息灌输，而是工友之间的互相分享，从而形成一个自我赋权的共同体。一个工友小马启发大家在没有签合同的情况下，如何证明与厂方有劳动关系。上班第17天，他被机器打磨飞出来的铁丝打到眼睛。老板认为是他不服从管理、不佩戴眼镜，因此被铁丝击伤右眼。老板只愿意付2万元医疗费的20%，让工友自负80%。工友说可以，要老板写一个声明，就是说这件事责任在于

---

  ① 〔巴西〕保罗·弗莱雷著，顾建新、张屹译：《被压迫者教育学》，上海：华东师范大学出版社，2020年，第23页。

  ② 同上，第29页。

  ③ 同上，第93页。

工人，然后拿到劳动局办理。老板居然写了，等于是开了劳动关系证明。

五、为群体服务

1. 从受助者到施助者

几个机构的负责人都因自己受工伤时在医院遇到了进行探访的工伤服务机构，获得了帮助，也希望自己能帮助更多的工伤工人，进而走上了从志愿者、实习生、工作人员到机构负责人的一步步转变。

华姐和陈大哥都曾经历过工伤，他们在住院的时候接触到探访的工伤机构，因此认识到法律是一种有力的武器，可以帮助他们挑战工厂的违法行为，因此希望今后也能参与普法宣传，帮助到更多的人。华姐说道：

> "因为当时我受伤的时候，工厂说是你自己不小心，只把你治疗好，就什么都不管。如果什么都不懂的话，肯定就这样子忽悠你，就让你走。所以自己出院以后就跟着做义工，跟他们去医院。那时候就觉得这还挺好的，都是受伤的病友，而且在这过程中还可以锻炼自己，学到很多东西，可以帮到其他人。所以出院以后，就经常跟他们跑来跑去。"

陈大哥在出院后厂方就借工伤罚他的款，他不仅驳倒了老板，后面还成立了机构帮助其他工伤工友。他这样描述自己的经历：

> "他（老板）当时突然就觉得，哎呀你怎么那么厉害啊。所以我就一五一十跟他说了，包括法律条文。从那以后，厂方就给我申请工伤认定了，原先连工伤认定都不给申请的……所以我就意识到（这些法律知识）还是有用。我在工伤期间，身边也有很多工伤的工友，特别是有一个小孩子，进厂还没一天就受了工伤，老板丢了 2 000 块钱就放到了医院里面，就这样不管了，什么都没有。通过我打工这么久的经历，加上工友们（在工厂）进进出出反映出来的一些问题，我就觉得这个社会不应该是这样的。"

施大哥则观察到，尽管他在受伤受助后不久就加入志愿者行列，并最终创办了工伤服务机构，但是在服务了很多工伤工友后，他逐渐认识到并不是个人维权意识强的服务他人的意识就必定强。他非常希望能推动工友从工伤者成长为志愿者，也就是经历从受助者向施助者的转变①：

---

① 2015 年 11 月 14 日访谈。

"他现在还只是考虑自己拿赔偿的问题，没有考虑到群体的问题，就还是想自己拿到赔偿，我一个人的问题……我说的群体如果说窄点就是工伤群体，说大一点就是工人群体，他如果能意识到这个就不错了，我们觉得他有意识了……我们通过帮助工伤者，他开始是一个受助者，变成一个施助者，再帮助其他人，这样一个循环，他帮助其他人，这个人就变了。"

2. 从工伤赔偿到工厂行动

不少机构也认识到，工伤服务如果只限于受伤后的维权，这难免是"事后诸葛亮"，真正要从源头上减少工伤的发生，就需要迫使工厂提升劳动安全并改善劳动条件，这要靠工人在厂内进行推动。F 机构的张大哥近年来致力于推动工友参与行动，不仅争取工伤赔偿，更通过揭发工厂的安全隐患，争取民事赔偿。

"我看见我们做这个工作做了这么多年，没有什么改善，受工伤的还是那么多，我会选择另外一个途径。比如说国家《安全生产法》规定了：劳动者（的权益）因安全责任事故受到损害，除依法享有工伤保险外，还能依照有关民事法律获得赔偿。现在好多都属于安全责任事故，但安监部门不作为，工商不尊重安全生产……我会推工友去安全生产举报，违法举报……不但厂子要求整改，他还可以得到些好处……可以追究民事赔偿的部分，所以我推动起来。"①

从工伤赔偿到民事赔偿，这意味着工人希望劳动部门通过对工厂的整改，从源头上减少安全事故的发生。

有些机构意识到单靠一两个核心工人的努力，力量还是很小，要真正实现工人劳动状况的实质性改变，必须团结更多工人。陈大哥认为：

"工人本来就是一个很有力量的成分，现在反而变成弱势群体了，这真的是不应该的，为什么我们不能自己团结起来去抗争呢？工人不应是一个弱势群体，他们应该团结起来。"②

H 机构致力于让核心志愿者回到工厂当中，推动他们在身边组建属于他们自己的组织，让工人尝试在厂里建立工人小组。华姐认为虽然机构立足于社区，可以接触更多的工人，但是厂内的斗争是不能放弃的。她说道：

"肯定是你能在工厂里面，搞工人小组是最好的，因为他们在同一个厂。我

---

① 2015 年 12 月 13 日访谈。
② 2015 年 11 月 28 日访谈。

们在社区搞工人小组，他们还是分布在不同的厂。当他再回到工厂里，想做一些事情、搞一些活动，就没有人给他支援。这样是很难的，因为他是一个人，要学会怎么去说服身边的工友，去培养你的同伴，这对于工友来讲，需要的能力还是要比较强，要不然很难在他们身边开展工作。就算他在机构参加活动很积极，能看得出他是个很好的工友，但是他回到那个环境，也是很难（开展活动）。这也是这几年来我们在反复尝试的，在社区怎么更深一步去推动核心的工友在他身边去组建属于他们自己的网络。"①

目前工人小组已经成功地推动了一些小的改变，如放宽对上厕所时间的控制，改善饭堂伙食的质量。有一个饭堂伙食很差，工友写联名信，厂里确实整改了。但他也意识到，工人要采取进一步的行动，阻碍重重，但过程对于工人来说是一种锻炼。华姐认为：

"比如说就像（改善）饭堂的伙食，比较温和一点。有两个人比较积极，也敢于行动的，就可以把这个事情做起来。但是如果涉及钱的，加班、高温津贴，工厂就会打压得很厉害。有个案例是关于高温津贴的，有四五个核心的工友，他们行动起来，联名几百个，被工厂发现了，就被打散了。从结果来看就是不成功的，但是从过程上看也算是一个尝试……我觉得不能只看结果，也要看过程，在过程中他发挥的作用，就是说他在这个过程中怎么把其他工人带动起来，我觉得这个比较重要。"

六、结语

本文指出，"废新世"这个概念有助于我们分析工伤工友所经历的三个转变阶段：自责、个体维权和群体争取。在受伤之后，许多工人陷入深深的自我悔恨当中，而并没有将矛头指向厂方。在社工机构的帮助下，他们渐渐认识到，他们的身体之所以变成废弃物，不是由于自己的"不小心"，而是资本积累的结构性问题所导致。出于压低生产成本的考虑，资本宁可摒弃受伤的身体也不愿意支付劳动力再生产费用，但是，通过一系列"共同化"的实践，包括法律咨询、经验分享和互助团结，工伤工友慢慢开始克服自己的心理障碍，转变为能动的主体，向雇主索赔。此时，工友的身体从一个受压迫的空间转变为解放的空间②。先前，残缺的手掌是不敢见人、会带来丢脸的，但现在，工友毅然伸出断指，指向雇主，断指这时变为了一个抗争的武器。因此，"废新世"里的身体并不只有压

---

① 2015 年 12 月 6 日访谈。

② Armiero, *Wasteocene*, 2021.

迫与牺牲，"'废新世'的身体经验也产生了抵抗的主体"①。

然而，个体维权仅仅是激进解放斗争的第一步。工伤在源头上解决要等到劳动和生产条件完全改善的那一天。奥康纳提出，生产条件的斗争与其他争取工资、工时和工作环境的传统工人运动不同，因为生产条件的改变实际上是一个建构"共同体"的过程②。因此，推动从废弃到共同化的社会-生态关系改变是极为重要的。机构推行"助人自助"而不是包办的理念，让工友成为具有主体性的个体。最后，机构认为要使全社会都不受工伤职业病的危害，必须使更多的工友形成共同体，一起来反对资本的逐利本质。工友从服务对象转变为志愿者和工作人员，服务更广大的人群，而机构也从厂外的社区机构致力于培养厂内的工人小组，更有力地揭发雇主的违法行为。

工人的行动证明了"共同化"是打破"废新世"的一条重要路径。他们的经验将有助于我们探索一条超越人类世的红绿联盟之路。

参考文献

Armiero, M., *Wasteocene: Stories from the Global Dump*, Cambridge: Cambridge University Press, 2021.

Armiero, M., M. De Angels, "Anthropocene: Victims, Narrators, and Revolutionaries", *South Atlantic Quarterly*, Vol. 116, No. 2, 2017, pp. 345-362.

Bennet, J., *Vibrant Matter: A Political Ecology of Things*, Durham, NC: Duke University Press, 2010.

Chan, A., *Chinese Workers under Assault: Exploitation and Abuse in a Globalizing Economy*, New York: Routledge, 2001.

Chan, C. K. -C. "Community-Based Organizations for Migrant Workers' Rights: The Emergence of Labour NGOs in China", *Community Development Journal*, Vol. 48, No. 1, 2012, pp. 6-22.

Chan, C. K. -C., "The World's Factory in Transition: Diversifying Industrial Relations and Intensifying Workers' Struggles in China", *The China Review*, Vol. 20, No. 1, 2020, pp. 1-17.

Fine, J., "Community Unions and the Revival of the American Labor Movement", *Politics & Society*, Vol. 33, No. 1, 2005, pp. 153-199.

Freire, P., *Pedagogy of the Oppressed* (30th Anniversary Edition), New York: Continuum, 2000.

Federici, S., "The Reproduction of Labour Power in the Global Economy and the Unfinished Feminist Revolution", In Atzeni, M., ed., *Workers and Labour in a Globalised Capitalism: Contemporary Themes and Theoretical Issues*, New York: Palgrave Macmillan, 2014, pp. 85-107.

Foster, J. B., *Capitalism in the Anthropocene: Ecological Ruin or Ecological Revolution*, Monthly Review Press, 2022.

Gallagher, M., "Legislating Harmony: Labor Law Reform in Contemporary China", In Kruvilla, S., C. K. Lee, M. E. Gallagher, eds., *From Iron Rice Bowl to Informalization: Markets, Workers, and the State in a Chan-

---

① Armiero, *Wasteocene*, p. 12.
② O'Connor, J., "Capitalism, Nature, Socialism: A Theoretical Introduction", *Capital, Nanture, Socialism*, Vol. 1, No. 1, 1988, p. 36.

ging China, Ithaca: Cornell University Press, 2011, pp. 36-60.

Hawkins, G., *The Ethics of Waste: How We Relate to Rubbish*, Lanham, MD: Roman & Littlefield, 2006.

Mathews, A. S., "Anthropology and the Anthropocene: Criticisms, Experiments, and Collaborations", *Annual Review of Anthropology*, Vol. 49, 2020, pp. 67-82.

Moore, J., ed., *Anthropocene or Capitalocene? Narrative, History, and the Crisis of Capitalism*. Oakland, CA: PM Press, 2016.

Muecke, S., "Devastation", In Hawkins, G., S. Muecke, eds., *Culture and Waste: The Creation and Destruction of Value*, Lanham, MD: Rowman & Littlefield, 2003.

Ngok, K., "The Changes of Chinese Labour Policy and Labour Legislation in the Context of Market Transition", *International Labour and Working-class History*, Vol. 73, No. 1, 2008, pp. 45-64.

O'Brien, M., *A Crisis of Waste? Understanding the Rubbish Society*, London: Routledge, 2007.

O'Connor, J., "Capitalism, Nature, Socialism: A Theoretical Introduction", *Capital, Nanture, Socialism*, Vol. 1, No. 1, 1988, pp. 11-38.

Pulido, L., "Racism and the Anthropocene", In Mitman, G., M. Armiero, R. S. Emett, eds., *Future Remains: A Cabinet of Curiosities for the Anthropocene*, Chicago: Chicago University Press, 2019, pp. 116-128.

Saito, K., *Marx in the Anthropocene: Towards the Idea of Degrowth Communism*, Cambridge: Cambridge University Press, 2023.

Schindler, S., F. Demaria, "'Garbage is Gold': Waste-based Commodity Frontiers, Modes of Valorization and Ecological Distribution Conflicts", *Capitalism Nature Socialism*, Vol. 31, No. 4, 2020, pp. 52-59.

Wills, J., "Community Unionism and Trade Union Renewal in the UK: Moving Beyond the Fragments at Last?", Transactions of the Institute of British Geographers, *New Series*, Vol. 26, No. 4, 2001, pp. 465-483.

Zhu, Y., P. Y. Chen, W. Zhao, "Injured Workers in China", *International Labour Review*, Vol. 153, No. 4, 2014, pp. 635-647.

〔巴西〕保罗·弗莱雷著，顾建新、张屹译：《被压迫者教育学》，上海：华东师范大学出版社，2020年。

和经纬、黄慧：《珠江三角洲地区农民工维权非政府组织：描述性分析》，《香港社会科学学报》，2008年第35期，第41—71页。

何欣、吴蕾：《返乡工伤致残农民工生存状况研究》，《人口研究》，2015年第1期。

〔美〕罗伯特·墨菲著，邢海燕译：《静默之身：残障人士的不平凡世界》，上海：上海教育出版社，2022年。

全球化监察：《为健康与尊严而抗争：镉受害女工维权史》，香港：全球化监察有限公司，2009年。

王佳慧：《"中国制造"隐痛：工伤阴影下的女工》，《新京报》，2016年5月13日。

谢泽宪：《工伤事故六问》，《社会科学报》，2004年2月19日第2版。

仲大军：《农民工与中国工业化——以廉价劳动力资源为代价的工业化何时休》，载李真主编：《工殇者：农民工职业安全与健康权益论集》，北京：社会科学文献出版社，2005年，第195—204页。

二十六年的坚持——中国西南一处多氯联苯污染场地的发现、调查与治理历程*

毛 达

深圳市零废弃环保公益事业发展中心

摘 要 多氯联苯是一类典型的持久性有机污染物，对人类和野生动物都具有很强的毒性。随着科学研究的发展及人们环境意识的提升，由多氯联苯引起的许多职业健康和环境污染灾难已渐渐为世人所知，国际社会及各国政府也逐步出台严格的管控措施，应对多氯联苯污染，淘汰多氯联苯的生产和使用。自 1970 年开始，位于中国四川省资阳市的一家大型铁道机车厂开始使用含多氯联苯介质油的电气设备，后因技术、管理、意识等多方面原因，介质油在工厂内外环境发生了持续外泄，致使众多工人及其他人员可能因高浓度的多氯联苯暴露而患上各种严重疾病。遗憾的是，这一严重的环境和健康灾难迟至 1990 年才得以揭示，发现者是该机车厂铸造分厂的一位普通电工郭汝中，他本人此后也因揭示污染和主张权利而历经艰难困苦。郭汝中几乎凭一己之力，重建了机车厂多氯联苯使用和污染的历史，同时也积极促进了当地政府部门和工厂管理者正视污染并采取防治措施。最终，到 2016 年，随着原受污染地块转为房地产开发并获得政府严格监管后，郭汝中持续 26 年的与多氯联苯污染斗争的历程才基本结束。资阳铁道机车厂多氯联苯污染历史可从各种视角或层面加以观察和诠释，尤其是个人命运与国家发展的紧密交织，公共问题社会参与机制的积极变化，以及科学在环境保护中的特殊作用。这段历史也为全球范围内关于有毒有害化学物质及相关废弃物的环境史研究提供了一则较为完整的案例。

关键词 多氯联苯；持久性有机污染物；《斯德哥尔摩公约》；介质油；资阳；职业健康；郭汝中

在人类现代有毒化学物质污染史上，多氯联苯必然占有重要的一席之地。该物质实际是一类具有相似结构和性质的化学物质的总称，于 1881 年首次在实验室合成，但直至 1929 年才开始工业化生产。一经投放市场，多氯联苯产品因良好的绝缘性和热稳定性，

---

* 谨以此文纪念于 2023 年 7 月 8 日因病离世的郭汝中先生。

成为电力、电气行业最为青睐的一种化工材料①。

美国孟山都公司是首先进行商业化生产多氯联苯的化工企业，也最早出现多氯联苯污染和伤害。它位于亚拉巴马州安尼斯顿（Anniston）的多氯联苯工厂早在 20 世纪 30 年代就有工人陆续患氯痤疮②的情况发生。1936 年，两位亚特兰大市的医生发表论文，报道该厂一位 26 岁非洲裔工人从 1930 年 4 月开始从事多氯联苯的蒸馏工作，并患有严重的氯痤疮情况；三年后，他的状况没有改善，除皮肤疾病外，还有无精打采、怠惰、胃口不佳和丧失性冲动等病症③。1936 年，另一多氯联苯厂商纽约哈罗威克斯公司（Halowax Corporation）的几名工人也出现氯痤疮病症，调查发现他们都曾有过多氯联苯和氯代萘暴露的经历。后来，患病人员中有 3 人很快死亡，其中 2 人经尸体解剖发现存在严重的肝脏损伤④。

1968 年 10 月日本九州福冈地区，1979 年 5 月中国台湾地区台中、彰化先后发生骇人听闻的米糠油污染公害事件，总共造成数千人中毒，典型症状包括氯痤疮、色素沉着增加、肝功能障碍以及女性子代生长发育异常等。调查人员发现中毒者食用过的米糠油都在加工过程中被一种名为多氯联苯的有毒化学物质污染，来源是加热设备介质油的渗漏。后经更为深入的研究，专家和政府确定造成这两起公害事件的元凶都是多氯联苯无疑。

就在中国台湾地区出现米糠油公害事件后两年，另一起与多氯联苯有关的污染事件在美国上演。1981 年 2 月 5 日清晨 5 点半，位于纽约州宾汉姆顿（Binghamton）市的一座 18 层高的州政府办公楼发生电气设备间火灾，后经调查得知，起火原因是电气开关失灵，导致电弧产生，并持续了 20—30 分钟。在电弧的作用下，电气设备间的温度一度高达 1 000℃，致使一变压器的陶瓷套管开裂，里面的液体绝缘介质泄漏并蒸发出来，然后又随通风系统和楼道扩散至整座大楼。据估计，泄漏的绝缘介质有 180 加仑（约 681 升），

①　〔丹〕波尔·哈勒莫斯主编，北京师范大学环境史研究中心译：《疏于防范的教训：百年环境问题警世通则》，北京：中国环境科学出版社，2012 年，第 120 页。

②　1897 年，德国医生冯·贝特曼（Von Bettman）在医学文献中首次记录了一种新疾病，多发于和氯化工有关的工人群体。此病最典型的症状是患者皮肤会出现青春痘般的粉刺与黑头，严重时会转变为潴留性囊肿，更严重者，脸上的疮会留下伤疤，导致终身毁容。两年后，另一位德国学者卡尔·赫克斯海默尔（Karl Herxheimer）将此病命名为"氯痤疮"（chloracne）。之所以如此命名，一是因为它的典型症状类似于皮肤痤疮，二是因为患者主要是从事电解生产氯气的工人。赫克斯海默尔当时还将此病归因于氯气暴露，但从现在的知识看来，真正引发氯痤疮的并不是氯气，而是由氯气与用于保护电解塔的焦油反应生成的氯代芳香化合物。Allen, R., *The Dioxin War: Truth and Lies about a Perfect Poison*, p. 17; Baughman, R. W., "TCDD and Industrial Accidents," In Whiteside, T., *The Pendulum and the Toxic Cloud: The Course of Dioxin Contamination*, p. 145.

③　Commoner, B., "The Political History of Dioxin", Keynote Address at the Second Citizens Conference on Dioxin, St. Louis, Missouri, July 30, 1994, http://www.greens.org/s-r/078/07-03.html (cited on 28 January 2014).

④　〔丹〕波尔·哈勒莫斯主编，北京师范大学环境史研究中心译：《疏于防范的教训：百年环境问题警世通则》，北京：中国环境科学出版社，2012 年，第 121 页。

其主要成分是多氯联苯①。政府当局本想在事故后几天内就重开办公楼，然而初步的污染物清理工作使得他们意识到：想要去除遍布整座大楼各个角落的多氯联苯及衍生的其他有毒物质是极其困难的事。结果，在经历了无数次检测和多次全楼消毒作业，并花费了5 300万美元的清理费后，大楼在1995年才得以重新使用。这起政府办公楼大火事件后被称作美国历史上最严重的一起室内环境污染灾难②。

与欧美国家较早开启的对多氯联苯职业健康危害的关注、研究和管控相比，该化学物质更持久、更广泛的环境影响迟至20世纪60年代才得到初次预警。1966年，瑞典科学家索伦·詹森（Soren Jensen）在调查滴滴涕的过程中，偶然发现瑞典白尾海雕的肌肉中含有不明分子。食鱼海雕体内的这些不明分子的含量明显高于同片海域中鱼体内该分子的含量。由此，他得出结论：这些分子一定持久存在于活组织中，不易分解。这些神秘的化学品具有极强的抗降解性，即使在浓硫酸中煮沸也不受影响。此后，詹森对此进行了长达两年的研究，最终证明该类物质为多氯联苯。1969年，詹森公布了其研究结果，宣布波罗的海大量动物体内含有极高浓度的多氯联苯。他的研究显示，自大规模生产后的超过37年以来，大量多氯联苯已进入环境，随着食物链进行生物蓄积和放大。詹森的开创性研究及其他科学家的后续研究，逐步将多氯联苯确定为一种持久性有机污染物，不仅需要得到国家政府的重视，还需要通过国际合作开展全球治理。此后，自1972年瑞典禁止多氯联苯的"外露"使用后，陆续有多国政府立法管控或淘汰多氯联苯的生产和使用，直至2001年5月国际社会通过了《斯德哥尔摩公约》（全称《关于持久性有机污染物的斯德哥尔摩公约》），将多氯联苯明确作为首批12种持久性有机污染物之一纳入全球淘汰和污染治理的范围。

随着环境问题的深化及人们环境意识的提升，以上由多氯联苯引起的职业健康和环境污染灾难已逐渐为世界各国的公众所熟知。殊不知，这样的问题在中国也同样存在，只是因为相关事实真相不能被挖掘或传播而几乎淹没在历史的长河中。幸运的是，由于当事人和社会各界的努力，普通工人郭汝中和他所揭示的中国西南地区一处长达40多年的多氯联苯污染问题，终于在21世纪的第二个十年初开始被公众所了解。

一、1990—1995：污染的发现

四川省资阳市市区北部原来坐落着一家生产铁道机车的大型国有企业。1990年5月，

① Clarke, L., *Acceptable Risk? Making Decisions in a Toxic Environment*, pp. 4-8.
② "Environmental Failures/Binghamton State Office Building", http://matdl.org/failurecases/Environmental_Failures/Binghamton_State_Office_Building（cited on 2 February 2014）.

44 岁的郭汝中是该机车厂八分厂（也称"铸造分厂"）的一名普通电工，并首次得知自己罹患鼻咽癌。

当时，让郭汝中感到惊异的不只是自己的病情，他突然发现他所供职的铸造分厂精铸车间还有不少正值壮年的工友也患有严重的疾病，包括癌症和肝脏疾病。例如，一位工友于 1990 年 3 月 25 日死于食管癌，一位工友在同年被诊断患有睾丸癌，一位劳动模范患严重肝脏疾病多年，还有一位工友被诊断为肝癌，并在 1991 年 11 月 13 日去世，终年仅48 岁①。

如郭汝中在日记中记录的，他对眼前的悲剧感到"吃惊、疑惑、恐惧"，但从一开始就不相信这些严重疾病的集体出现是偶然的，并推测一定与工人免疫力的不正常下降有关。"那么是什么原因造成免疫力低下的呢？"② 郭汝中开始问自己这个问题，并在接受完1 个月的放射性治疗、回到工作岗位后，开始思考车间工作环境中是否存在导致他和工友们免疫力下降的因素。他最初怀疑过放射性污染源，甚至自掏腰包，自制了一台放射线检测仪。后来，由于一个关键零件的缺失，郭汝中没能完成对放射性污染的探测，搜寻病因的努力暂时中断③。

1992 年，一件意外的事情使郭汝中有了更好的机会去寻找他和同事健康问题的原因。这一年的年中，郭汝中的上司——铸造分厂设备科科长命令郭前往铸钢车间，到天车上解决一台电子秤的故障问题。郭当面拒绝上司的要求，并解释：由于自己经常出现腿无力的病症，已经莫名其妙地摔倒过好几次，爬上天车作业对他而言实在是太过危险④。此事过后不久，郭汝中向厂方申请了一次长病假，并重新开始他的病因探索工作。这一次，除了放射性污染源外，他还考察了其他可能的不安全因素，包括石棉、稀土、石墨制品、绝缘材料和电磁辐射。在此期间，郭利用铁路职工免费搭乘火车的便利，经常前往成都和重庆这两座当时四川省的首要城市，目的是查阅资料和寻找专家请教问题。最终，他排除了所有的其他可疑因素，将焦点集中在了一种他原本不熟悉的物质——多氯联苯上⑤。

郭汝中有四点理由怀疑多氯联苯。第一，铸造分厂曾大量使用含多氯联苯介质油的电容器，其中的一些虽被淘汰，但还有不少仍在工作。第二，工厂工人有多种暴露于多氯联苯的途径。例如，因为存在技术缺陷，多氯联苯介质油经常会渗出并污染车间工作环境，相关工人有过吸入、接触该污染物的经历，甚至存在口服的可能性。第三，似乎存在一种

---

① 郭汝中：《郭汝中日记》，1990 年 3 月 25 日、5 月，1991 年 3 月 1 日、4 月 1 日。
② 同上，1991 年 4 月 1 日。
③ 同上。
④ 同上，1992 年 3 月 18 日。
⑤ 同上。

趋势，即暴露越多的工人患严重疾病的可能性越大。第四，从当时搜集的文献看，多氯联苯已被科学界确认为一种高毒性物质，对人类和动物有害，可以导致他和工友们罹患那些疾病。

郭汝中又用了近两年的时间将以上各种关于多氯联苯污染和致害的线索完整地串接起来。考虑到在20世纪90年代初，资阳还是一座信息闭塞的小县城，郭汝中所做的公民科学努力实在是一项非常了不起的成就。为了这项工作，他访遍了成都、重庆的主要书店，考察了大量的科技文献。一开始，他仅仅关注他所熟悉的一些电气方面的期刊，后来将视野逐渐扩展到化工、公共卫生、环境保护等更广泛的领域，搜集了更多的资料信息。他也不遗余力地求教于专家，包括厂内外有经验的工程师、工人以及科研院所的研究人员。他甚至还给一位远在台湾地区、从未谋面的长辈写信求助①。

1994年初，在基本完成信息搜集和因果推断后，郭汝中已有能力重建铸造分厂的多氯联苯使用史和污染史。这一年3月，他开始不断撰写和多氯联苯污染有关的文章，并定期修订、补充。纵观郭的文献记录，大致有五方面的主要内容：①铸造分厂乃至整个机车厂内含多氯联苯电容器及其他可能含多氯联苯电气设备的历史和现状；②工人暴露于多氯联苯的途径；③疑似受害人数量及他们的健康状况；④多氯联苯的毒性和全球范围内其危害的体现；⑤国家关于多氯联苯问题的法规政策及其落实情况。

二、1970—1995：重建的多氯联苯污染史

位于资阳的铁道机车厂始建于1966年，是我国"三线建设"项目之一。那时，现四川省资阳市还是一个没有什么工业的农业县，该厂的建立给当地带来了很多的变化。一方面，它成为县里最重要的经济部门，获得了种种政治和社会特权；另一方面，它在县城北部创造了一大片崭新的社区，里面工作、居住着几千名工厂职工，包括普通工人、工程师和工业管理人员。他们中的许多人是由政府从祖国的四面八方调配而来的。

郭汝中是在1972年调来机车厂的，当时全国正陷入"文革"的泥潭之中，而郭本人也是政治运动悲剧的受害者。1966年"文革"正式爆发时，20岁的郭汝中刚刚在重庆市完成高中学业，正在准备高考。郭成长于知识分子家庭，一直在重庆最好的学校接受基础教育。可以想象，如果顺利通过高考，等待着他的可能是非常美好的未来。然而，就在郭收到高考取消的通知后，他跟其他年轻人一样，极不情愿地被时代卷入了政治运动的

---

① 郭汝中：《郭汝中日记》，1993—1994年。

洪流①。

3 年后，"上山下乡"运动爆发，郭汝中被政府从重庆调往资阳，开始"接受农民的再教育"。不过，和别的年轻人有些不一样，他在农村坚持学习，并在电学方面展现了特殊的才华。1972 年，经招工程序，他如愿进入机车厂成为一名电工②。

如郭汝中在 20 世纪 90 年代所回忆的，在他进入铸造分厂开始工作时，含多氯联苯的电容器已经存在了。更准确的情况是，1968 年该分厂精铸车间获得了两台 150 千克中频炉，型号为"DGF-R-102"，分别配备若干水冷中频电力电容器，总数为 50—100 台，型号全部都是"RLS"，每台电容器含超过 10 千克的多氯联苯介质油③。

1970 年 12 月 26 日，在经过一段时间测试后，一台上述中频炉开始投入生产使用。不久之后，多氯联苯介质油泄漏的异常现象出现了。而一旦介质油泄漏，电容器也就不能再使用。郭汝中解释，导致如此严重问题的原因是中频炉冷却水系统的设计和实际工作状况严重不匹配。他说："冷却循环水池总容积太小（不足 8 立方米），自来水补充因停水等原因经常缺乏，经常有人利用循环热水洗手、洗碗、洗澡导致水质量也不好。"结果，电容器温度会变得异常高，在夏天的时候，这种情况就更严重。多氯联苯介质油泄漏出来后，在高温的环境下又很快蒸发，弥漫在整个车间中，工人就可能将之吸入到体内④。

不过，空气吸入还不是在场工人暴露于多氯联苯的唯一途径。由于电力电容器的工作状态直接影响铸造车间的正常生产运行，工程师、电工及铸造工必须要经常检查电容器是否损坏。显然，他们当时对多氯联苯的危险一无所知，在检查过程中，当班工人会徒手触摸电容器表面，以判断介质油是否漏出。结果，皮肤接触成为多氯联苯暴露的第二大途径。郭汝中还回忆，20 世纪 70—80 年代，精铸车间是整个机车厂的先进工作单位，其中频炉也被誉为"红旗"设备。而享此荣誉的一个重要原因就是车间职工非常重视工作环境的整洁，所以会不断地用纱布擦拭各种电气设备，包括电容器。就这样，工人的皮肤也就反反复复地接触到了多氯联苯⑤。

电容器破损后又该怎么办？在第一台中频炉投入生产后的 1 年内，工人的办法是用另一台中频炉的新电容器替换破损电容器，因为这两台中频炉都没有备用电容器。然而，这种拆东墙补西墙的办法显然是不可持续的，因为只要冷却水系统得不到改善，多氯联苯介

---

① 霍伟亚：《郭汝中访谈录》，2012 年。
② 同上。
③ 郭汝中：《我和身边的多氯联苯》，2003 年。
④ 同上。
⑤ 同上。

质油还会继续泄漏，直至最后一台电容器失灵为止。到 1972 年，电容器短缺开始威胁到铸造分厂精铸车间的正常生产，这对于整座机车厂而言也是非常严重的问题。尽管如此，当时的厂领导和职工都知道找到解决办法并不容易。一方面，RLS 电容器相当昂贵，替换成本很高；另一方面，就算厂里向铁道部①及时打采购新电容器的报告，也需要至少 1 年的时间才能从厂家获得新设备。在如此困难的情况下，机车厂领导决定派遣两位铸造分厂有经验的电气工程师到西安电力电容器厂，即 RLS 型电容器的生产厂学习破损电容器的修补工艺。他们学成回来后不久，便带领铸造分厂设备科人员开展起破损电容器的修补工作②。

不幸的是，电容器修补——一项初衷良好的工作活动，日后成为工人们暴露于多氯联苯的一种最危险的途径。郭汝中是如此描述修补过程的：

> 刚开始时的工艺是把破损电容器的损坏处用汽油、丙酮、四氯化碳、酒精等不同溶剂多次反复擦洗干净，然后打磨光洁，再次用不同溶剂擦洗干净，最后用电烙铁把焊锡熔化封住破损的地方。修完后的电容器还要检验，方法是把修好的电容器放入一只大的自制的铁皮烘箱烘烤，烘烤的温度要到 100℃ 以上并保持数小时不漏油才算修理完成，修复后的电容器再投入使用。在修理的过程中没有任何的防护手段和防护意识，大多是徒手进行，工作下班时洗手涂抹三四次肥皂、冲洗几次都消除不了难闻的苦杏仁味（郭汝中相信这是多氯联苯的味道）。③

正是基于以上观察，郭汝中推测直接参与破损电容器修补的工人可能是暴露于多氯联苯最多、最有可能罹患严重疾病的人群。事实上，1972—1981 年，郭本人不仅一直在精铸车间工作，还亲自参与了含多氯联苯电容器的修补工作。

1973 年，机车厂铸造分厂的铸铁车间也开始使用含多氯联苯电力电容器。这个车间位于精铸车间旁边，但所使用的电容器型号有所不同。根据郭汝中的观察记录，铸铁车间使用的电容器的型号是"YL"，数量超过 300 台，主要服务于 4 台工频炉。与精铸车间有所不同的是，YL 型电容器是利用空气而不是水进行冷却的，所以工作状态要比 RLS 型电容器好得多。尽管如此，多氯联苯介质油泄漏事故仍时有发生，主要原因应该是电频不稳，致使电容器损坏。破损后的 YL 电容器也会被送往设备科修补，进而导致工人暴露于多氯联苯④。

---

① 当时主管铁路工作的国务院组成部门之一。2013 年 3 月根据新一轮的国务院机构改革和职能转变方案不再保留，其行政职责划入交通运输部。

② 郭汝中：《我和身边的多氯联苯》，2003 年。

③ 同上。

④ 郭汝中：《基本事实》（草稿），2004 年。

除工厂车间内的职业暴露外，郭汝中还发现不少难以被修补的破损电容器在废弃的过程中也产生了危害。如他在 20 世纪 90 年代所回忆的，废电容器经常被随意丢弃在铸造分厂的各个角落，甚至在一些其他车间或部门外的空地也可以见到。

1975 年，精铸车间第二台中频炉开始投产使用。如郭汝中所记录的，该炉的运行不仅面临第一台炉子所遇到的问题，还增加了整个车间的热负荷，导致更多电容器破损和泄漏。直至 1976 年底，工厂发展开始进入新时期的时候，上述问题才开始得到明显改善。1978 年，精铸车间安装了一个新的冷却水池，其冷却效率是旧冷却系统的 10 倍。之后，电容器破损事故迅速减少。再之后，含多氯联苯电容器也开始被非多氯联苯电容器所替换。20 世纪 80 年代中期，RLS 型电容器只有少数仍在中频炉上使用。而到了 90 年代初，即郭汝中发现多氯联苯污染问题后，此型号电容器已经完全从生产线上撤除[1]。

尽管如此，其他问题依旧存在。首先，仍有大量 YL 型电容器还在铸铁车间及其他可能的一些部门使用。对此，郭汝中进行过多次统计，他曾记录：1994 年 12 月 3 日，铸铁车间有 292 台 YL 电容器在用；1995 年 1 月 5 日，铸铜车间有 23 台 YL 电容器在用[2]。其次，自机车厂建厂以来，还有第三种型号的含多氯联苯电力电容器"YLW"曾在该厂的供电部门使用。但由于涉及其他分厂的事务，郭汝中始终未能准确获得相关信息。虽然是这样，郭还是经常能在铸造分厂铸钢车间外的废钢料堆中看见废弃的 YLW 型电容器[3]。显然，这些电容器被当成了废钢料送到了这里，等待着与其他废料一起熔融再造成钢材。再次，所有的废弃电容器都没有适当的回收途径，它们要么被随意堆放在车间外的角落，要么被非法出售给浙江来的废品回收商人。据郭汝中 1995 年的回忆，他曾在铸造分厂内清点过 47 台乱堆乱放的 YL 电容器，甚至还在机车厂外发现有小孩在玩弄被废品回收商拆解过的电容器部件[4]。

总的来说，据郭汝中的估计，资阳的铁道机车厂历史上至少使用过 500 台含多氯联苯电力电容器[5]。这意味着至少数吨的多氯联苯介质油可能泄漏到了环境中，并对周围的工人、居民及一些外来人员，如废品回收商人造成伤害。除了上文提到的多种暴露途径，如中频炉、工频炉工作过程，电容器修补过程，电容器搬运、拆解和废弃过程中出现的呼吸暴露、皮肤接触暴露外，还存在其他一些可能的途径使人们有可能摄入多氯联苯。例如，铸造工人、电工、工程师平常不仅在车间内工作，还在车间内饮食、休息。他们中的一些

---

[1]　郭汝中：《基本事实》（草稿），2004 年；郭汝中：《我和身边的多氯联苯》，2003 年；霍伟亚：《郭汝中访谈录》，2012 年。

[2]　郭汝中：《郭汝中日记》，1994 年 12 月 3 日，1995 年 1 月 3 日。

[3]　同上，1995 年。

[4]　郭汝中：《郭汝中日记》，1995 年 6 月；郭汝中：《我和身边的多氯联苯》，2003 年。

[5]　霍伟亚：《郭汝中访谈录》，2012 年。

人甚至用电容器冷却水来洗手、洗澡，从而增加了暴露的可能性。当时的人们还将多氯联苯介质油误认为一种高质量的"润滑油"，将其涂抹在自行车上①。在此过程中，工人的手又会沾染大量多氯联苯。

郭汝中相信，机车厂如此广泛而严重的多氯联苯暴露足以导致他在科技文献上所看到的各种人类严重疾病。在郭 20 世纪 90 年代初的日记中，记录着世界范围内许多和多氯联苯污染有关的关键信息与重要事件：

· 1971 年，美国开始限制多氯联苯的使用，只能用于密闭系统中，孟山都公司开始减产。

· 1972 年 3 月中旬，日本大阪发现妇女乳汁中含有多氯联苯。

· 1976 年 6 月 8 日，美国立法自 1979 年 1 月 1 日起禁止使用多氯联苯，同年 7 月 1 日起禁止所有流通活动，包括进口食品在内。

· 1977 年底，日本九州米糠油事件中毒人数已达 1 665 人，死亡 51 人。

· 1978 年，电器工程手册上注明：含多氯联苯的电容器周围环境温度范围：-25—40℃，电容器绝缘介质三氯联苯有毒，高温时对金属和许多有机材料腐蚀性较大，使用时应有严密的防毒措施；日本学者发现多氯联苯在加热到 300℃ 以上时可产生毒性更大的 PCDF。PCDF 在水蒸气存在的情况下在 230℃ 以上时就会产生。

· 80 年代初，我国开始承认也有多氯联苯污染。

· 1983 年，台湾地区 1979 年的米糠油事件中毒患者中，已有 24 人死亡，其中肝病占一半（肝坏死、肝硬化、肝癌）。

· 1984 年，我国《电世界》杂志第 4、9 期两篇文章间接提到多氯联苯。仅指出：难以生物降解，在人体内高度蓄积后有损健康。

· 1986 年，《电世界》杂志第 1 期介绍含多氯联苯的电容器的深埋处理法。其中所举电容器型号与我厂一致，文中提到的 YLW 型电容器是供电部门使用的 10.5kV（高压）电力电容器。

· 1993 年 12 月 9 日，在重庆解放碑新华书店买到有关多氯联苯的书《常见有毒化学品环境事故应急处置技术与监测方法》，花费 18 元（中国环境科学出版社 1993 年出版），找到有关多氯联苯的法规。②

在充分掌握有关多氯联苯的知识以及机车厂 20 世纪 70 年代以来多氯联苯存在和污染

---

① 霍伟亚：《郭汝中访谈录》，2012 年。
② 郭汝中：《郭汝中日记》。

的信息后，郭汝中开始了他计划中的另一项重要工作——工友健康调查。他的主要调查方法是访谈，目的是了解被访人多氯联苯暴露情况和身体状况，具体内容包括工友在车间的工作时间、日常工作与电容器的关系、是否患有疾病、患病时间等。每次访谈，郭都会认真做好书面记录，并请被访人在记录上签字确认。当时，大多数工友都配合郭的工作，因为事前他们已多多少少从郭那里了解到了多氯联苯污染的严重性，并对郭的调查表示支持。但也有一些人拒绝访谈或签字，并认为郭在做一件毫无意义的事情①。

虽然郭汝中从未停止过工友健康调查，但他还是难以搜集到 20 年间所有可能有过多氯联苯暴露经历的工友的信息，因为不少人来机车厂工作一段时间后又离开了，还有一些人没有办法接触到。尽管如此，郭还是尽其所能访谈所有能够见到的工友。2003 年，他在自己的一篇文章中说：

> 在一个小小的精铸熔化浇铸现场，熔化浇铸人员配置总数不到十人，加上其他辅助、维修、管理人员配置总数不到二十人。从七十年代到八十年代中期在此地工作和维修接触过破损电容器的人员中间，经调查在有形污染人员中现已有十四人死亡，其中癌症九人，肾损害二人，神经疾病一人，心血管疾病二人。在已死亡人员中只有一人岁数达 62 岁，其他人都在 57 岁以下。其中二十几岁二人，三十多岁二人，四十几岁六人，五十几岁三人。在活着的人当中现有癌症患者三人，肝病患者十多人，所有这些人三分之二以上患有程度不同的皮肤疾病。在极少数几个自觉良好的人中间，没有一人是长时间在多氯联苯重污染环境中工作过的。在有伤害症状的人员中发病时间基本是在接触污染一年以后至十几年间。八十年代后期新进入精铸现场的工作人员，基本上无上述伤害现象发生。②

经过近 20 年的努力，郭汝中得以掌握一份长长的关于机车厂铸造车间疑似多氯联苯受害工人的名单。名单上的人或死于严重疾病，如癌症、肾病、肝病，或仍在世，但身体状况非常不好。为了进一步找到暴露与身体状况之间的关联，郭还根据工友所描述的暴露经历，设计了一套暴露分级体系，从中也可以看出暴露越多、致病越严重的趋势。不过，这份名单从未正式得到过机车厂和各级政府部门的承认，而这种拒绝实则是郭汝中 20 年揭示多联苯污染问题遭遇社会长期漠视的一小部分写照而已。

---

① 郭汝中：《郭汝中日记》，1993—1995 年。
② 郭汝中：《我和身边的多氯联苯》，2003 年。

三、1993—2002：与社会漠视的斗争

揭示真相显然不是郭汝中努力的终点，他对调查工作抱有种种期许：如果他和工友确实受到了电容器多氯联苯的毒害，那么他们应该被工厂和政府认定为污染受害者；如果他们被认定为受害者，那么应该得到赔偿；而且，为了所有人的健康安全，厂里余下的多氯联苯电容器应该得到妥善的管理，有关部门还应充分提醒人们注意污染风险。正因如此，1993—1995 年，他向机车厂管理部门和资阳地方政府及四川省政府不断反映所发现的问题，但鲜有获得肯定甚至回应。

1995 年末至 1996 年初，郭汝中的行动似乎得到了一些积极反应。1995 年 12 月 21 日，铸造分厂安技处正式承认还有 312 台 YL 型电容器在使用。这是厂方历史上第一次认可郭汝中反映过的众多问题中的一个。1996 年 1 月 6 日，工厂发布当年的第 5 号文件，题为《关于加强多氯联苯电容器管理的通知》。乍一看，郭以为厂方开始转变态度，但用不了多久，他又感到失望。首先，他发现文件只不过是厂方应付上级部门要求的纸面工作，它只在郭所在的铸造分厂设备科进行了传阅。其次，两个月后，工厂宣布多氯联苯污染防治工作已经完成，忽视了还有很多电容器在用，以及污染物可能严重残留在工厂环境中的事实①。

1996 年 3 月，郭汝中找到工厂安技处主任，询问第 5 号文件的落实情况。主任回应称，工厂管理层已经完成了所有关于多氯联苯污染治理的工作，至于郭提出的其他要求，包括污染受害者认定的问题，则不在他们可以解决的职权范围内②。主任的观点实际基本代表了厂方对于郭汝中过去 5 年所有行动和诉求的官方立场。

1996—2004 年这漫长的 8 年间，尽管机车厂始终拒绝承认该厂范围内还存在着多氯联苯污染，郭汝中仍一如既往地做他认为必须要做的事——揭示事实真相，表达正当诉求。在他这一时期的日记中，有三方面的内容是最值得注意的。第一方面是他对厂方糟糕的含多氯联苯电容器管理的观察。对于郭而言，电容器的数目是非常重要的。他一遍又一遍、反反复复地清点在用、废弃的电容器，并将结果通知给厂方。据他的观察，在 200—300 台剩余含多氯联苯电容器中，大部分仍在使用，一些被非法拆解和贩卖，还有一些被错误地丢弃在废钢渣堆，进而又被送进熔炉冶炼。正如郭所指出的，多氯联苯在高温环境下容易被转化成毒性更强的二噁英类物质，因此将多氯联苯介质油送进熔炉处置有极大的

---

① 郭汝中：《我和身边的多氯联苯》，2003 年；郭汝中：《郭汝中日记》，1995 年 12 月，1996 年 1 月、2 月、3 月。
② 郭汝中：《郭汝中日记》，1996 年 3 月 27 日。

可能造成更严重的污染。此外，一件更令郭感到耿耿于怀的事是，他曾向厂方建议将废弃电容器收集起来，统一运往辽宁沈阳苏家屯，因为早在 1996 年 1 月，他已经听闻那里建立起来了中国第一座多氯联苯废弃物安全处置设施①。

第二方面是郭汝中继续更新工友健康状况的记录，并将结果反馈到厂方和地方政府。

第三方面是一项新的内容，即国际社会关于消除包括多氯联苯在内的持久性有机污染物所作努力的进展，特别是《斯德哥尔摩公约》的谈判和诞生。就在郭汝中关注此事后不久，国际环保形势的变化也通过影响我国国家环保政策投射到了资阳延续多年的多氯联苯问题上。郭在其日记中有如下记录：

·1996 年 3 月，化学品安全政府间论坛（IFCS）在澳大利亚召开的该组织第二次会议上成立了 POPs 特别工作组。同年 6 月，IFCS 在菲律宾马尼拉召开 POPs 研讨会议，在国际化学品安全计划（IPCS）评估报告的基础上指出：已有充分证据表明，需要采取国际行动，包括起草一项全球性法律文书，以降低 12 种持久性有机污染物对人类健康和生态环境的危害风险。

·1997 年 2 月，联合国环境规划署（UNEP）通过了 GC19/13 号决议，认可了化学品安全政府间论坛的结论和建议，决定采取包括旨在减少和/或消除 POPs 的排放和流失措施在内的国际行动，并成立了政府间谈判委员会（INC），负责在 2000 年以前拟订一项减少或消除 POPs 的具有国际约束力的法律文书。同时，IFCS 下的特别工作组将协助政府间谈判委员会为谈判过程作准备，以促进 IFCS 建议的实施，促进信息的交换以及组织召开区域研讨会等。IFCS 的结论和建议与此同时也得到了世界卫生联合会（WHA）的认可。

·1998 年，国家环保总局发文成立"持久性有机污染物国家技术协调组"。

·1999 年 3 月，国家环保总局污染控制司主持召开了"持久性有机污染物国家技术协调组成立暨中国持久性有机污染物对对策研究大纲讨论会"，并印发《我国持久性有机污染物情况调查表》。

·1998 年 6 月 29 日—7 月 3 日，在加拿大蒙特利尔市召开拟订一项有关就某些持久性有机污染物采取国际行动的具有法律约束力的国际文书的政府间谈判委员会第一次会议。95 个国家的政府代表在会议上就将要实施的全球性公约的法律文本进行了一般性辩论，并着重讨论了技术和资金援助及扩大 POPs 控制名单问题。会议还成立了一个专门负责制订 POPs 候选补充物质甄选的科学基准和程序的专家组。此后，政府间谈判委员会先后于 1999 年 1 月在肯尼亚内罗毕、

---

① 郭汝中：《郭汝中日记》，1996 年 1 月 15 日。

1999 年 9 月在瑞士日内瓦、2000 年 3 月在德国波恩召开第二、三、四次会议，并于 2000 年 12 月在南非约翰内斯堡的由 130 个国家参加的第五次会议上最终达成了历时 3 年谈判的公约最后文本，题为《关于持久性有机污染物的斯德哥尔摩公约草案》。①

四、2003—2011：污染问题终获正视

当时间进入 21 世纪后，互联网技术改变了许多中国普通人的生活，对于郭汝中而言，更是如此。2003 年 1 月 1 日，郭汝中购买了他第一台个人台式电脑，自那以后，他开始逐步将他的调研报告、文章、信函电子化，还可以快速地通过互联网从外部世界获取信息，特别是关于持久性有机污染物和多氯联苯污染的信息。与此同时，郭也开始将他的故事向更广泛的人群传播，并最终吸引到了外界的注意。

郭汝中最先输入电脑的信息是机车厂含多氯联苯电容器数量的变化。根据他的统计，1995 年末至 1996 年初，厂里存有超过 300 台电容器，这一结果后来得到厂方的认可。到了 2002 年和 2003 年，郭发现数量降到了大约 200 台。他说，这意味着那些消失的电容器可能已经被不负责任甚至非法地处置掉了，因为这些年来厂里一直都没有建立安全储存设施，也没有将电容器外运至正规处理场所的记录②。

尽管郭对以上情形深感失望，但他还是看到工厂做了一些积极的改变。2003 年 6 月，铸造分厂厂长主动与郭汝中谈话，正式承认分厂里还有 200 台含多氯联苯电力电容器在用。在长达 3 小时的谈话中，厂长邀请郭为分厂所有中层干部做一次关于多氯联苯的科普讲座③。郭欣然接受邀请，并于 6 月 14 日做了这次讲座，听众达 30 余人。两年后，最后存留在车间中的 200 台电容器全部被转移到了前文提到过的那座防空洞中，作暂时存放。

郭汝中目睹了电容器转移的全过程。在他挑剔的眼中，这样的处置过程仍伴随着很多的危险。他对一位自由撰稿人细致描述了他所看到的事情：

> 他们喊了三个零工，推一个小车，一人发了一副手套，一个口罩，就给他们说这个东西有毒，小心点，就是这么的，简简单单地交代了一句话，照规定搬运这些东西，当地政府部门应该通知环保部门要现场来监督，环保局不但不来监督，厂里面车间的人都没有一个人来监督，结果三个零工自己去搞，好的电容器

---

① 郭汝中：《郭汝中日记》，1996—2000 年。
② 同上，2002—2003 年。
③ 同上，2003 年 6 月 10 日。

都打烂了，好的嘛，它的瓷瓶没有烂，你打烂了，你不是一倒又烂了，那几个零工的裤子都浸湿了。他又不懂，他说我又不吃，又不干什么，还戴了手套，好像就没有什么可怕的，就是一般的帆布手套，那天运气还好，我刚好碰到了，我在厂里面碰到了，我说领导搬出去干什么？"喊他们搬出去封存"，他们就一个个地搬出去，说是不要了的，烂了的。①

尽管郭汝中对姗姗来迟的补救行动仍感到不满，但毕竟自 2005 年以后，曾经离工人们距离非常近的含多氯联苯电容器彻底地离开了资阳的铁道机车厂车间及其他工作场所，其中有 214 台被转移至相对安全的防空洞暂存。促使这一结果到来的主要原因可能有两点。第一，中国加入《斯德哥尔摩公约》。如前所述，郭汝中一直在跟踪此公约的谈判动态，而且他猜测，正是由于中国政府在 2004 年签署了该公约，直接促成国内一些多氯联苯污染场地的治理，包括他所在的资阳②。第二，郭汝中的个人努力。可以说，自从 20 世纪 90 年代中以来，郭从未间断过与污染及社会漠视的斗争——尽管大部分时间都是他孤独一人。虽然知道没有什么用处，他总是不厌其烦地走访工厂领导和政府管理部门。每年 6 月 5 日，即世界环境日，他都会来到资阳市环保局办公室，重复多氯联苯污染防治宣传和个人诉求。在电脑和互联网的帮助下，郭有效扩大了传播和求助对象的范围。

2003 年 9 月 22 日，郭在网上找到中国科学院院士、我国著名的持久性有机污染物研究专家徐晓白的联系方式，随后，他给徐院士发去电子邮件，讲述他多年反映的多氯联苯污染问题和个人遭遇。几天后，郭收到徐院士电子邮件回复，后者答应郭要将事情向上反映。后来，郭听说国家环保总局和四川省环保局官员确实就他反映的情况采取了一些干预措施，但这些措施究竟是什么，郭一直都不十分清楚③。

第一位对郭汝中的事情有关注且采取有效有后续行动的人可能是厦门大学的副教授吴水平博士。2009 年，他来到资阳找到了郭汝中，并带领学生在 5—9 月采集了许多污染现场的土壤样本，并最终在 2011 年将调查研究结果发表在了《环境科学》杂志，题为《废弃电容器封存点及旧工业场地多氯联苯的污染特征》。这篇论文首次在科学上证实了郭多年来反映的资阳铁道机车厂存在的多氯联苯污染问题，其摘要如下：

> 研究了四川资阳机车厂废弃电力电容器封存点与旧工业场地土壤与降尘中 28 种多氯联苯（PCBs）的污染水平与组成特征。电容器封存山洞未封闭洞口处土壤中 PCBs 含量最高，28 种 PCBs 的总含量（ΣPCBs）达 227 502 ng/g，铸铁

---

① 霍伟亚：《郭汝中访谈录》，2012 年。
② 同上。
③ 郭汝中：《郭汝中日记》，2003 年 9 月 22 日。

车间窗台降尘中也有高残留的 PCBs，ΣPCBs 在 10 μg/g 以上，封存点和铸铁车间样品中 PCBs 单体含量之间均存在显著的正相关关系（$P<0.01$）。高污染样品中 PCBs 的同族体分布均以四氯代 PCBs 为最高，其次为三氯代 PCBs 和五氯代 PCBs。与封存点土壤相比，铸铁车间样品中高氯代 PCBs 的贡献更大。12 种类二噁英 PCBs 的毒性当量（TEQ）介于 75.43—24 027 pg/g，远大于电子垃圾拆解区土壤，但普遍都以 PCB126 的毒性当量贡献占绝对优势。[①]

尽管有了"科学正名"，郭汝中心中并未释怀，因为他的主要诉求仍未被工厂和政府所接受，且他仍旧担心暂存在防空洞里的那些废电容器有泄漏多氯联苯的风险。这种风险在吴水平的论文中其实已经得到了一定的证实。碰巧的是，就在吴水平等完成他们的采样研究后不久，2009 年 11 月，机车厂在资阳市环保局的监督下，委托专业的多氯联苯废弃物处置企业天津合佳威立雅公司，将所有暂存在防空洞中的剩余电容器及被污染物转运至天津进行焚烧处置，该公司还对防空洞内外土壤进行了采样检测，称清理后已不存在多氯联苯污染。然而，对比吴水平所发表的论文，铸造分厂内存在污染的地点与合佳威立雅采样的地点并不完全一致，所以郭汝中有理由担心电容器虽然消失了，但多氯联苯污染还在[②]。

必须肯定的是，剩余电容器的移除和处置是中国政府及相关产业近年来重视环境保护和履行国际环保公约的一种积极体现。2007 年，中国政府向《斯德哥尔摩公约》秘书处提交了中国履行该公约的国家计划，其中便包含要在一定时限内鉴别、清理、消除多氯联苯污染场地的承诺。相信正是在这样的背景下，才有了 2009 年机车厂最终的电容器清理行动。

五、2011—2016：遗毒与遗憾尚存

2011 年 10 月，笔者正供职于刚刚成立不久的位于北京的环保组织达尔问自然求知社（以下简称"达尔问"），根据此前收到的郭汝中来信，与他取得联系并首次前往资阳，开展现场调研，也第一次见到了这位 65 岁的老人。回到北京后，笔者通过撰写并公开调查报告，吸引到国内有影响力的媒体《南方周末》的注意。该报迅速派记者前往资阳调查，并于 2012 年 3 月 19 日在头版刊登了《资阳病人》一文。该文通过历史事实梳理、文

---

① 吴水平、印红玲、刘碧莲等：《废弃电容器封存点及旧工业场地多氯联苯的污染特征》，《环境科学》，2011 年第 11 期，第 3278—3283 页。

② 毛达：《学者报告的四川资阳机车厂多氯联苯污染》，http://user.qzone.qq.com/1279258449/blog/1333159790（2014 年 2 月 2 日引用）。

献资料佐证以及专家评论，全面展示了郭汝中及其工友所经历过的一起由有毒化学物质引发的职业安全和环境污染灾难。正如报道中所强调的，郭汝中和工友们的悲剧仅仅是中国多氯联苯污染问题的一个小小的缩影①。至此，郭汝中独自坚持与多氯联苯污染作斗争的故事首次得到正式媒体的报道，但距离事情之发端已经过去整整 20 年。

继《南方周末》之后，由中国科学院主办的《中国科学报》也在 2012 年 4 月 23 日刊发了一篇"深度"报道，题为《多氯联苯，不能忘却的幽灵》，一方面进一步确证了资阳含多氯联苯电容器管理不善及污染问题的存在，另一方面通过采访更多专家学者，展示出我国多氯联苯及类似化学物质环境污染的普遍性及局部严重性，呼吁人们不要忘记历史的惨痛教训，持续坚持并最终消除持续性有机污染物②。

就在社会认可终于到来的时候，资阳正悄然发生的一场巨变再次提升起郭汝中对多氯联苯污染的警戒。

房地产开发是中国改革开放以来，尤其是进入 20 世纪 90 年代后中国大地上出现的越来越普通的事物，但它每到一处，都几乎会永久地改变当地的自然和人文风貌。只不过在过去的一段时间内，很多地方的人已对这种外科手术般的环境变迁习以为常，甚至还会感到欢欣鼓舞、热烈拥抱。但这件事对于郭汝中来说，却有着完全不同于常人的意味。

在 2012 年 4 月《中国科学报》刊发的《多氯联苯，不能忘却的幽灵》一文中，受访的厦门大学吴水平表示："（多氯联苯电容器）封存点旁边，如今就有开发商在修新楼。"③ 而事实上如后来人们所知的，整个机车厂的七、八分厂当时都陆续开始准备整体拆迁，转为房地产开发。郭汝中自然对这个进程是基本掌握的，他开始担心原本那些没有被识别出来甚至被藏匿的多氯联苯电容器或部件可能会在"兵荒马乱"的工厂搬家、厂房拆迁过程中重现江湖，滋生更多意外，比如伤害拆迁工人，或者被不负责任地遗弃、处置，进而造成新的泄漏污染。

随着原七、八分厂厂房逐渐被废弃进而落入疏于管理的状态，郭汝中担心的事情竟然真的发生了。2014 年 3 月底的一天，如往常一样在老厂房里"溜达"的郭汝中，在原第四配电站的一处空地上，发现一大堆绝缘纸缠绕卷，他一眼就看出这就是电容器部件，现场清点共有 47 卷，估计至少是两只高压电力电容器拆解后的剩余物。他当场采集了一些样品，并很快将情况通报给一家关注化学品污染的环保组织北京市丰台区源头爱好者环境研究所（以下简称"源头爱好者"），并推测这些废弃物含多氯联苯的可能性很大，也很

①　吕明合：《资阳病人》，《南方周末》，2012 年 3 月 19 日。
②　甘晓：《多氯联苯，不能忘却的幽灵》，《中国科学报》，2012 年 4 月 23 日。
③　同上。

可能就是来自他之前不太了解的 YLW 电容器①。

4 月初，源头爱好者收到了郭汝中寄来的密封好的电容器废弃物样品，随即送交给一家知名的第三方检测机构通标标准技术服务（上海）有限公司，委托其检测样品中的多氯联苯浸出毒性。5 月 4 日上午，源头爱好者对外通报了第三方检测结果，显示送检固体样品的多氯联苯浸出毒性达到 8.11 毫克/升。工作人员解释，参照我国环保法规，这份样品可以被鉴别为"危险废弃物"，因为其多氯联苯浸出毒性已超出当时危废鉴别国家标准（0.002 毫克/升）的 4 000 倍。他表示，就连检测机构的专业人士也很惊讶："这是他们实验室测过的多氯联苯浓度最高的样品！"由此可以证明，郭汝中看到的绝缘纸缠绕卷含有高浓度的多氯联苯介质，且来源是废弃电容器无疑；也印证了资阳铁道机车厂仍存在未知的多氯联苯污染源，其潜在危险有可能会在厂房拆迁过程中被释放出来②。

值得庆幸的是，郭汝中在发现这份毒物的第二天就将情况通报给了资阳市环保局，环保局也在第一时间将现场清理干净，并将废弃物转移。之后的两年间，机车厂七、八分厂原址很快被夷为平地，部分地块渐渐建起了新的商业楼宇。郭汝中对眼前发生的一切，没有一天停止他的观察，停止他的思考。而环保组织的再次介入，却有点姗姗来迟。

2016 年 4 月 29 日，源头爱好者终于在自媒体上刊登了郭汝中撰写的文章《昔日毒地上建起了万达广场》，内容一是向公众介绍资阳铁道机车厂铸造分厂多氯联苯污染的历史；二是质疑这片昔日的污染场地是否在房地产开发前进行过环境和健康风险评估；三是建议当地政府和开发商万达集团本着对人民负责、客户负责的原则，做好风险评估，并将结果向社会公布③。

由于文章的发布日期仅距在原污染地块上建起的万达广场正式开业一个多月的时间，所以很快引起了大量网络转发。背后的原因则不难想象，一是"万达广场"对于很多中国的中小城市而言，往往是地标性的地产项目，很容易引起社会关注；二是文章所提示的问题对于普通市民，尤其是已经购买了万达广场商铺或房屋的业主以及相邻待开发场地项目的新业主、潜在业主们而言，确实与他们的切身权益息息相关，不论是健康方面还是个人财产方面。而当关注和担忧的人一旦达到了相当的数量，便会成为政府部门不能忽视的公共舆情和社会稳定风险。

环保组织之所以在自媒体文章中使用了"毒地"一词，是因为它最能跟当时的社会产生共鸣。而导致"毒地"问题进入公众视野的是自 2015 年以来轰动一时的"常州毒地案"。

---

① 北京市丰台区源头爱好者环境研究所：《有毒电容器再现资阳 多氯联苯污染治理存隐忧》，2014 年 5 月 4 日。

② 同上。

③ 郭汝中：《昔日毒地上建起了万达广场》，2016 年 4 月 29 日，刊于微信公众号"我是小白鼠"。

综合媒体报道，2015年4月江苏常州外国语学校有近500名学生被检查出血液指标异常、白细胞减少等症状，还有个别学生被查出淋巴癌、白血病等恶性疾病。经调查发现，该学校北边的一片化工旧址，且该地块地下水和土壤中的氯苯①浓度分别超标达94 799倍和78 899倍，是学生集体中毒的罪魁祸首。案涉地块原为三家化工企业厂区，企业搬迁后准备转为房地产开发用。当地政府曾委托某企业对涉案地块进行环境修复，由于修复企业未严格按照环评报告施工，导致化工废料毒气泄漏，进而引发上述常州外国语学校的学子身体问题频出。此后，家长们四处求助，事件才被公众知晓②。2016年4月29日，中国生物多样性保护与绿色发展基金会和自然之友两家环保公益组织针对案涉地块上的原三家化工企业向常州市中级人民法院提起了环境民事公益诉讼，此行动恰与郭汝中公开发文警告资阳"毒地"同日。

5月4日，万达广场的开发商资阳万达广场投资有限公司通过发布公告率先发声，内容大致就是该司已向资阳市环保局发函了解情况，且环保局复函显示万达项目已用地块并未涉"毒"。但正如媒体评论道的："这则公告因仅限于2009年电容器处置记录、存放点土壤监测报告等历史资料，并未消除公众对土壤现状的质疑。"③

对资阳"毒地"的回应和解释的确超出了房地产开发商的能力范围，在民意舆论诡异叵测的关键时刻，唯有政府直面担当，才有可能真正解除各方疑惑。这一回，无论是资阳本地政府还是四川省政府部门，都拿出了大大超出郭汝中前二十多年之经历的积极作为。以下是一家媒体对事情后续发展所做的较为客观的报道：

> 5月6日，经资阳市环保局申请，四川省环境监测总站专家赶赴资阳，召开土壤环境监测方案讨论会，资阳市国土、住建、规划等多个部门，原资阳机车厂负责人、万达业主代表、市民代表、事件最早披露者郭汝中及多家新闻媒体全程参加，参会人员均可对监测方案提出意见和建议。这也是涉事各方首次会议碰头。
>
> 讨论会从上午10点持续到下午2点，郭汝中对现状监测方案提出了自己的意见。
>
> "这次要保证全过程公开透明，全过程都展示出来。"资阳市环保局副局长陈家林说，之后整个采样过程均邀请市民和媒体参与监督，监测结果对外公开，

---

① 一种有毒化学品，对中枢神经系统有抑制作用和麻醉作用，长时间高浓度接触可造成肝、肾病变，也是一种环境致癌物，可诱发白血病和淋巴肉瘤。氯苯的暴露途径主要包括吸入、食入以及皮肤接触等。

② "郑哥在菜场"：《"常州毒地案"，最高法开庭审理！》，2022年8月19日，https://www.sohu.com/a/578135093_121119270（2022年11月6日引用）。

③ 《官方回应资阳万达是不是建在"毒地"上？》，"印象资阳"微信公众号，2016年10月13日，https://mp.weixin.qq.com/s/lp0gringLXPsHBGZ_YEJbA （2022年11月6日引用）。

接受监督。

当天下午 3 点，在媒体记者、业主代表和市民代表的见证下，四川省环境监测总站会同资阳市规划局，对原多氯联苯储存点、郭汝中认为的疑似多氯联苯发现点进行了实地踏勘，现场通过 GPS 定位以及郭汝中指证，确定两处存放地点。

6 月 13 日，四川省环境监测总站专家组赶赴资阳进行土壤取样，业主代表、郭汝中及媒体记者现场监督。这是资阳市环保局第二次组织公开见证和监督，该局副局长陈家林说，"感兴趣"的代表随时可以监督此后的取样全过程。

取样现场，陈家林介绍，现场采样涉及点位 33 个、河道断面 3 个，样品采集数 88 个，点位及样品采集数将视现场采样情况适当增减。取样方案，经四川省环境监测总站专家查询历史资料、收集建议、现场踏勘后形成。

"我们十分尊重郭汝中老人，专门听取了他的建议。"陈家林说，初步方案形成后，资阳市环保局工作人员专门送了一份监测方案给郭汝中。

为充分体现监测方案的科学性，资阳市环保局还邀请四川农业大学、四川农科院、中科院成都山地所的专家对监测方案进行技术评审，确定了最终监测方案，并在网上进行了公示。

取样工作持续至 7 月 7 日，最终采样点位 33 个，河道断面 3 个，样品采集数 84 个。84 个样品中包括土壤样品 78 个，底泥样品 3 个，地表水水样 3 个。

10 月 11 日，资阳市环保局再次组织通气会，邀请国土、住建、规划等政府部门、原资阳机车厂负责人、万达资阳公司代表、万达广场业主、郭汝中以及新闻媒体全程参与，四川省环境监测总站专家也到场答疑。

根据通报，9 月 22 日，四川省环境监测总站正式出具《资阳机车厂原七、八分厂土壤及周边环境多氯联苯现状监测报告》，报告显示，资阳万达广场土壤及周边环境所有监测点位均未有多氯联苯检出。

对于通报的监测结果，郭汝中对四川省环境监测总站的检测水平和取样过程仍表示怀疑。此外，他认为资阳市环保局公布的含多氯联苯电容器的数量不准确。

陈家林现场回应称，通过查阅大量历史资料，发现原资阳机车厂含多氯联苯电容器的处置数量并无问题，通过检索科技文献和报告，并未从科技渠道检索出监督性监测中有资阳检测出多氯联苯的案例。[①]

尽管受邀参与了环境监测全程的郭汝中最后还是愤懑地对环保局官员说了一句"这件事没完",但客观上而言,资阳是否还存在可被科学证明的"毒地"的问题已经有了答案。源头爱好者的工作人员也对此评论过,此次官方监测之前,原多氯联苯污染场地的表层土已经因土地平整、土方开挖等大规模施工几乎完全转移走,因此能在原址测出污染物的可能性微乎其微。

但若跳出郭汝中个人长期郁积在心的受害情绪以及对监测结果所报的过高期待,此次万达广场"毒地"事件最终结果的意义仍是非凡的。第一,监测结果"未检出"完全不能否定郭汝中几乎倾尽半生时间所做的资阳多氯联苯调查和发现的污染事实,这也是当地环保局领导会公开表达对郭之尊敬的原因。第二,污染物或污染土被证明没有在新房地产开发地块继续留存,对于新的居民、商业活动是件好事,意味着不会产生新的健康危害,也不会给人们留下不必要的心理负担,这对于社会来说有积极的影响。第三,在应对危机的过程中,资阳本地政府、环保系统显示出能直面问题、实事求是的良好态度和作为。有媒体报道:"资阳市委、市政府经过多次开会讨论,最终认为有必要对土壤进行现状监测,回应公众质疑,并全程公开及接受监督。这既是对广大市民负责,也是对投资商负责,同时也是彻底化解此次危机的举措。"[②] 当地政府在社会治理和环境治理方面能够做出更正确的选择,采取更合理的措施,与郭汝中 26 年的执着和行动当然有着直接的关系。

六、结语

郭汝中与多氯联苯污染作斗争的故事可从三个层面进行诠释:

第一个层面是他探索、求证存在于资阳铁道机车制造工厂的多氯联苯污染及对工人造成伤害的漫长历史。根据郭汝中的日记及其他文献的记载,可以确定在过去 40 年间,该厂超过 500 台含多氯联苯电力电容器被不当废弃,导致大量多氯联苯介质油泄漏到周围环境并直接暴露于工人群体。尽管郭尽其所能地搜集到了多氯联苯暴露与工人群体健康问题可能存在关联的证据,但厂方和官方从未承认之;郭一直呼吁的正式调查也未得到过厂方和官方的积极回应。

厂方和官方的消极态度与郭汝中故事的第二个层面,即"知情人沉默"的历史有直

---

① 《官方回应资阳万达是不是建在"毒地"上?》,"印象资阳"微信公众号,2016 年 10 月 13 日,https://mp.weixin.qq.com/s/lp0gringLXPsHBGZ_YEJbA(2022 年 11 月 6 日引用)。

② 同上。

接的联系。如郭所记录的，他自己从未停止过将真相尽可能地告诉外界，使得污染事件的知情人非常多，包括环保部门官员、科研机构学者、媒体记者等。但是这些知情人或仅表示出同情，或进行了不为人知的"干预"，最终仍无法有效阻止污染伤害的继续并修正已经出现的错误。

不管郭汝中本人如何批评和抱怨，资阳多氯联苯污染的状况在过去几十年间还是发生了很大的变化，特别是在近期有了比较明显的改善。对此，除了可以进行微观的分析外，恐怕还是要和整个国家近几十年的宏观历史发展结合起来考虑，这也构成郭汝中故事诠释的第三个层面。简而言之，在 20 世纪 70—80 年代，我国大型国有工厂对环境安全和工人健康普遍重视不够，在这种状态下，严重的环境污染及职业卫生事故发生的可能性较高。同样，在 20 世纪 90 年代包括之前的历史时期，政府部门受到的公共监督非常有限，要求其加强对工业企业环保管理或职业安全监督的民间呼声很微弱。但到了 21 世纪，在媒体有了更多报道空间，公众有更多权力参与公共事务，尤其是新兴民间环保组织出现并活跃起来的新形势下，势单力薄的个人环保努力才有机会获得社会的关注，才有机会转化成更有力的公共行动。

郭汝中与污染进行抗争的故事也同样反映出科学在环境保护、污染受害者援助进程中所发挥的特殊作用。虽然郭与厂方及官方的争论长时间内仅仅局限在资阳市这一很小的地理范围内，但为什么面对骇人的污染与健康损害事实，领导、官员们总是可以堂而皇之地予以否认？其中既包含政府与企业权力不受社会监督的原因，也包含事实认定方面的困难。例如，虽然电容器含多氯联苯介质油，但如何能够断定它污染了周围环境，并进入了工人体内？又如何能够断定工人们的疾病是由多氯联苯暴露导致的？显然，对这些问题的回答都需要科学的介入，否则，全部都是谜；而一旦有了科学的介入，如厦门大学吴水平老师的环境采样检测研究，"污染公害"才有可能开始浮出水面。所以，资阳多氯联苯污染的漫长历史表明，在我国，污染者与受害者、政府与民间在环境健康问题上之所以会存在一些矛盾，科学介入的缺乏也是重要原因之一。反之，在本文最后叙述的万达广场项目争议中，正因为科学及时、有效地介入，使得原本已经非常沉重的污染历史包袱没有再引发新的社会恐惧和矛盾。

跋

"废新世"与全球生态危机的多元反思[*]

吴羚靖

中国人民大学生态史研究中心

　　漫天滚滚的黑烟与蔚蓝色的天空交织，从西欧漂洋过海的电子金属废料遍布四周，数头奶牛在垃圾堆上踱步觅食，当地青年埋头焚烧垃圾只为获取值钱的金属，却对焚烧所产生的二噁英等剧毒物质浑然不知。这是位于加纳首都阿克拉附近的阿博格布洛西垃圾场的日常写照。富人的消费产物和穷人的废品生活在这里相遇，由此诞生的"电子坟墓"给当地人同时带来了生计和疾病。然而，阿博格布洛西并非唯一的个案，全球资本主义可以在世界各个角落复制出千千万万个阿博格布洛西。跨国资本流动与物质转移剥削了远方的土地，征用了他国劳工的身体，最终创造了大量被污染、被废弃的地方与人。这是全球生态危机时代的特有景观，也彰显了全球环境正义争论的实质。

　　2000年"人新世"概念的正式问世在全球范围内引发了学术大爆炸，尤其解放了人文社科学者的学术想象力。"人新世"标志着人类进入了"全新世"之后最新的地质时代，人类已经成为决定地球未来的关键性力量。随后，全球学者就行星尺度的人类文明与生态变迁的历时性关系，展开了愈益广泛且深入的争鸣，以期更新人类对当前全球生态危机及其走向的思考与阐释。无论学者们如何激烈地争论着象征新地质时代起点的"金钉子"（众说纷纭的"起点"包括：新石器时代后农业生产、18—19世纪煤炭成为核心能源的工业革命、1945年后核能的应用以及全球环境变迁的大加速等），他们都基本同意"人新世"是一种解释当前全球生态危机的有效叙事。但与此同时，也有越来越多的学者开始反思"人新世"学说的局限性，并努力寻找替代性概念，以便更加准确地把握全球生态危机的根源。于是，"资新世""种植园新世""经济新世""技术新世""废新世"等替代性称谓层出不穷。这些新称谓虽然并未推翻"人新世"学说的基本推论——人类已经成为一种影响地质的重要力量，却有力地驳斥了"人新世"学说对于种族、阶级、性别、帝国、资本等社会关系要素的忽视。

＊ 本文已于2023年6月19日发表于《光明日报·理论版》，发表时有删减，此次为原始全文。

其中，欧洲环境史学者马可·阿米埃罗新近提出的"废新世"概念，可谓独辟蹊径。他在 2021 年出版的新作《废新世：全球垃圾场的故事》中，基于社会差异和环境正义的视角，从社会-生态关系之无处不在、无时或缺的废弃化过程入手，将"人新世"具象为"废新世"，呼吁学界从另一种视角重新理解全球生态危机，进而激发新的历史记忆与社会公共实践。在其看来，"废新世"的核心不仅是遍布的实体废弃物，更是整个行星尺度的废弃关系。废弃关系创造了被废弃的人与地方，尤其人为地造成有价值/无价值、清洁/污染、废弃/共容、施害/受害的二元区隔。由此看来，造成全球生态危机的并不是二氧化碳排放，而是产生二氧化碳的社会-生态关系，而此类关系始终镶嵌在阶级、种族、性别、帝国等不同社会语境之中。由此出发，路易斯安那州癌症巷的化学工人、西弗吉尼亚州的煤矿工人、纽约和那不勒斯等地工人阶级的母亲及其孩子、美国南部黑人工人阶级社区以及位于"全球南方"的大量人口，都是为全球资本牺牲的"被废弃之人"。他们因贫困、肮脏、疾病被驱逐出贵族林荫道和中产阶级街区，他们用自己的身体消化了全球电子和化工产业所留下的废弃物。这些被废弃之人所生活的地方，也成为被全球资本主义驯化的"废墟"。

显然，"废新世"概念直接攻击了"人新世"去政治化的环境想象。它指出"人新世"学说的矛盾之处：一边是人类活动造成全球环境问题日益严峻并亟须出台相应的治理措施，一边是无差别的、具有泛化危险的"人"似乎在暗示所有人类要为当前全球生态危机承担相同的责任。为了批判并克服"人新世"学说中模糊不清的"人"的内涵，阿米埃罗通过意大利大坝之灾、美国南部癌症巷、加纳垃圾场、巴西采矿业等案例，清晰地呈现了全球范围内普遍存在的不公平的社会-生态关系，并记录了存活于"废新世"之中的鲜活个体的生命史。在"废新世"里，每一个"人新世"故事的核心都是某种废弃性关系。"全球北方"的人类活动既给地质环境带来了数之不尽碳沉积物、放射性核元素和微塑料等废弃物质，打造了一个"巨型全球垃圾场"，同时也在紧密互联的人类之网中撕开了裂口，进一步强化了不同时空人与人之间的不平等关系，最终引发了世界各地民众追求环境正义的斗争。可以说，"废新世"概念宛如一把锋利的思想之刃，可以穿透"人新世"学说含混不清的理论迷雾，直面被全球资本主义所遮蔽和掩盖的残酷现实。

与其盟友"资新世"一样，"废新世"将当前全球生态危机归因于资本主义的根本性缺陷，将"废新世"的普遍景观视为资本主义的恶果、经济管理效率低下的"环境"产物。"资新世"的倡导者是美国生态马克思主义学者杰森·摩尔。他将全球生态危机追溯至 1492 年后资本主义世界体系的诞生，并提出资本主义创造了一种组织自然的全新方式，资本主义的"世界-生态"将人与自然皆变为廉价的资源。在此基础上，阿米埃罗的"废新世"概念则巧妙地聚焦于资本主义带来的污染及其对多物种生命的侵犯，揭示了资本主义在价值规律下贬低人类与非人类生命价值的荒谬逻辑，说明了人类和非人类物种都被迫沾染毒性是资本主义带来的非预期环境效应，进而阐明了生态极限正是资本主义存在局限性的核心论据。此类观点的提出是对近来复兴的意大利政治生态学辩论的一次卓有成效的参与。政治生态学自 20 世纪后半叶兴起并发展，侧重关注环境危机中的代际公平问题和社会变革性力量。"废新世"概念从废物转移、资源开采、灾害发生、生态退化等具体问题入手，展现了全球、国家、地方三个不同空间维度上的社会-生态关系。1963 年意大利瓦伊昂大坝之灾和 1976 年意大利塞维索小镇跨国化工厂爆炸案，更是直接说明了废弃化的逻辑和手段——先将灾难视为偶然的结果，压制灾难背后的资本主义诱因，以"共同利益"为名牺牲某些生命与地方，将关于灾难的历史记忆从主流叙事中抹去，最终摒弃任何类型的知识和经验。

　　共同化是"废新世"理论的另一核心，也是其区别于其他"新世"最关键的特征。如果说此前诸多"新世"乃至整个环境人文学在理论与实践之间存在空白，那么阿米埃罗所坚称的"共同化"无疑提供了一种更加务实的、可操作的集体实践策略。既然不公正的社会-生态关系造就了全球垃圾场和大量被废弃者，那么只有通过社会群体的自我组织和团结互助等方式才能打破这种废弃化逻辑。在新冠肆虐期间自发成立的"人民团结旅"便是一个典型案例。该组织网络涵盖了欧洲若干个国家，成员们激烈地抨击当前新自由主义经济体系，呼吁通过集体团结和相互支持以帮助脆弱的群体。除此之外，意大利当地也有大量如社区中心一样的基层互助组织。这些团体不仅参与物资协调与分配，还组织底层人民反对不公正的斗争等。阿米埃罗对这些共同化的集体实践行动寄予厚望，用借用"灾难共产主义"一词加以凝练。不过，值得反思的是，如果共同化的基础是价值/无价值、清洁/污染、废弃/共容、施害/受害的二元对立，那么是否还有可能超越"被废弃者"同盟、在更大范围内寻求团结互助力量？或许，趋向多元的对话和协商才能更好地验证危机时刻的"灾难共产主义"是否具有可持续性，才能更有效地应对当前全球生态危机。

　　毫无疑问，目前"废新世"理论中的"我们"仍然以人类中心为视角，然而，在资本主义的废墟上，其他非人类生物也难逃厄运，"废新世"里的自然环境绝非静止的背景。阿米埃罗所揭示的以他者化为核心的不平等关系及相应的废弃化进程，的确导致了人类或社会总体的分裂和对抗，但即使把这些被排斥、被废弃的"他者"考虑进来，其实也不过是"我们人类"而已，并未囊括其他非人类物种的故事。事实上，废弃化和他者化的逻辑，既影响着那些暴露在有毒废弃物危害下的劳工，也作用于受毒性扩散影响的非人类物种。在一定意义上，动物与垃圾之间的相关性比人与动物之间更大。以牛为例，无论是加纳电子垃圾场上的牛，还是印度城市垃圾堆里吃塑料的"塑胶牛"，它们都深受

"废新世"人类制造的化学垃圾的影响。尤其是印度牛，它既是印度宗教神圣文化的象征，也是支撑印度成为世界最大牛肉出口市场的根基。然而，这些"塑料牛"有的因长期吃人类残余垃圾和无法消化的塑胶而死亡，有的甚至还通过国际肉类交易市场将人类制造的垃圾重新还给人类。如此具有讽刺意义的物质循环，无疑是"废新世"的真实写照。不仅如此，无差别地彻底根除各类对人类无现实价值的杂草、害虫和入侵物种，同样也是另外一种将非人类物种废弃化和他者化的典型表现。这些行为粗暴地否定了这些杂草、害虫和入侵物种对于更广阔生态系统的潜在价值。垃圾场和废墟通常被视为失败者的避难所，但在此类极度混乱不稳定的环境之中郁郁葱葱生长的杂草却证明了其超强的生态适应力。在废弃的工业区和铁路旁、残破住宅区的边缘地带、不再耕作的农田"荒地"里，杂草与人类文明协同演化，杂草甚至还能帮助这些废墟的裸露地表固定沙土。因此，如果从多物种共存的生态中心主义出发，废弃性关系可以被理解为以人为中心的生态差序格局，人类与非人类物种共为一体，相缠相斗、相融相生，非人类物种在"废新世"中既受人类活动影响，也时常挑战人类的废弃化进程。

总之，从"人新世"到"废新世"的理论转换，反映了全球环境人文学界反思当前的生态危机的多元进路。聚焦废弃式社会-生态关系的"废新世"理论，有助于我们更深刻地理解当前全球规模的生态危机之根源以及相应的可能自救路径。此类学说对于我国生态文明建设、构建人与自然生命共同体也颇有启示。我国自 2017 年宣布拒绝"洋垃圾"入境，其实打断了全球垃圾流动的链条，也及时叫停了全球资本主义给我国带来的环境负担。近年来，全球极端气候加剧、生物多样性减少、自然资源消耗迅速，由世界各地共同参与构建以人与自然和谐共生、以人为本的命运共同体乃是时代之需。在此情况下，在"废新世"中构建全球环境正义必然成为未来全球环境治理无法回避的关键议题。

Table of Contents

Abstract   Energy development can, to a certain extent, be understood as the formation of a new type of ecological and environmental disaster. Although this type of disaster is predictable, an examination of the relevant conditions in Shanxi Province before the 2010s reveals that due to the intertwining of complex administrative, economic, and social deficiencies at the time, the driving forces behind the disaster were significant for a considerable period. At the same time, since the effective disaster relief mechanisms were difficult to establish in a timely manner, the disaster continued to reproduce over a period, leading to an increase in the affected areas and population. The "governance challenge" essentially signifies a survival challenge, making the question of how to address this challenge exceptionally urgent.

Keywords   geological disaster of mines; reproduction of disasters; Chinese experience; rural Shanxi; governance challenge

Abstract   Drawing on the concept of the "Wasteocene", this paper explores how workers dealing with occupational health and safety injuries have overcome the barriers of self-blame and discrimination to become active subjects who fight back against the capitalist logic of endless accumulation. Against the alleged neutrality of the Anthropocene, the Wasteocene draws attention to how socioecological relationships under capitalism lead to the production of disposable humans such as injured workers. However, since the revolutionary subject is not a pre-constituted entity, workers can become empowered only through the "commoning" practices of community caring and solidarity building. With the help of social work organizations, injured workers launch both individual struggles for legal compensation as well as collective action for the improvement of workplace safety. The workers' actions have proven that the practice of commoning is an important way to sabotage the Wasteocene. Their experience will help us reconceptualize possibilities for red-green alliances beyond the Anthropocene.

Keywords   Wasteocene; ecological Marxism; occupational health and safety (OHS)

26 Years of Perseverance — Discovery, Investigation, and Remediation of a Polychlorinated Biphenyls Pollution Site in Southwest China ·· Da Mao

Abstract   Polychlorinated Biphenyls (PCBs) are a typical persistent organic pollutant with strong toxicity to both humans and wildlife. With the development of scientific research and the improvement of people's environmental awareness, many occupational health and environmental pollution disasters caused by PCBs have gradually been known to the world. The international community and governments of various countries have also gradually introduced strict control measures to address PCBs pollution and phase out the production and use of PCBs. Since 1970, a large railway locomotive factory located in Ziyang City, Sichuan Province, China, has been using electrical equipment containing PCBs as a medium oil. Due to various reasons such as technology, management, and awareness, the medium oil has been continuously leaking into the factory's internal and external environment, causing many workers and other personnel to suffer from various serious diseases due to high concentrations of PCBs exposure. Unfortunately, this serious environmental and health disaster was not revealed until 1990, when the discoverer was an ordinary worker electrician named Guo Ruzhong from the locomotive factory's foundry branch. He himself has since gone through hardships for revealing pollution and advocating for rights. Guo Ruzhong almost single-handedly reconstructed the history of the use and pollution of PCBs in the locomotive factory, while also actively promoting local government departments and factory managers to face pollution and take preventive measures. In the end, in 2016, Guo Ruzhong's 26 year struggle against PCBs pollution came to a close after the original contaminated land was converted into real estate development and strictly regulated by the government. The history of PCBs pollution in the Ziyang railway locomotive factory can be observed and interpreted from various perspectives or levels, especially the close interweaving of personal fate and national development, the positive changes in public issues and social participation mechanisms, and the special role of science in environmental protection. This history also provides a relatively complete case for the study of environmental history of toxic and harmful chemicals, including their wastes, on a global scale.

Keywords Polychlorinated Biphenyls (PCBs); persistent organic pollutants (POPs); Stockholm Convention; medium oil; Ziyang; occupational health; Guo Ruzhong

图书在版编目（CIP）数据

生态史研究. 第二辑 / 吴羚靖，夏明方主编；（意）
马可·阿米埃罗等著. －－北京：商务印书馆，2025.
ISBN 978－7－100－25068－9

Ⅰ. X171.1－09

中国国家版本馆 CIP 数据核字第 2025ZN9404 号

生态史研究

（第二辑）

吴羚靖 夏明方 主编

〔意〕马可·阿米埃罗 等 著

商 务 印 书 馆 出 版
（北京王府井大街36号 邮政编码100710）
商 务 印 书 馆 发 行
北京盛通印刷股份有限公司印刷
ISBN 978－7－100－25068－9

2025 年 4 月第 1 版　　　开本 787×1092 1/16
2025 年 4 月北京第 1 次印刷　印张 11¾

定价：84.00 元